POTONIÉ,

ELEMENTE DER BOTANIK.

ELEMENTE

DER

BOTANIK

VON

DR. H. POTONIÉ.

MIT 539 IN DEN TEXT GEDRUCKTEN ABBILDUNGEN.

ZWEITE AUSGABE.

SPRINGER-VERLAG BERLIN HEIDELBERG GMBH 1889

ISBN 978-3-662-35921-1 ISBN 978-3-662-36751-3 (eBook)
DOI 10.1007/978-3-662-36751-3

Softcover reprint of the hardcover 2nd edition 1889

Vorwort.

Die vorliegenden „Elemente der Botanik“ tragen in möglichst allgemein-verständlicher Fassung die Grundlehren der Botanik vor. Dass in einem deutsch geschriebenen Buch in erster Linie die Pflanzenwelt Deutschlands berücksichtigt und bei allen Betrachtungen in den Vordergrund gestellt worden ist, bedarf keiner Entschuldigung: wird doch fast ein jeder, der die „Elemente der Botanik“ gebraucht, sein Studien-Material den Pflanzen der Heimath entnehmen und überdies zuerst über die Pflanzenwelt seiner nächsten Umgebung orientiert zu werden wünschen.

Denen, die auch eine Spezialkenntnis der Pflanzen-Arten ihrer Umgebung anstreben, sei des Unterzeichneten „Illustrierte Flora von Nord- und Mitteldeutschland mit einer Einführung in die Botanik“ (4. Aufl. in Vorbereitung) empfohlen.

Das Studium der Natur ohne eigene Anschauung ist nicht möglich; durch Abbildungen, die in den „Elementen“ in grosser Zahl gebracht werden, wird dieselbe ganz wesentlich gefördert. — Wo nicht ausdrücklich anders bemerkt, geben die Abbildungen im allgemeinen mehr oder minder verkleinerte Darstellungen der Objekte.

In der vorliegenden neuen Ausgabe wurden einige nothwendige Verbesserungen am Schluss des ernährungsphysiologischen Abschnittes vorgenommen.

Berlin, im Januar 1889.

Dr. H. Potonié.

Inhaltsübersicht.

Einführung.

Die Pflanzen gehören zu den organischen Wesen oder Organismen, auch Lebewesen genannt, welche man gemeinhin als Tiere und Pflanzen unterscheidet und denen man die unorganischen oder leblosen Naturkörper gegenüberstellt.

Das gemeinsame Merkmal der Lebewesen besteht in einer eigentümlichen Art chemischer Vorgänge, welche sich an und in ihnen vollziehen und die man als Stoffwechsel bezeichnet: Das Lebewesen nimmt von aussen Stoffe in sich auf, welche in ihm eine chemische Umwandlung erfahren und zum Teil in veränderter Zusammensetzung als Baustoffe für den Körper dienen, zum anderen Teil aber ausgestossen werden. Ferner geht im Innern des Lebewesens eine mehr oder minder tiefgehende Zersetzung seiner Körpermasse vor sich, auf grund deren die für das Vonstattengehen der erwähnten und anderer Vorgänge erforderliche Arbeit bestritten wird.

Als Ersatz für diesen Stoffverbrauch sowie zur Herstellung des Wachstums der Lebewesen ist die vorhin erwähnte Stoff-Aufnahme vonnöten.

Hiernach ist ein Lebewesen dadurch im grossen gekennzeichnet, dass sich Vorgänge an ihm abspielen, die eine bestimmte Richtung und Folge besitzen und in derartiger Wechselwirkung zu einander stehen, dass das Lebewesen sich dadurch — wenigstens eine gewisse Zeit hindurch — als solches erhält. Dass ferner allgemein noch ein Aufsteigen, ein Höhepunkt und ein Abnehmen in dem Entwickelungsgange der Lebewesen beobachtet werden kann, sei ausserdem noch bemerkt.

Du Bois-Reymond spricht im Hinblick auf den eigenartig gesetzmässigen Wechsel, welchen die chemischen Vorgänge innehalten, von einem Strom der Materie, der durch das Lebewesen hindurchgehe und in dem es selbst in einem gewissen Gleichgewicht erhalten bleibe.

Die soeben mehr angedeuteten als begrifflich scharf festgestellten Vorgänge am Lebewesen nennt man das Leben desselben; und für alle Lebewesen, welche als Einzelwesen, Individuum, ein Dasein besitzen, zeigt sich ein Anfang und ein Ende des Lebens — als Geburt und als Tod bezeichnet.

Gerade durch den Gegensatz zum Tode tritt das Leben in seiner Eigenart scharf und deutlich hervor; denn wenn ein Stein durch allmähliche Verwitterung schliesslich zerfällt, so geschieht dies auf grund eines gleichmässig fortlaufenden chemischen Eingriffes in seine Zusammensetzung, während beim Lebewesen der Tod als der gesetzmässige Abschluss eines Daseins erscheint, das man in seinem Auftreten und Verschwinden mit einer Welle vergleichen könnte — das Dasein eines verwitternden Steines ist wie der gleichmässige Abfluss eines Gewässers.

Die Unterscheidung der Lebewesen in Tiere und Pflanzen ist dem alltäglichen Leben entnommen; denn dieses lehrt im allgemeinen nur sehr verwickelt gebaute Organismen kennen, die auch von dem oberflächlichsten Beobachter wegen ihrer auffälligen Unterschiede sofort in die genannten beiden Kategorieen gebracht werden. Der auffallendste Gegensatz ist der, dass die Tiere unserer Umgebung eine selbständige Bewegungsfähigkeit besitzen, die Pflanzen jedoch an einen Ort gebannt sind und sich nur bewegen, wenn sie durch äussere mechanische Einwirkungen hierzu veranlasst werden; ferner, dass die Tiere empfinden, die Pflanzen aber, soweit wir das zu beurteilen im stande sind, kein Empfindungs-Vermögen besitzen. Aber diese sowie alle anderen vorgebrachten Unterschiede haben sich bei genauerer Kenntnis des ganzen Reiches der lebenden Wesen als hinfällig erwiesen und der Trennungsschnitt zwischen Pflanzen- und Tierreich ist daher konventionell oder dem Takte eines jeden überlassen.

Je nach den verschiedenen Gesichtspunkten, von denen aus die Lebewesen sich betrachten lassen, kann man folgende Unterwissenschaften, Disciplinen, unterscheiden, die übrigens keine scharfe Abgrenzung zulassen, sondern sich gegenseitig durchdringen und in engster Verbindung mit einander stehen. Es sind teils methodische, teils praktische Rücksichten, welche die Bildung der Disciplinen verursacht haben.

Die Lehre, welche sich mit der Erforschung der Gestalt und dem Bau der Lebewesen und ihrer Teile zu jeder Zeit im Verlauf ihrer Entwickelung (**Entwickelungsgeschichte**) abgiebt, nennt man **Morphologie** (im weiteren Sinne), die speziell als **Anatomie** bezeichnet wird, wenn es sich um die inneren Organe, Apparate, handelt, zu denen wir nur mit Zuhilfenahme des Messers oder anderer solcher Instrumente gelangen können. Die vergleichende Betrachtung der Organe bei den verschiedenen Arten hat, wie wir noch sehen werden, zu der **Homologieenlehre (theoretischen Morphologie**, Morphologie im engeren Sinne) geführt, welche in engster Beziehung zur **Descendenzlehre** steht. Diese erforscht die Entstehung der Organismen im Verlaufe aufeinanderfolgender Geschlechter. Die hierher gehörigen Untersuchungen führen zur Aufstellung eines Stammbaumes der Tiere und Pflanzen, der im **System** sein Abbild findet. Im engen Zusammenhange hiermit stehen die Nachforschungen über die Verbreitung der Pflanzen und Tiere in den verschiedenen Zeiten der Entwickelung unserer Erde: **Palaeontologie** und über ihre Verbreitung auf der Erde in ihrem jetzigen Zustande: **Pflanzen-** resp. Tier-**Geographie.** — Endlich ist noch die **Physiologie**, die Lehre von den Lebenserscheinungen zu nennen, die ohne vorausgegangene Kenntnis des Baues der organischen Apparate, an denen sich die Lebenserscheinungen vollziehen, natürlich nicht behandelt werden kann. Wir werden nun zwar aus Zweckmässigkeitsgründen im folgenden die Morphologie und Physiologie gesondert behandeln, jedoch nicht umhin können, schon in der Morphologie auf die Verrichtungen der ihrem Baue nach zu betrachtenden Organe hinzuweisen und überhaupt vielfach in den einzelnen Kapiteln zu den anderen Disciplinen hinüberzugreifen.

Morphologie.

1. Grundbegriffe.

Der wesentlichste Grundstoff der organischen Wesen, aus dem dieselben bei ihrer Geburt ihre Entwickelung beginnen und aus dem alle später auftretenden Stoffe durch Umbildung hervorgehen, wird Protoplasma oder Plasma genannt. Er hat eine eigenartige und verwickelte Zusammensetzung und kann als ein noch nicht völlig bekanntes Gemisch von Eiweisskörpern bezeichnet werden. Kohlenstoff, Wasserstoff, Sauerstoff, Stickstoff sind die wesentlichsten chemischen Elemente, aus denen er besteht. Aus seiner besonderen chemischen Beschaffenheit muss das, verglichen mit den leblosen Körpern, eigenartige Verhalten der Lebewesen erklärt werden. Das Wie ist hierbei bislang noch rätselhaft.

Die einfachsten („niedersten“) Lebewesen bestehen aus nichts weiter als einem Protoplasma-Klümpchen, in dem sich keinerlei Organe unterscheiden lassen. Dasselbe ist zwar ohne Zweifel kompliziert gebaut, wir sind aber nicht im stande mit den uns zu gebote stehenden Hilfsmitteln dessen feinste Struktur zu ermitteln.

Das eine Protoplasma-Klümpchen ist hier ebenso wie die vielen Protoplasma-Klümpchen, aus denen sich der Leib der verwickelter gebauten („höheren“) Lebewesen zusammensetzt, meist von einer festeren Wandung, der Zellwand, -haut oder -membran, umgrenzt, wodurch eine Kammer dargestellt wird, die man als Zelle bezeichnet. Und wenn einmal der protoplasmatische Inhalt einer solchen Zelle allein für sich, frei, ohne von einer schützenden festeren Hülle umgeben zu sein, vorkommt, so wird er in übertragenem Sinne ebenfalls als Zelle bezeichnet. Der Inhalt einer Zelle kann ausser dem in Strömung befindlichen, schleimigen Protoplasma noch aus einer von letzterem ausgeschiedenen wässerigen Flüssigkeit, dem Zellsaft, bestehen. In dem Protoplasma, dessen äusserste Schicht (Primordialschlauch) wasserärmer ist als die übrigen Partieen und daher ein Häutchen bildet, finden sich meist ein oder mehrere bestimmt geformte Teile desselben, welche eine etwas festere Beschaffenheit besitzen und als Zellkerne (Nuclei) bezeichnet werden. Von ihnen werden gewöhnlich ein oder mehrere Kernkörperchen (Nucleoli) umschlossen.

Die Zellen kann man Elementar-Organismen nennen, weil sie — wie die Mitglieder eines Staates diesen — so den Organismus als Elemente zusammensetzen und dabei eine gewisse Selbständigkeit in ihren Lebensverrichtungen aufweisen. Sie sind meist nur bei starker Vergrösserung, also mit dem Mikroskop, sichtbar. — Wie schon angedeutet, sind also nicht immer alle jene Teile vorhanden, die wir soeben anführten.

Die Grösse, Gestalt und Ausbildung der Zellen richtet sich nach der Arbeit, Funktion, welche sie im Gesamtorganismus zu verrichten haben. Zellen, denen eine gleiche Verrichtung zufällt, sind auch gleichartig beschaffen; wenn derartige Zellen sich in engerem Verbande mit einander befinden, so bilden sie ein Gewebe, Fig. 1. — Als Prosenchym bezeichnet man jedoch ein Gewebe ohne Rücksichtnahme auf seine Funktion, dessen Zellen langgestreckt sind und spitze Endigungen besitzen, während die übrigen Gewebe-Arten Parenchyme genannt werden; die Zellen eines typischen Parenchyms zeigen nach allen Richtungen hin etwa den gleichen Durchmesser.

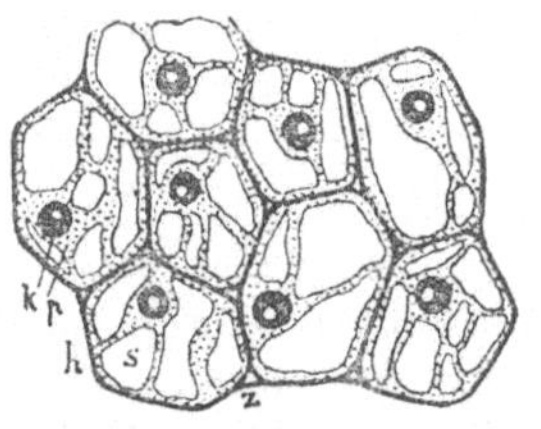

Fig. 1. Stark vergrösserter Querschnitt durch 8 Zellen eines jugendlichen Gewebes. h = Zellhaut, p = Plasma, k = Kern mit dem Kernkörperchen, s = Zellsaft, z = Zwischenzellraum.

Sehr bemerkenswert ist die Thatsache, dass der protoplasmatische Inhalt lebender Zellen eines Gewebes mittelst ausserordentlich dünner Fäden mit demjenigen der Nachbarzellen verbunden ist; es steht also das Gesamtprotoplasma einer Pflanze während ihres Lebens in direktem Zusammenhange. Die Zellwandungen sind demgemäss an geeigneten Stellen zum Durchtritt jener protoplasmatischen Fäden mit äusserst feinen Löchern versehen.

Ein Gewebe, wenn es eine weitgehende Ausbreitung im Organismus gewinnt, oder mehrere in physiologischer Hinsicht zusammengehörige und daher allerorts meist in engem Zusammenhange verbleibende Gewebe bilden Gewebesysteme. Endlich können von mehreren Gewebesystemen oder von Teilen solcher, oder selbst von Teilen blosser Gewebe eigene Werkzeuge für besondere Zwecke dargestellt werden, die man spezieller als Organe bezeichnet, ein Name, der übrigens auch für alle jene Gebilde (Zellen, Gewebe, Gewebesysteme) gebraucht werden kann. Man kann dann Organe niederer und höherer Ordnung unterscheiden.

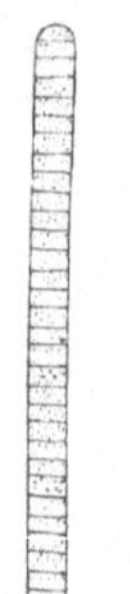

Fig. 2. Oscillaria, einen einfachen Zellfaden darstellend. — Stark vergr.

Jedoch nur die höheren Gewächse besitzen gesondert funktionierende Gewebe und Gewebesysteme, die niederen und niedrigsten sind weit einfacher gebaut, wie schon von vornherein die Betrachtung der äusseren Form der einfach gestaltet erscheinenden niederen Gewächse, vergl. z. B. Fig. 2, im Vergleich mit den äusserlich gegliederten höheren Pflanzen kund giebt.

Durch Spaltungen der Membranen benachbarter Zellen entstehen die Zwischenzell- oder Intercellularräume, die an Rauminhalt die Zellen bedeutend übertreffen können, gewöhnlich jedoch nur als feine, auf ihren Querschnitten (*z* in Fig. 1) dreieckig erscheinende Kanäle an den Zellkanten sich entlang ziehen.

Die einfachsten Pflanzen, die es giebt, lassen äusserlich betrachtet also keine besondere Gliederung in unterschiedene Teile erkennen. Sie bilden oft nur einzellige, kugelige oder sonst in ganz einfachen Formen auftretende Gebilde ohne Anhänge. Die Pflanze in Fig. 2 (Oscillaria) stellt z. B. nur einen aus einer Anzahl gleichartiger Zellen gebildeten Zellfaden dar. Zeigen die Gewächse unterschiedene äussere Teile, so sind es zunächst bei Einzelligkeit der Pflanze haarförmige Ausstülpungen wie bei Fig. 3, bei Mehrzelligkeit dagegen — wie z. B. auch bei dem Gebilde Fig. 4 — Haare, Trichome, d. h. einfache, meist gestreckte Zellen oder Zellfäden, aus der äussersten Zellschicht der Pflanzen entspringend, welche Wurzelhaare genannt werden, wenn sie befähigt sind, die vom Erdboden oder vom Wasser gebotene verflüssigte Nahrung aufzunehmen und in vielen Fällen die Pflanzen an dem Boden zu befestigen. Der Hauptkörper solcher Gewächse ist im Gegensatz zu den Wurzelhaaren im stande, gasförmige Nahrung — nämlich die Kohlensäure der Luft — für den Aufbau der Pflanze zu verwerten, und erzeugt vor allen Dingen die Fortpflanzungsorgane. Seiner Form nach bezeichnet man den Leib derjenigen Pflanzen, die in bezug

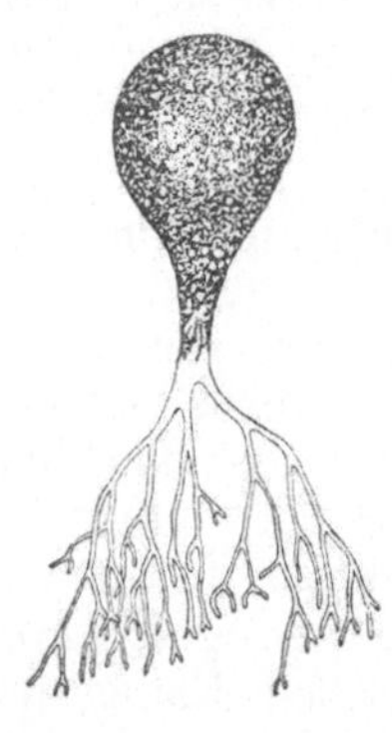

Fig. 3. Botrydium granulatum, eine einzellige Pflanze. Die haarförmigen Ausstülpungen dienen als Wurzelwerk. — Etwa 15 mal vergr. (Nach Woronin).

auf ihre äussere Gliederung den bisher besprochenen Gebilden gleichen, als Lager, Thallus. Bei äusserlich weiter gegliederten Pflanzen sondert sich der Hauptkörper in unterschiedene Anhangsgebilde: die Blätter, Phyllome und den Träger derselben den Stengel, Caulom, der in besonderen Fällen als Stamm, Halm u. s. w. bezeichnet wird. (Vergl. Moose). In einzelnen Fällen ist übrigens die Bezeichnung Lagerpflanze rein konventionell, da manche niedere Pflanze bereits besonders geartete, mit den Blättern durchaus vergleichbare Anhangsgebilde aufweist, resp. eine Neigung zur Bildung solcher Anhangsorgane zeigt. Eine scharfe Grenze zwischen Lagerpflanzen und beblätterten Pflanzen lässt sich daher nicht ziehen. Sitzen bei beblätterten Pflanzen die Wurzelhaare an einem besonderen Gewebekörper, der sich schon durch seine Blattlosigkeit deutlich vom beblätterten Stengel unterscheidet, so erhalten wir Wurzeln. Die höheren Pflanzen besitzen sämtlich Wurzeln, Stengel und Blätter; auch die beiden letzteren können Haare tragen.

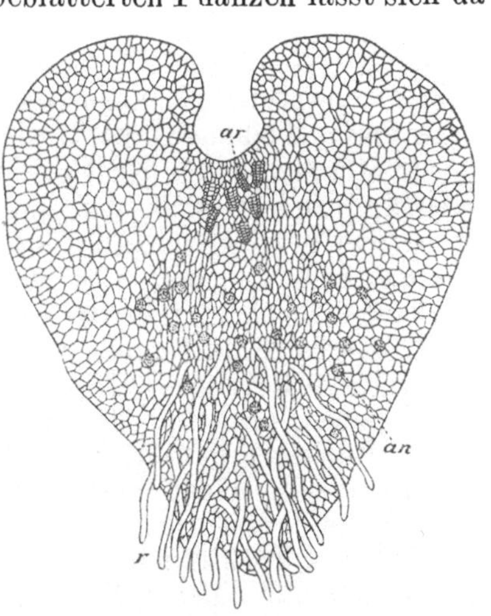

Fig. 4. Zustand eines Farnkrautes im Verlaufe seiner Entwickelung. *r* = Wurzelhaare; *an* u. *ar* = Fortpflanzungsorgane. Stark vergr.

Lager, Wurzeln, Stengel können seitlich Wiederholungen ihrerselbst, Zweige, erzeugen, welche in Beziehung zu ihren Mutterorganen, die sie hervorbrachten, Tochterorgane heissen. Da man oft in die Lage kommt, den Stengel mit seinen Blättern begrifflich zusammenzufassen, so werden beide zusammengenommen als Spross bezeichnet. Die Begriffe Spross und Stengel sind also auseinanderzuhalten.

2. Entwickelungsgeschichte.

A. Entstehung neuer Zellen.

Neue Zellen entstehen immer nur aus bereits vorhandenen. Meist bilden sich aus der ursprünglichen Zelle mehrere Zellen; in besonderen Fällen, nämlich bei der Copulation resp. Conjugation (vergl. Spirogyra und Myxomyceten) entsteht durch Verschmelzung der Plasma-Teile zweier oder mehrerer Zellen nur eine neue. Gehen mehrere Zellen aus der Mutterzelle hervor, so teilt sich zunächst der Kern, wenn nicht die Zelle von vornherein bereits mehrere Kerne besass, die übrigens ursprünglich ebenfalls einem gemeinsamen Mutterkerne durch Teilung ihren Ursprung verdanken.

1. Am häufigsten geschieht die Neubildung durch einfache Teilung, indem sich der protoplasmatische Körper der Mutterzelle in meist 2 aber auch 4 Teile individualisiert, welche zwischen sich Membranen erzeugen, die an allen Punkten der Trennungsflächen gleichzeitig (simultan), selten von aussen in das Innere der Mutterzelle allmählich hineinwachsend (succedan) gebildet werden. — Die Sprossung oder Abschnürung bildet einen Spezialfall der Teilung. (Vgl. Saccharomyces).

2. Während bei der Teilung die ursprüngliche Membran der Mutterzelle einen Bestandteil auch ihrer Tochterzellen ausmacht, erhalten die durch sogenannte freie Zellbildung entstandenen Tochterzellen ihre besondere Abgrenzung. Bei der freien Zellbildung wird nicht immer das ganze Plasma der Mutterzelle verbraucht; es zerfällt in mehr oder minder zahlreiche, gesonderte Stücke, die sich zu Zellen individualisieren, welche entweder ausgestossen (vergl. Ascomyceten) oder zu einem Gewebe zusammentreten wie bei Pediastrum, Fig. 5.

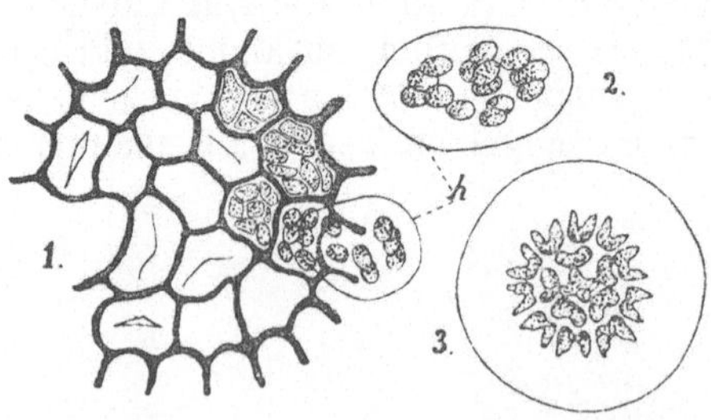

Fig. 5. Pediastrum granulatum. — *1* = ein Individuum von sechzehn Zellen, von denen einige (rechts in der Figur) in Teilung begriffen sind; aus einer Zelle treten die von einer gemeinsamen Haut *h* umgebenen Tochterzellen aus; *2* = die aus einer Mutterzelle ausgetretenen Tochterzellen; *3* = Tochterzellen sich zu einer neuen Pediastrum-Scheibe gruppierend. — Stark vergr. (Nach A. Braun).

Hier teilen sich die Mutterzellen (rechts in *1* Fig. 5) jede in viele freie Tochterzellen, die sich erst später (*3* Fig. 5) zu einem Gewebe verbinden.

3. Bei der Verjüngung wird das Plasma einer Mutterzelle nach vorausgegangener innerer Umbildung ausgestossen, sodass also gewissermassen eine Häutung stattfindet. (Vergl. Oedogonium).

Die Gewebebildung der Pilze (einschliesslich der Flechten) findet durch Verwachsung und Verfilzung ursprünglich getrennter Zellfäden statt.

Das Dickerwerden der Zellmembranen und ihr Wachstum überhaupt geschieht durch Intussusception, d. h. durch Einlagerung neuer Substanz zwischen die kleinsten organischen Teilchen, die Micellen. Die bemerkenswerte Fähigkeit der Membranen zu quellen, d. h. Wasser resp. wässerige Lösungen zwischen die Micellen aufnehmen zu können, zu imbibieren, ist — wie man also sieht — eine Hauptbedingung des Wachstums.

B. Gewebe-Sonderung.

Das fertige, nicht mehr teilungsfähige Gewebe: Dauergewebe, geht aus stets dünnwandigem, teilungsfähigem Gewebe hervor, das man Meristem, Bildungsgewebe, nennt und dessen ausschliessliche Funktion in der Erzeugung von Dauergewebe besteht. Es kommt übrigens auch vor, dass bereits ausgebildete Gewebe die Teilungsfähigkeit beibehalten. (Vergl. das Collenchym). Ein Meristem geht entweder schliesslich vollständig in Dauergewebe über oder nur ein Teil desselben, indem das übrige Gewebe zeitlebens meristematisch bleibt. Ein Längsschnitt durch eine am Gipfel wachsende Stengelspitze, Fig. 6, zeigt an demselben ein parenchymatisches Meristem, spezieller Urmeristem, so genannt, weil es den ersten Zustand aller Dauergewebe vorstellt. Das Urmeristem sondert sich in zwei parenchymatische und in ein prosenchymatisches Meristem. Letzteres ist das Procambium *pc*, erstere sind zunächst das Protoderm *pd*, welches die das Organ zu äusserst bekleidende Zellschicht ausmacht, und ferner das den übrig bleibenden Raum ausfüllende Grundmeristem *g*. Zuweilen werden Dauergewebe von neuem zu Bildungsgeweben, die dann Folgemeristeme, bei prosenchymatischer Ausbildung speziell Folgecambium heissen. Man versteht also im besonderen unter

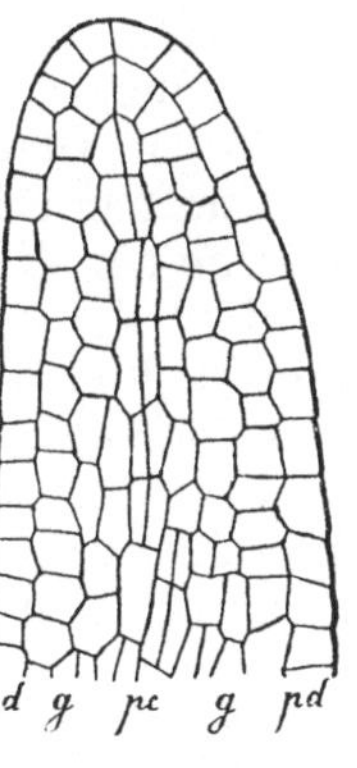

Fig 6. Längsschnitt durch die Stengelspitze von Lysimachia Ephemerum. — Bei *pc* Beginn procambialer Teilung; *pd* = Protoderm; *g* = Grundmeristem. — Vergr. (Nach Hanstein).

einem cambialen Bildungsgewebe ein solches aus prosenchymatischen Zellen.

Wenn die Teilungen nicht in beliebiger, sondern vorwiegend in bestimmter Richtung erfolgen, äussert sich dies an dem Verlauf der Zellwandungen. So ist leicht an Fig. 10 ersichtlich, dass die in einer Reihe vor einander liegenden Dauerzellen *h* (unterhalb *c*) aus den in derselben Reihe liegenden Cambiumzellen *c* durch gleichsinnige Teilungen hervorgegangen sind.

Abgesehen von manchen niederen Gewächsen findet die Zellbildung nicht gleichmässig an allen Punkten des Pflanzenleibes statt; Neubildungen sind vielmehr, wie schon nach dem eben Gesagten ersichtlich ist, an bestimmte Örtlichkeiten geknüpft.

Beobachten wir die Entwickelung eines ganz jungen Pflänzchens höherer Organisation, so bemerken wir, dass neue Blätter am Gipfel des Stengels als seitliche Auswüchse entstehen, wo sich das teilungsfähige Gewebe befindet, sodass die Blätter um so älter sind, je weiter sie von dem „Vegetationspunkt“ ihres Stengels entfernt sind. Die Blattanlagen berühren sich gegenseitig und rücken erst durch späteres Wachstum des Stengels auseinander.

Unmittelbar über der Ursprungsstelle der Blätter, in ihren „Winkeln“ resp. „Achseln“, entspringen meist die neuen Sprosse. Sowohl die Bildung der Sprosse wie der Blätter wird durch Hervorwölbung der äusseren Gewebepartieen an ihren Entstehungs-Orten eingeleitet. Sprossanlagen mit noch unentfalteten Blättern nennt man Knospen. Im Gegensatz zu dieser äusserlichen „exogenen“ Entwickelungsweise steht diejenige der Nebenwurzeln, d. h. aller derjenigen Wurzeln, die nicht die unmittelbare Fortsetzung des ersten oder Haupt-Sprosses bilden, sowie der zuweilen an älteren Stengelteilen unregelmässig auftretenden „Adventiv“-Sprosse, welche „endogen“, d. h. im inneren der Mutter-Organe ihren Ursprung nehmen und daher die überdeckenden Schichten durchbrechen müssen.

C. Längenwachstum.

Die Organe wachsen in verschiedener Weise in die Länge; entweder geschieht dies wie bei den meisten Stengeln an ihren freien Endigungen: „acropetal“, indem die Zellen durch Vermehrung ihrer selbst die Verlängerung bewirken, sodass die Pflanze in gleicher Weise aufgeführt wird wie etwa ein Turm von unten nach oben, oder es befindet sich das die Verlängerung des Organes bewirkende Meristem bei Stengeln an allen über den Ansatzstellen der Blätter befindlichen Orten, also zwischen Dauergewebe eingeschoben. So ist es z. B. bei den Stengeln der Gräser und Schachtelhalme. Wegen der weicheren Konsistenz sind diese meristematischen Wachstumszonen zu ihrem Schutze von besonderen Scheiden umgeben. Man nennt diese Wachstumsart die intercallare. Wenn man auf einen intercallar wachsenden Stengel einen Zug bis zum Zerreissen ausübt, so wird man immer finden, dass der Riss in der wachstumsfähigen, von der Scheide umgebenen Partie erfolgt. — Die Wurzeln wachsen zwar auch acropetal, jedoch nicht unmittelbar an der Spitze; diese wird vielmehr durch eine Gewebekappe, die Wurzelhaube, geschützt, deren äusserste Zellen fortwährend absterben und abgestossen werden. Das Urmeristem der Wurzelspitze erzeugt immer neues Haubengewebe und nach der entgegengesetzten Richtung die Gewebe des Wurzelkörpers, Fig. 7.

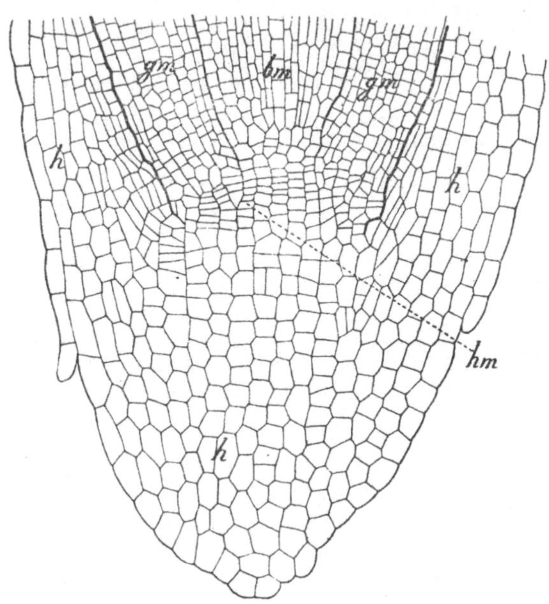

Fig. 7. Längsschnitt durch die Wurzelspitze von Pisum sativum. — *h* = Wurzelhaube; *hm* = Hauben-Meristem; *bm* (Leitbündel-Meristem) und *gm* (Meristem des Grundparenchyms) = Meristeme des Wurzelkörpers. — 140 mal vergr. (Nach Janczewski).

Die Blätter wachsen gewöhnlich an ihrem Grunde, sodass ihre Spitze (freie Endigung) zuerst in den Dauerzustand eintritt, seltener bis zu ihrer fertigen Ausbildung, wie bei den Farnkräutern, an ihrer Spitze.

D. Dickenwachstum.

Das Dickenwachstum geschieht ebenfalls in mehrerlei Weise. Entweder findet eine gleichmässige Vermehrung der Zellen in allen Teilen des in die Dicke wachsenden Organes statt, wie bei den Stämmen der Palmen, oder wir erblicken ein besonderes Teilungsgewebe, wie bei den Drachenblutbäumen (Dracaena) z. B. und bei unseren Nadel- und Laubbäumen.

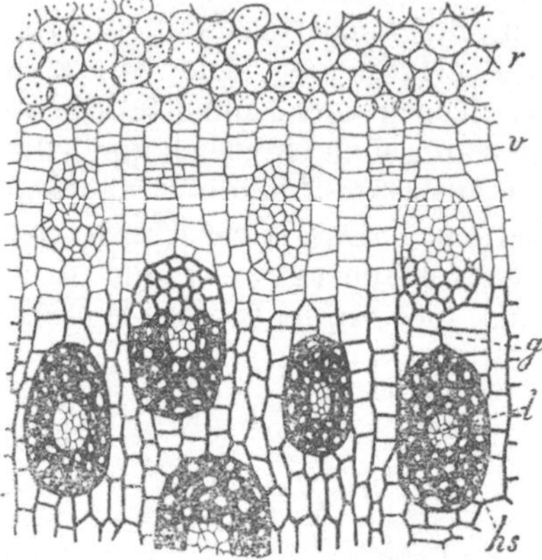

Fig. 8. Stückchen des Querschnittes durch einen Dracaena-Stamm. $hs + l$ = Leitbündel; g = Grundparenchym; r = Rindenparenchym; v = Verdickungsring. — Vergr. (Nach Haberlandt).

1. Betrachten wir den Querschnitt eines Dracaena-Stammes, wovon Fig. 8 ein Stückchen veranschaulicht, so fallen uns zuerst die Querschnitte vieler Gewebestränge $l + hs$ ins Auge, welche das Grundparenchym g durchziehen, und deren Hauptaufgabe in der Leitung der Nährstoffe und des Wassers besteht; sie werden **Leitbündel** genannt. Das nach der Oberfläche zu gelegene Parenchym jedoch, die **Rinde** r, entbehrt solcher Leitbündel und wird von der inneren Partie des Stammes durch einen Cylinder von parenchymatischem Teilungsgewebe v geschieden, welches auf dem vollständigen Querschnitt des Stammes ringförmig erscheint und daher **Verdickungsring** genannt wird. Dieser nun scheidet durch Zellteilung sowohl nach innen — und zwar Leitbündel- und Grundparenchym-Elemente — als auch nach aussen — und zwar Rindenelemente — in beiden Fällen also Dauergewebezellen ab, wodurch das Dickenwachstum bewerkstelligt wird.

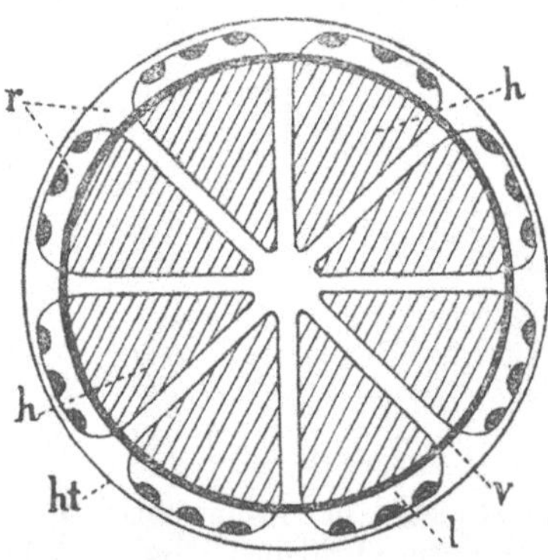

Fig. 9. Schematischer Querschnitt durch den Zweig eines Laub- oder Nadelholzes. Es sind 8 Leitbündel angenommen, die durch den Verdickungsring (Cambiumring) v in eine innere und eine äussere Partie geteilt sind. — r = Rinde; h = Holz, d. h. Bündelelemente innerhalb des Cambiumringes; l = Bündelelemente ausserhalb des Cambiumringes; ht = Hautgewebe.

2. Auch bei unseren Laub- und Nadelhölzern findet sich ein Verdickungsring, der

jedoch aus prosenchymatischen Zellen besteht und daher als Cambiumring zu bezeichnen ist. Dieser liegt aber nicht ausserhalb der hier (auf dem Stengelquerschnitt) in einem einzigen Kreise angeordneten Leitbündel, sondern teilt — in der Weise, wie das Fig. 9 darstellt — die Bündel in eine äussere und eine innere Partie.

Das zwischen den Bündeln befindliche Grundparenchym nennt man „Markverbindungen“. Sie werden von Cambiumgewebe überbrückt, sodass ein continuierlicher Cambiumcylinder, der Verdickungsring *v*, entsteht. Der ausserhalb des Cambiumringes gelegene Teil heisst Rinde *r*, der innere Holz *h*; nach beiden Seiten hin scheidet auch hier der Verdickungsring durch Zellteilungen Dauergewebe ab.

Die Jahresringbildung (Fig. 10) beruht darauf, dass der seine Thätigkeit im Frühjahr wieder beginnende Verdickungsring *c* zunächst Zellen abscheidet, die dünnere Wandungen und grössere Innenräume besitzen, als die später — namentlich im Herbste — gebildeten Zellen. Die Grenzen zwischen dem Herbstholz des einen Jahres und dem Frühlings-

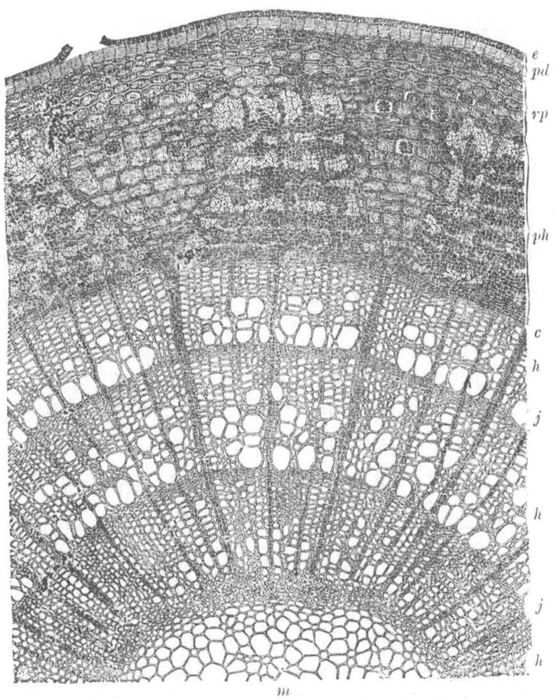

Fig. 10. Stück des Querschnittes eines 3jährigen, also mit 3 Jahresringen versehenen Zweiges von Tilia platyphyllos. *c* = Cambiumring, ausserhalb desselben die Rinde, innerhalb desselben das Holz *h*, die weiten Zellen desselben markieren das Frühlings-, die engen Zellen das Herbstholz; *j* = Grenze der Jahresringe. Die übrigen Buchstaben werden später erklärt. — Vergr. (Nach Kny).

holz des folgenden Jahres geben sich durch die Jahresringe zu erkennen.

3. Bei den Cycadaceen-Gattungen Cycas und Encephalartos stellt der Cambiumring, der in derselben Weise wie bei den Laub- und Nadelhölzern gebildet wird, nach einer gewissen

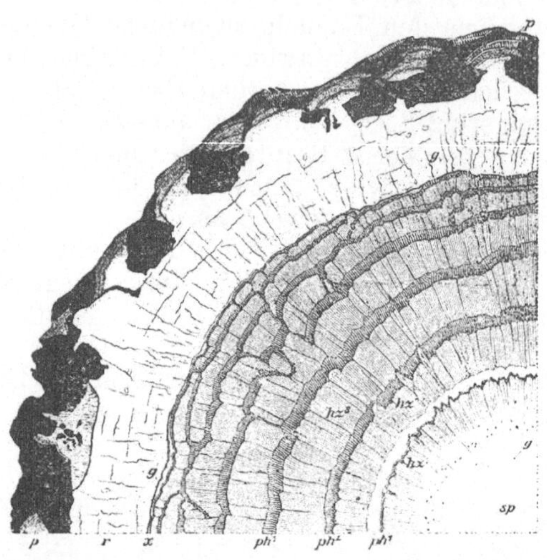

Fig. 11. Ein Viertel des Querschnittes durch den Stamm von Cycas revoluta. Die Holzlagen hz^1, hz^2 u. s. w. werden durch die Gewebelagen ph^1 und ph^2 u. s. w. geschieden. Zwischen hz^1 und ph^1 liegt der erste, zwischen hz^2 und ph^2 der zweite u. s. w. Cambiumring, deren Thätigkeit erloschen ist. Der neueste und thätige Cambiumring liegt bei *x*. Die übrigen Buchstaben werden später erklärt. — Etwa um $^2/_3$ verkleinert.

Zeit seine Thätigkeit ein, und es entsteht im Parenchym der Rinde, ausserhalb der Bündelelemente, ein neuer Cambiumring, der nunmehr ebenfalls nach innen zu wieder Holz und nach aussen hin andere Bündelelemente abscheidet. Durch eine öftere Wiederholung dieses Vorganges kommt der in Fig. 11 abgebildete Bau zu stande.

E. Verzweigungssysteme.

Die Sprossverzweigungen und überhaupt sich verzweigende Systeme aller Art erreichen oft ein gleichartiges Aussehen im fertigen Zustande trotz verschiedenartiger Entwickelung.

1. Erhält eine Hauptaxe, *I* in *M* Fig. 12, seitliche Zweige *II*, so bekommen wir ein Monopodium, welches sich also dadurch auszeichnet, dass die Seitenzweige sämtlich dasselbe gemeinsame „Fussstück“ *I* besitzen.

2. Im Gegensatz hierzu in entwickelungsgeschichtlicher Hinsicht steht das Sympodium, bei welchem die erstentstandene Axe, *I* in *S* Fig. 12, einen Tochterzweig *II* erhält, der über den Mutterzweig hinauswächst, denselben

„übergipfelt“ und die Spitze desselben oft bei Seite drängt, somit die Fortsetzung des unteren Stückes des Mutterzweiges bildend. Ein Zweig von *II* kann diese Entwickelungsweise fortsetzen, sodass wir zwar — wie *S* Fig. 12 veranschaulicht —

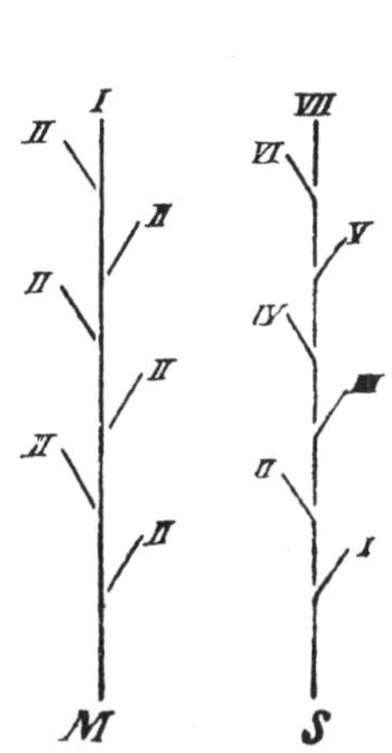

Fig. 12. *M* = monopodiale Verzweigung; *S* = sympodiale Verzweigung.

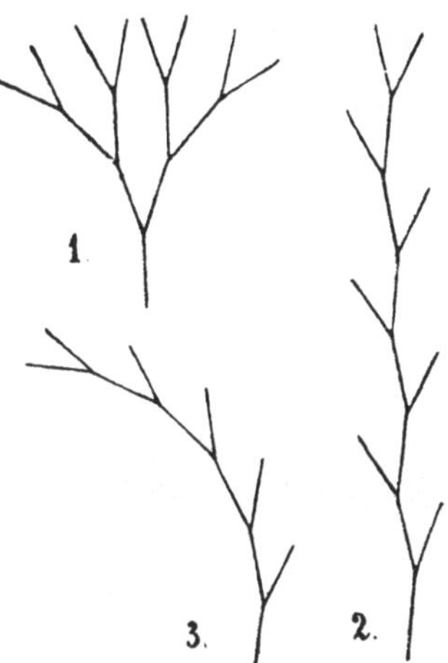

Fig. 13. Dichotome Verzweigungen. — Erklärung im Text.

ein Zweigsystem erhalten können, welches einem monopodialen, äusserlich betrachtet, durchaus gleicht, sich aber entwickelungsgeschichtlich dadurch von diesem unterscheidet, dass die scheinbare Hauptaxe aus vielen Fussstücken von Zweigen verschiedener Ordnung gebildet wird.

3. Dasselbe Resultat kann auch die dichotome Entwickelungsweise geben. Eine Dichotomie kommt zu stande, wenn sich ein Vegetationspunkt in zwei neue Vegetationspunkte sondert, welche beide zu je einem Zweige auswachsen. Erreichen diese beiden gleiche Länge und verzweigen sie sich in derselben Weise weiter, so entsteht eine deutlich gabelige Verzweigung, *1* Fig. 13; dichotomiert sich jedoch immer nur der eine der beiden Zweige im Verlauf der Entwickelung eines ganzen Systemes, und zwar abwechselnd, immer einmal der rechte und dann der linke — wie dies *2* in Fig. 13 veranschaulicht — oder immer nur der auf derselben Seite gelegene Zweig, *3* in Fig. 13, so wird wiederum, namentlich bei Geradestreckung des ganzen Systemes, eine einheitliche Hauptaxe vorgetäuscht, während doch sympodiale Verzweigungen vorliegen, im ersten Fall (*2* Fig. 13) denen von Fig. 12 äusserlich oft durchaus ähnlich.

4. Ein und dasselbe Verzweigungssystem kann sich in seinen verschiedenen Teilen entwickelungsgeschichtlich in

verschiedener Weise aufbauen. So sind Systeme, die in ihren ersten Verzweigungen monopodial sind, oftmals in ihren letzten Endigungen sympodial u. s. w.

---

3. Die äussere Gliederung der Pflanzen.

Wir haben schon auf Seite 5 und 6 gesehen, dass die niedersten Pflanzen, äusserlich betrachtet, keine und erst die höheren eine Gliederung in unterschiedene Teile wahrnehmen lassen und haben dort bereits die Grundbegriffe Lager, Wurzel, Stengel, Blatt kennen gelernt.

A. Lager.

Die Lagerpflanzen sind einzellig, wobei die Zelle die verschiedensten Formen haben kann, oder mehrzellig und ebenfalls von sehr mannigfaltigem Aussehen; sehr häufig ist die Faden-Form wie Fig. 2.

B. Wurzel.

Die Wurzel tritt in den mannigfaltigsten Gestalten auf. Man unterscheidet eine Hauptwurzel, welche die direkte Fortsetzung des Stengels bildet, und dem Erdmittelpunkte zuwächst (positiv geotropisch ist), und Seiten- oder Nebenwurzeln (vergl. Seite 10), die sich sowohl seitlich an den Hauptwurzeln als auch an Stengelteilen entwickeln können. An den Wurzeln unterscheidet man den Wurzelkörper, der nur in der Nähe seiner Spitze mit Wurzelhaaren besetzt ist, welche die verflüssigte Nahrung des Bodens aufnehmen, während der Wurzelkörper im wesentlichen die Leitung der Nährstoffe übernimmt und gleichzeitig gewöhnlich die Pflanze an ihren Untergrund festigt. Oftmals entwickeln sich die Wurzeln zu Speicherapparaten, Speisekammern; sie verdicken sich dann und werden fleischig. Wurzelknollen nennt man dicke, fleischige, oft kugelige oder anders gestaltete Nebenwurzeln, welche den Sommer über Nahrung — meist in Form von Stärke — in ihren Zellen für die im nächsten Frühjahr erwachsende Pflanze in sich aufhäufen. Kugelige, speichernde Hauptwurzeln werden, abweichend vom gewöhnlichen Sprachgebrauch, rübenförmige genannt, wie die Wurzel des Radieschens, während die Möhre oder Mohrrübe eine möhren- oder spindelförmige Hauptwurzel besitzt u. s. w. Bekanntlich macht sich der Mensch diese pflanzlichen Reservestoffbehälter oft zu nutze.

C. Stengel.

Auch der Stengel, an welchem Knoten, die Ansatzstellen der Blätter, und Zwischenknotenstücke, Stengelglieder (Internodien) unterschieden werden, kann Speicherapparate für Nährstoffe entwickeln, und er ist dann entsprechend dieser Funktion — wie die betreffenden Wurzelteile — in den Partieen, welche die Speicherung übernehmen, ebenfalls fleischig verdickt. Man nennt sie daher auch Stengelknollen, zu welchen z. B. die Kartoffeln gehören. Dass diese keine Wurzelknollen sind, erkennt man mit Leichtigkeit an den sogenannten Augen derselben: kleinen Rändern, welche Blattgebilde sind, in deren Achseln sich die Anlagen von Sprossen finden. Zwiebeln, deren Erwähnung am besten hier angeschlossen wird, sind Speicherorgane, gebildet aus Stengelteilen mit sehr stark verdickten, fleischigen Blättern, welche die Speicherung übernehmen. — Sind die Stengel, die gewöhnlich im Gegensatz zur Hauptwurzel vom Erdmittelpunkt hinweg wachsen (negativ geotropisch sind), keine typischen Nährstoffreservoire, so sind sie gewöhnlich langgestreckt. Sie können dann sein:

aufrecht, wenn sie sich von der Wurzel ab senkrecht in die Luft erheben,

windend, wenn sie, um Halt zu gewinnen, spiralig um eine Stütze wachsen,

rankend resp. kletternd, wenn sie vermittelst besonderer Haftorgane (z. B. Ranken, Haken) an anderen Pflanzen oder Gegenständen emporklimmen,

aufsteigend, wenn ein verhältnismässig kleiner Teil ihres Grundes auf dem Boden liegt und der andere Teil senkrecht emporsteigt,

kriechend, wenn ein grösserer Teil am Boden liegt und womöglich an den Knoten Wurzeln bildet,

rasenbildend, rasig, wenn viele Stengel von einer gemeinsamen organischen Grundlage ausgehend dicht zusammenstehen,

auslaufend, wenn sie von einem Mutterstengel ausgehend kriechen und sich von diesem lösen können, um neue Pflanzen zu erzeugen. Solche Ausläufer können ober- oder unterirdisch sein. — Unterirdische Stengelteile überhaupt werden (obgleich sie mit einer Wurzel nichts zu thun haben) als Wurzelstöcke (Rhizome) bezeichnet.

D. Blätter.

1. Die Blattarten.

Die Blätter werden, von der Wurzel nach der Spitze des Stengels fortschreitend, nach ihrer Stellung und ihrer Ausbildung unterschieden als

a) Keimblätter, Samenblätter (Cotyledonen), welche die ersten beim Keimen erscheinenden Blätter sind,

b) Niederblätter, welche kleine schuppige, meist nicht grüne Gebilde darstellen, und

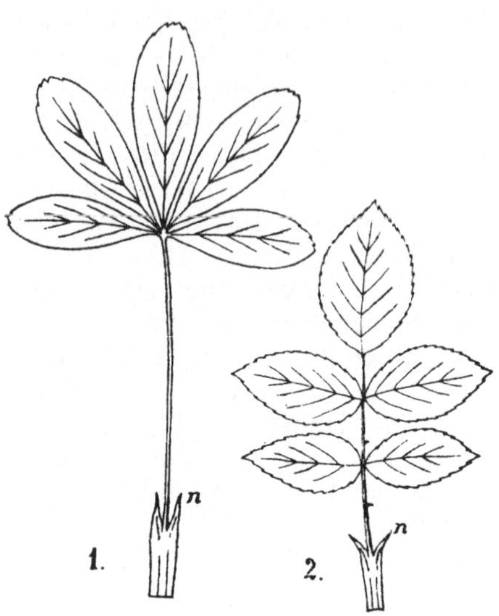

Fig. 14. *1* = gefingertes Laubblatt von Potentilla alba, *2* = unpaarig-gefiedertes Laubblatt von Rosa canina. *n* = Nebenblätter. — Verkl.

c) Laubblätter oder schlechtweg Blätter im engeren Sinne, welche die grössesten, grünen, meist besonders gegliederten Blätter sind. Die obersten Blätter, die sich oftmals in ihrer Gestaltung von den darunter stehenden unterscheiden, werden, wenn dies der Fall ist, als

d) Hochblätter besonders klassifiziert, welche überhaupt alle oft schuppigen Blattorgane zwischen den typischen Laubblättern und den

e) Blütenblättern umfassen. Die letzteren setzen die Blüten der höheren Pflanzen, das sind Fortpflanzungsorgane, zusammen.

Bei einer einzelnen Art kann diese oder jene oder auch mehrere der erwähnten Blattregionen fehlen.

Ein Blatt kann sich gliedern in eine Scheide (Vagina) mit oder ohne Nebenblätter (Stipeln) *n* Fig. 14, in einen Blattstiel (Petiolus) und in eine Blattspreite (Lamina).

Ein Blatt, in dessen Achsel ein Spross steht, wird das Deckblatt oder Tragblatt desselben genannt, während Vorblätter die ersten, oft schuppenförmigen Blätter an einem Zweige sind.

2. Die Blattformen.

Da man bei der Beschreibung der Pflanzen-Arten mit den Ausdrücken des gewöhnlichen Lebens nicht auskommt, und überdies die Systematiker bestimmte Ausdrücke in besonderer Weise brauchen, so müssen wir uns hier mit den gebräuchlichsten derselben beschäftigen.

I. Die Blätter können zusammengesetzt sein oder einfach. Im ersteren Falle nennt man sie

a) gefiedert, wenn das ganze Blatt in mehrere getrennte Teile, Blättchen, derartig zerschnitten erscheint, dass dieselben an zwei Seiten der Mittelrippe — oder des gemeinsamen Blattstieles, wenn man lieber will — verteilt erscheinen. Unpaarig-gefiedert, *2* in Fig. 14, sind die Blätter, wenn ein einzelnes Endblättchen an ihrer Spitze vorhanden ist, paarig-gefiedert, wenn das Endblättchen fehlt. Unter einem leierförmigen Blatt versteht man ein unpaarig gefiedertes Blatt mit sehr grossem Endblättchen und unterbrochen-gefiedert heisst es, wenn ein grosses Blättchenpaar mit einem oder mehreren kleinen Paaren abwechselt. Von doppelt-gefiederten Blättern spricht man, wenn die Blättchen ebenfalls gefiedert sind, von dreifach-gefiederten Blättern, wenn die Blättchenabschnitte nochmals gefiedert erscheinen u. s. w.

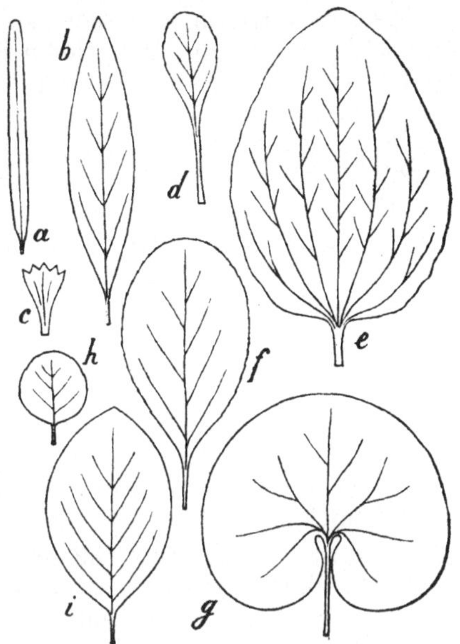

Fig. 15. a = lineales Laubblatt von Ledum palustre, b = lanzettliches Lbl. von Ligustrum vulgare, c = keilförmiges Lbl. von Primula minima, d = spateliges Lbl. von Bellis perennis, e = eiförmiges Lbl. von Plantago major (Blattscheide weggelassen), f = verkehrt-eiförmiges Lbl. von Berberis vulgaris, g = nierenförmiges Lbl. von Asarum europaeum (Blattstiel unvollständig), h = kreisrundes Lbl. von Linnaea borealis, i = elliptisches Lbl. von Lonicera Xylosteum. — Verkl.

b) Gefingerte oder handförmige Blätter sind solche, deren Abschnitte oder Blättchen strahlig von einem Punkte ausgehen, *1* Fig. 14.

Die Blattspreiten resp. Blättchen — vergl. hierzu Fig. 15 — können sein:

a) lineal, wenn sie etwa 4- oder mehrmal länger als breit sind und mehr oder minder parallele Ränder besitzen,

b) lanzettlich, wenn dieselben 3- bis mehrmal länger als breit sind, indem sich von der Mitte aus die beiden Enden verschmälern.

c) keilförmig, wenn sie in der Nähe der Spitze am breitesten sind und sich nach dem Grunde zu verschmälern,

d) spatelig, wenn dieselben oben verbreitert und abgerundet sind und sich nach dem Grunde hin sehr allmählich keilförmig verschmälern,

e) eirund oder eiförmig, wenn sie — wie der Längsdurchschnitt eines Hühnereies — etwa 2 mal so lang als breit und dabei unterhalb der Mitte am breitesten sind,

f) verkehrt-eirund oder verkehrt-eiförmig, wenn dieselben eiförmige Gestalt besitzen, die breiteste Stelle jedoch oberhalb der Mitte liegt.

g) nierenförmig, wenn sie kreisförmig bis quer-oval sind und am Grunde einen tiefen Einschnitt zeigen, zu dessen beiden Seiten sich zwei gerundete Abschnitte befinden. — Ausdrücke wie

h) kreisrund, i) elliptisch u. s. w. sind selbstverständlich.

Es lassen sich natürlich alle Benennungen, welche sich ausschliesslich auf Formen beziehen, auf die verschiedensten Organe übertragen, so könnte man etwa auch von einer fingerartigen Stengelverzweigung reden.

II. In bezug auf die Anheftung der ungestielten, d. h. sitzenden Blätter an ihrem Stengel unterscheidet man:

a) herablaufende Blätter, wenn sich die Blattfläche auf den Stengel mehr oder minder weit fortsetzt,

b) stengelumfassende Blätter, wenn der Blattgrund den Stengel umfasst,

c) durchwachsene Blätter, wenn die den Stengel umfassenden Blattlappen auf der der Blattfläche entgegengesetzten Seite des Stengels miteinander verschmelzen.

III. Auf die Ausbildung des Blattgrundes beziehen sich ferner die Ausdrücke:

d) herzförmig, wenn die Blätter am Grunde einen spitzen, einspringenden Winkel besitzen, dessen Halbierungslinie vom Blattstiel eingenommen wird, wenigstens wenn es sich nicht um schiefherzförmige Blätter, *1* Fig. 16, handelt, bei denen die rechts und links von der Hauptrippe liegenden Blattspreiten-Teile verschieden gross entwickelt sind; die beiden rechts und links vom Blattstiel befindlichen Blattlappen sind abgerundet. Blätter mit herzförmigem Grunde sind meist von breit-eirunder Gestalt. Sind die beiden Blattlappen des Grundes spitz, so erhält das Blatt einen

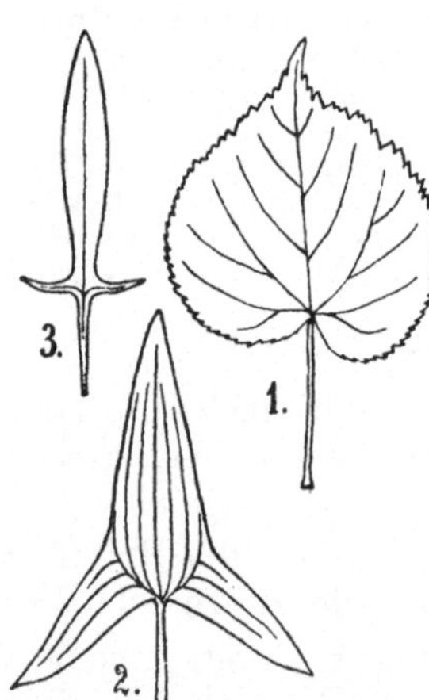

Fig. 16. *1* = schiefherzförmiges Blatt von Tilia ulmifolia, *2* = pfeilförmige Blattspreite von Sagittaria sagittaefolia, *3* = spiessförmiges Blatt von Rumex Acetosella. — Verkl.

e) pfeilförmigen Grund, *2* Fig. 16, der zum

f) spiessförmigen wird, *3* in Fig. 16, wenn die beiden Zipfel wagerecht abstehen. In diesem Falle ist der einspringende Winkel gewöhnlich stumpf oder der Grund ist flachbuchtig.

IV. Ist der Rand der Blätter resp. Blättchen nicht ganzrandig, so kann er sein:

a) gesägt, wenn er derartige Einschnitte zeigt, dass sowohl die Buchten als auch die Spitzen der Abschnitte spitz und die Seiten der letzteren ungleich lang sind, *a* Fig. 17,

b) gezähnt, wenn die Buchten spitz oder abgerundet, die Spitzen spitz und die Seiten der Abschnitte gleich lang sind, *b* Fig. 17,

c) buchtig, wenn sowohl die Spitzen als auch die Buchten abgerundet sind, *c* Fig. 17,

d) ausgeschweift oder geschweift, wenn er, eine leichte Schlangenlinie bildend, mit sehr seichten bogigen Einschnitten und Vorsprüngen versehen ist, *d* Fig. 17, während er

e) gekerbt heisst, wenn die Buchten spitz, die Spitzen der Abschnitte jedoch abgerundet erscheinen. *e* Fig. 17.

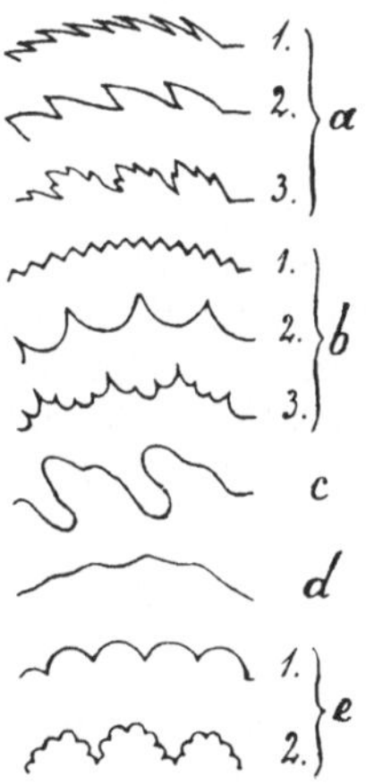

Fig. 17. Blattränder: a = gesägt, 1 = fein-, 2 = grob-, 3 = dopp.-gesägt; b = gezähnt. 1 = fein-, 2 = grob-, 3 = doppelt-gezähnt; c = buchtig; d = ausgeschweift; e = gekerbt, 1 = grob-, 2 = dopp.-gekerbt.

Doppelt gezähnte, gekerbte u. s. w. Ränder kommen zu stande, wenn die Zähne, Kerben u. s. w. ihrerseits wiederum Zähne u. dergl. tragen, Fig. 17 a^3, b^3, e^2.

Sind die Abschnitte so gross, dass die Einschnitte oder Buchten höchstens bis zur Mitte der Blattspreitenhälften hinausgehen, so spricht man von spaltigen, gespaltenen oder gelappten Blättern; gehen die Einschnitte bis über die Mitte der Blatthälften, so erhält man teilige, geteilte oder zerteilte Blätter, und reicht der Schnitt bis zur Mittelrippe, so werden sie oft zerschnitten genannt.

Gewimpert heisst der Blattrand, wenn er mit stärkeren, oft borstigen Haaren besetzt ist.

Stachelspitzig erscheint ein Blatt oder irgend ein anderes Organ, wenn demselben ein besonderes, deutlich abgesetztes Spitzchen angefügt ist. Ein Blättchen u. s. w. kann am freien Ende stumpf, dabei aber stachelspitzig sein.

3. Die Stellung der Blätter und Sprosse.

Die gegenseitige Stellung der Blätter und Sprosse, welche letzteren gewöhnlich in den Achseln der Blätter entstehen (Seite 10), kann an ihrer gemeinsamen Mutterachse im allgemeinen sein:

a) wechselständig, wenn die seitlichen Organe, eine Spirale bildend, in ungleicher Höhe einzeln an ihrer Achse verteilt sind, oder

b) gegenständig. wenn 2 dieser Organe sich an ihrem

gemeinsamen Mutterorgan in gleicher Höhe gegenüberstehen, oder endlich

c) *quirlständig*, wenn mehrere der seitlichen Organe in gleicher Höhe in einem Quirl rings um ihren Mutterstengel stehen.

Gegenständige Blätter nennt man *gekreuzt*, wenn jedes Paar mit dem vorhergehenden und folgenden einen rechten Winkel bildet. In der Regel treffen auch die Blätter eines Quirls auf die Lücken zwischen den Blättern des vorhergehenden und nachfolgenden Quirls: die Blätter *alternieren*.

E. Blüten.

Blüten nennt man die aus Blättern zusammengesetzten geschlechtlichen Fortpflanzungsorgane der Phanerogamen, während man die einfacher gebauten Geschlechtswerkzeuge der Kryptogamen nicht als Blüten bezeichnet. Die Blüten sind aus folgenden wesentlichsten Organen zusammengesetzt (vergl. hierzu die Figuren 18 sowie 23—25):

1. den **Kelchblättern,** den *Kelch*, *Calix*, bildend,
2. den **Blumen-** oder **Kronenblättern,** die *Krone*, *Blumenkrone*, *Corolla*, bildend,

} *Blütendecke*, *Perianth*.

3. den **Honigbehältern,** *Nektarien*,
4. den **Staubblättern** oder **-gefässen,** die männlichen Geschlechtsorgane, das *Andröceum*, darstellend,
5. den **Fruchtblättern,** *Carpellen*, die weiblichen Geschlechtsorgane, das *Gynöceum*, auch *Stempel*, *Pistill*, genannt, darstellend.

Jede Blüte enthält nicht in jedem einzelnen Falle alle die genannten Teile, sondern es können einzelne oder mehrere dieser Organe fehlen.

1. und 2. Die Blütendecke.

Fehlt einer Blüte der Kelch oder die Krone, so bezeichnet man die alleinige aus mehr oder minder gleichartigen Blättern oder Teilen zusammengesetzte, oft kronenartig erscheinende Blütendecke als *Perigon*. Die Blütendecke fehlt zuweilen ganz. Wie die Blätter überhaupt, können natürlich auch die Blütenblätter die verschiedensten Gestalten zeigen; insbesondere sind hier die als *Nagel* bezeichneten verschmälerten, stielartigen Teile zwischen der Kronenspreite, der *Platte*, und dem Blütenboden zu erwähnen. — Die *gefüllten* Blumen unserer Zierpflanzen kommen entweder durch Vermehrung der Kronenblätter zu stande (z. B. bei Fuchsia) oder die neu hinzukommenden Blumenblätter finden sich an Stelle fehlender Staubblätter. Bei den Compositen (z. B. der Sonnenblume, der Georgine) jedoch nennen die

Gärtner die Blumen gefüllt, wenn sämtliche Kronen zungenförmig resp. den Randblumen gleich werden, und bei der Hortensie, wenn alle Blumen eines Blütenstandes unfruchtbar sind und einen grossen Kelch erhalten.

3. Die Honigbehälter.

Die Honigbehälter, Nectarien, fehlen den Blüten häufig; sie nehmen entweder, wie z. B. bei den Cruciferen, (n Fig. 18), bei Parnassia und vielen Ranunculaceen u. s. w., gleichwie auch jeder andere Blütenteil einen bestimmten Platz des Stengelteiles der Blüte, des Blütenbodens, ein und stehen dann zwischen der Blütendecke und den Staubblättern oder zwischen diesen und den Fruchtblättern, oder aber sie befinden sich an bestimmten Stellen der anderen Blütenorgane. Beim Veilchen z. B. bilden die Honigbehälter spornartige Verlängerungen am Grunde zweier Staubblätter und bei anderen Gattungen, z. B. Fritillaria, finden sich dieselben an Teilen der Blütendecke.

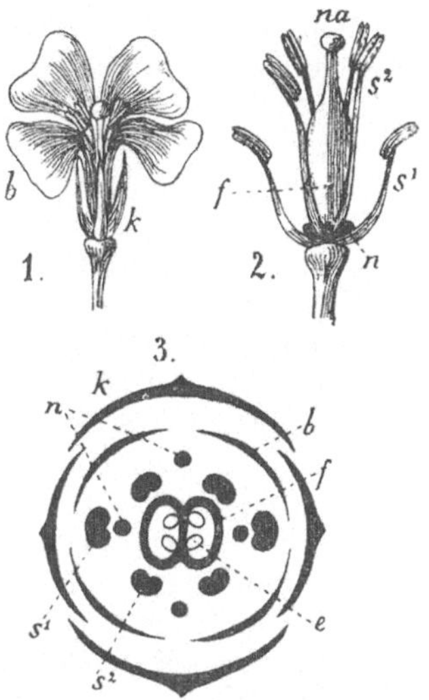

Fig. 18. Blüte von Brassica, *1* von aussen gesehen, *2* nach Wegnahme des Perianths, *3* im Grundriss. k = Kelchblätter, b = Kronenblätter, s^1 u. s^2 = Staubblätter, f = Fruchtknoten, na = Narbe, zwischen f und na Griffel, e = Eichen, n = Nectarien. — Etwas vergr.

4. Die Staubblätter.

Die Staubblätter oder die männlichen Geschlechtsorgane besitzen Kammern, die am Ende eines gewöhnlich vorhandenen Staubfadens (Filaments) sitzen und zusammen den ein- bis mehr-, aber meist vierfächrigen Staubbeutel (die Anthere) zusammensetzen; in diesen Antheren-Kammern werden Zellen erzeugt, die man Blütenstaub oder Pollen nennt. Nachdem er die nötige Reife erlangt hat, wird der Pollen durch Löcher oder Spalten entlassen, die sich im allgemeinen nach der Seite hin öffnen, wo die Nektarien stehen, jedenfalls aber immer so, dass die Öffnungen den die Nektarien besuchenden Insekten zugekehrt sind, wie dies für die leichte Bestäubung der Tierchen mit Pollen am zweckmässigsten ist. Der Zweck dieser Einrichtung wird gleich ersichtlich werden.

Wie die Nektarien sich an anderen Blütenteilen entwickeln können, ebenso finden auch die Staubblätter Platz an anderen Blütenorganen; häufig sitzen sie z. B. der Krone an.

5. Die Fruchtblätter.

Das wesentlichste der Fruchtblätter oder weiblichen Geschlechtsorgane sind die Eichen oder Ovula, *e* in *3* Fig. 18, welche an besonderen Stellen derselben, den Samenleisten (Placenten), erzeugt werden.

Eine Blüte kann ein oder mehrere freie oder mit einander verbundene Fruchtblätter besitzen. Man unterscheidet meist an den freien Fruchtblättern oder an dem aus mehreren Fruchtblättern hervorgegangenen Gynöceum am Grunde (1.) den Fruchtknoten (das Ovarium) mit den Eichen, welcher (2.) oft durch einen Griffel (Stylus) mit der an seiner Spitze befindlichen (3.) Narbe (dem Stigma) verbunden wird: *f—na* in *2* Fig. 18. Die Narbe ist durch ihre klebrige, rauhe oder behaarte Beschaffenheit vorzüglich geeignet, durch Vermittelung des Windes, seltener des Wassers (bei Windblütlern resp. Wasserblütlern, die sich durch eine unscheinbare Blütendecke charakterisieren) oder der Insekten (bei Insektenblütlern, mit Blumen, die sich durch eine für die Tiere weithin sichtbar gefärbte Blütendecke und meist auch durch den Besitz von Nektarien auszeichnen) den Pollen aufzunehmen. Dieser erzeugt, auf die in solcher Weise mit Fangvorrichtungen versehene Narbe gebracht, einen durch den etwa vorhandenen Griffel bis zu den Samenanlagen wachsenden Schlauch, der denselben etwas von seinem Inhalte abgeben, d. h. die Eichen befruchten muss, wenn sie zu keimfähigen Samen werden, d. h. im stande sein sollen, neuen Pflanzenindividuen das Dasein zu geben.

Die Fruchtblätter einer Blüte mit den reifen Samen und etwaigen anderen Teilen der Blüte und ihrer Umgebung, die sich gelegentlich nach dem Verblühen während der Samenreife besonders ausbilden, nennt man eine Frucht. Bestehen die Früchte aus mehreren, äusserlich gegliederten Teilen, sei es, dass die einzelnen Fruchtblätter nicht mit einander verwachsen, sondern frei bleiben, sei es, dass die Frucht sich in anderer Weise in mehrere Teile spaltet, so nennen wir diese Teile Früchtchen.

Die **Hauptfruchtformen** lassen sich in zwei grössere Abteilungen bringen:

1. Die **Trockenfrüchte**. Zu diesen gehören:
   a) Die Schliessfrüchte (in besonderen Fällen als Nüsse, bei den Gramineen als Caryopsen, bei den Compositen als Achänen bezeichnet), welche einsamig sind und in Zusammenhang damit nicht aufspringen. Die Fruchtwandung liegt dem Samen meist lückenlos, dicht an (Haselnuss, Gerstenkorn).
   b) Die Kapseln, welche gewöhnlich mehrsamig sind und daher fast immer aufspringen. Die Samen ragen frei in die Höhlung der Frucht hinein (Mohnkapsel).

2. Die **saftigen, fleischigen Früchte,** die wir einteilen in
   a) Steinfrüchte (Drupen), welche Schliessfrüchte mit fleischiger äusserer und holziger oder doch harter Innenschicht vorstellen (Pflaume, Kirsche; die Brombeerfrucht wird aus Steinfrüchten zusammengesetzt) und
   b) Beeren, die (meist) mehrsamig sind (Apfel, Stachelbeere).

Die Samen, welche der Regel nach an den zusammenschliessenden Rändern der Fruchtblätter sich entwickeln und das Wesentlichste in den Früchten sind, weisen den verschiedensten Bau auf. Bevor wir jedoch auf denselben etwas näher eingehen, müssen wir einiges über den Bau und die Anheftungsweise der **Eichen** (Samenknospen) sagen. Vergl. hierzu die Figuren 19—22. Ein Eichen wird durch ein Stielchen, den Nabelstrang, (Funiculus) mit der Placenta verbunden, es wird von Eihüllen (Integumenten) umgeben, welche eine Öffnung, die Mikropyle, zum Durchtritt für den Pollenschlauch frei lassen und die übrige Gewebemasse des Eichens, den Knospenkern (Nucellus) umschliessen. In dem letzteren zeichnet sich eine Zelle, der Embryosack *e* Fig. 19—21, durch besondere Grösse aus; zu ihr muss der

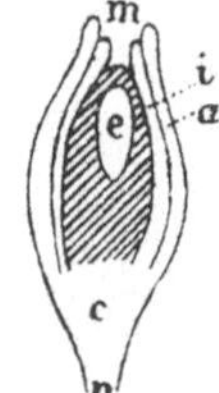

Fig. 19. Längsschnitt durch ein geradläufiges Eichen. — Vergr.

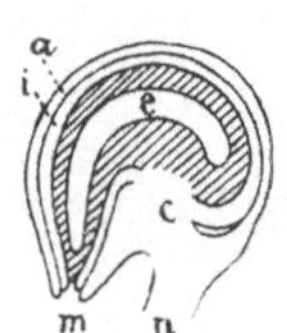

Fig. 20. Längsschnitt durch ein krummläufiges Eichen. — Vergr.

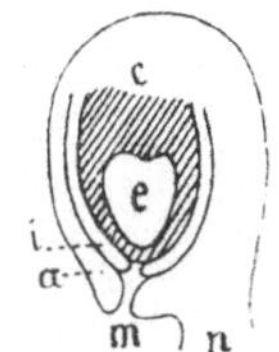

Fig. 21. Längsschnitt durch ein gegenläufiges Eichen. — Vergr.

e = Embryosack; *m* = Mikropyle; *i* = inneres, *a* = äusseres Integument; *c* = Chalaza; *n* = Nabelstrang.

Pollenschlauch vordringen. Liegt nun die Anheftungsstelle des Eichens an der Placenta, der Mikropyle gegenüber, so nennt man das Eichen geradläufig (orthotrop, atrop): Fig. 19. Meist zeigt es eine andere Gestalt und Anheftungsweise; es ist dann entweder derartig gebogen, dass der Eikörper gekrümmt ist, und es erscheint dann als krummläufig (campylotrop): Fig. 20, oder das Eichen selbst ist wie im ersten Falle gerade, aber seine Basis (Chalaza) liegt der Anheftungsstelle desselben an der Placenta gegenüber, sodass Mikropyle und Anheftungsstelle nebeneinander liegen. Im letzten Falle wird das Eichen umgewendet, gegenläufig oder rückläufig (anatrop) genannt: Fig. 21 und 22.

Der wesentlichste Teil des **Samens** nun ist der im Embryosack entstehende Keimling (der Embryo), *Embr.* in

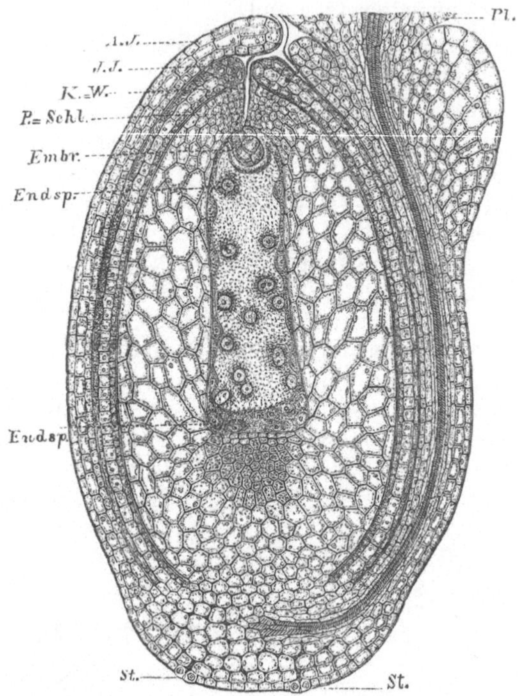

Fig. 22. Längsschnitt durch das gegenläufige Eichen von Viola tricolor. *A. J.* = äusseres Integument; *J. J.* = inneres Integument; *K.-W.* = Scheitel des Knospenkernes (Kern-Warze); *Pl.* = Placenta; *Embr.* = Embryo; *Endsp.* = Embryosack in Zellbildung begriffen (Endosperm); *P.-Schl.* = = Pollenschlauch; *St.* = (zwei intercellulare Öffnungen, Stomata, in der Epidermis der Chalaza). — Stark vergr. (Nach Kny).

Fig. 22, aus welchem durch Weiterentwickelung eine neue Pflanze hervorgeht. In seltenen Fällen stellt der Embryo ein ganz einfaches Gebilde ohne jede äussere Gliederung dar (so bei Monotropa, Orobanche); meist ist er gegliedert und zeigt bereits die Anlage zur Wurzel, das Würzelchen, die Anlage des Hauptsprosses und in besonderer Ausbildung die Anlage zu dem ersten Blatt (bei den Monocotylen) oder den beiden ersten Blättern (bei den Dicotylen), welche Blätter, wie wir schon sagten, Cotyledonen, Keimblätter, heissen. Bei den Gymnospermen sind oft mehr Keimblätter vorhanden. —

Zu seinem Schutze wird der Same von einer aus den Integumenten hervorgehenden Samenhaut umkleidet.

6. Stellung der Blütenteile zu einander.

Der Stengelteil der Blütenregion, an welchem die Blütenorgane sitzen, der Blüten- resp. Blumenboden (Torus), zeigt die mannigfachsten Formen. Ist er becherartig entwickelt, oder überhaupt verbreitert, sodass im Grunde des Bechers resp. in der Mitte des Torus die Fruchtblätter und, wie Fig. 23 zeigt, am Rande die anderen Blütenorgane stehen, so nennt man die Blüte umständig, umweibig (perigyn). Der becherartige Stengelteil kann vollständig mit dem Fruchtknoten verschmelzen, sodass man nicht mehr im stande ist, zu unterscheiden, wie weit der Stengel und wie weit die Fruchtblattteile zur Bildung des Organes beigetragen haben. Es gewinnt in vielen solchen Fällen das Aussehen, als ob die Blütendecke und die Staubblätter auf der Spitze des Fruchtknotens ständen; solche Blüten — Fig. 24 — haben einen unterständigen, unterweibigen (hypogynen) Fruchtknoten, die anderen Organe sind dann oberständig. Die theoretischen Morphologen nehmen im allgemeinen an, dass die Vorfahren solcher Pflanzen einen nicht verwachsenen Stengelbecher und noch früher überhaupt keine becherförmige Achse besassen. Sind die Blütendecke und die Staubblätter an der Achse unterhalb der Fruchtblätter eingefügt, so nennt man die letzteren oberständig, oberweibig (epigyn), die ersteren unterständig — Fig. 25 —. Oft unterscheidet man für Zwischenbildungen noch halb-oberständige, mittelständige Organe, Ausdrücke, die sich nach dem Vorausgehenden von selbst verstehen.

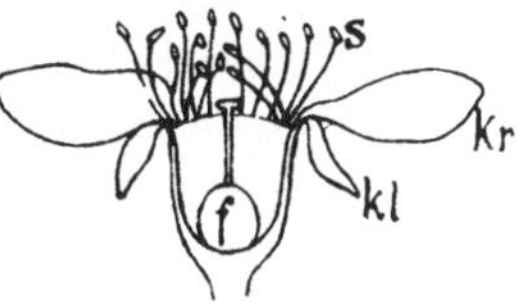

Fig. 23. Längsschnitt durch eine perigyne Blüte (von Prunus). — *kl* = Kelch, *kr* = Krone, *s* = Staubblätter, *f* = Fruchtblatt. — Etwas vergr.

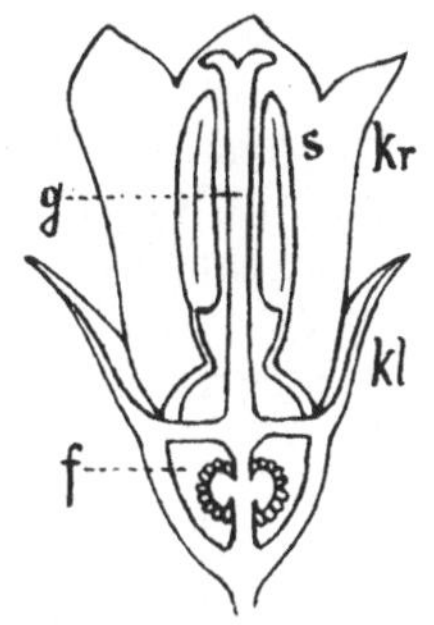

Fig. 24. Längsschnitt durch eine Blüte mit unterständigem Fruchtknoten (von Campanula). *kl* = Kelch, *kr* = Krone, *s* = Staubblätter, *g* = Griffel, *f* = Fruchtknotenfächer.

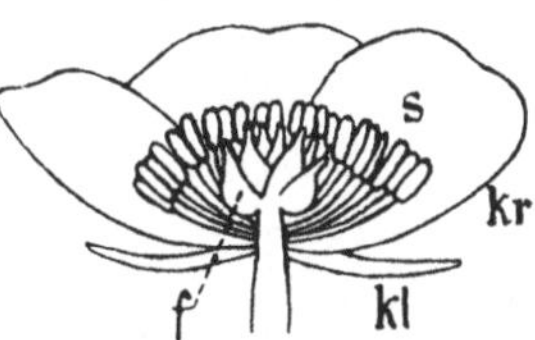

Fig. 25. Längsschnitt durch eine Blüte mit oberständigem Gynöceum (von Ranunculus). *kl* = Kelch, *kr* = Krone, *s* = Staubblätter, *f* = Fruchtblätter.

7. Form der Blüten.

Die Blüten können äusserlich betrachtet strahlig (actinomorph) oder zweiseitig-symmetrisch (zygomorph) gebaut erscheinen. Im ersten Falle besitzen die sämtlichen gleichnamigen Teile, namentlich diejenigen der Blütendecke, dieselbe Gestalt, während im anderen Falle die gleichnamigen Teile unter einander verschiedene Ausbildung zeigen, doch so, dass eine durch die Längsachse der Blüte gelegte Ebene dieselbe in nur zwei Spiegelbilder teilt.

8. Blütenstände.

Die Blüten sind oft zu einem Ganzen zusammengeordnet und spricht man dann von einem Blütenstand. Ein Blütenstand wird bezeichnet als (vergl. hierzu Fig. 26):

a) eine Ähre, wenn an einer Hauptachse seitlich ungestielte Blüten sitzen,

b) eine Traube, welche gestielte Blüten besitzt, sonst der Ähre gleicht,

c) eine Rispe, wenn die Zweige einer Traube wiederum Trauben sind, jedoch so, dass meistens die unteren Verzweigungen reichlicher und länger als die oberen sind,

d) ein Kopf, wenn mehrere, meist ungestielte Blüten dicht zusammenstehen,

e) eine Dolde, wenn mehrere Blütenstiele von demselben Punkt ausgehen; die Blüten liegen meist in einer Ebene.

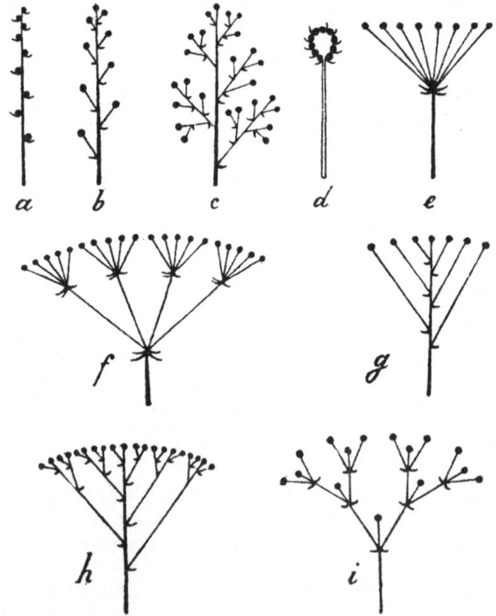

Fig. 26. Blütenstände: a = Ähre, b = Traube, c — Rispe, d = Kopf, e = Dolde, f = Doppeldolde, g = Doldentraube, h = Doldenrispe, i = Trugdolde.

Ausdrücke wie Doldentraube, Doldenrispe verstehen sich eigentlich von selbst. Im ersten Fall ist ein traubiger, im zweiten Fall ein rispiger Blütenstand gemeint, dessen untere Blütenstiele jedoch so lang sind, dass die Blüten sämtlich fast in einer Ebene stehen.

Bei der Trugdolde schliesst die Hauptachse mit einer endständigen Blüte ab und trägt unter derselben mehrere Blütenstiele, die ihrerseits wiederum mit einer Blüte abschliessen und sich wie die Hauptachse verzweigen. Dies kann sich an den jüngeren Verzweigungen öfters wiederholen. Auch in diesem Falle kommt ein Blütenstand heraus, dessen meiste Blüten mehr oder minder in einer Ebene liegen.

Die erläuterten einfachen Blütenstände können in der verschiedensten Art vereinigt, zusammengesetzt, vorkommen. So können — wie dies bei den Gräsern im engeren Sinne oft der Fall ist — die letzten Endigungen der Rispen Ähren, besser Ährchen, sein.

Unter Doppelähre, Doppeltraube (Rispe), Doppeldolde versteht man Blütenstände, deren von der Hauptachse abgehende Zweige sich genau so verhalten wie die Hauptachse zu ihren Zweigen, sodass also letztere bei der Doppeldolde z. B. wiederum Dolden, dann Döldchen genannt, darstellen.

Scheinblütenstände, also z. B. Scheinähren, Scheintrauben sind solche, welche — oberflächlich betrachtet — einen der oben beschriebenen Blütenstände dem äusseren Ansehen nach vortäuschen, sich jedoch bei näherer Untersuchung als zusammengesetzt herausstellen.

---

4. Anatomie.*)

Die Grundbegriffe Zelle, Gewebe, Gewebesystem wurden bereits auf Seite 4 und 5 erläutert.

Während man früher die Klassifikation der pflanzlichen Gewebe-Arten — wegen der nur sehr mangelhaften Kenntnis ihrer Funktionen — nach rein morphologischen Prinzipien vornehmen musste, sind wir jetzt in der Lage, als Hauptrichtschnur die Verrichtung der Gewebe im Leben der Pflanzen ins Auge zu fassen.

Die Gewebesysteme teilen wir danach ein in

***A.* Systeme des Schutzes:**

1. Hautsystem.
2. Skelettsystem.

---

*) Für ein eingehenderes Studium ist zu empfehlen: G. Haberlandt, Physiologische Pflanzenanatomie (Leipzig 1884), sowie für praktische Übungen: E. Strasburger, Das botanische Practicum. 2. Aufl. (Jena 1887).

B. **Systeme der Ernährung:**

1. Absorptionssystem.
2. Assimilationssystem.
3. Leitungssystem.
4. Speichersystem.
5. Durchlüftungssystem.
6. Sekret- und Exkretbehälter.

C. **Systeme der Fortpflanzung.**

A. Systeme des Schutzes.

Die Systeme des Schutzes dienen — wie ihr Name sagt — dazu, die Pflanzen vor den schädlichen Einflüssen der Aussenwelt zu schützen. Gerade ebenso wie sich bereits eine einzellige Pflanze durch Bildung einer Zellhaut gegen ihre Umgebung schützt, ebenso und in noch höherem Masse bedürfen die vielzelligen, sehr kompliziert gebauten Gewächse eines Hautsystems zum Schutze ihrer zarteren Gewebe und Organe.

Während jedoch die einzelligen und die aus gleichartigen Zellen bestehenden mehrzelligen Pflanzen in ihren Zellhäuten eine genügende Festigungsvorrichtung besitzen, ist es für das Gedeihen der höheren Pflanzen eine der wichtigsten Voraussetzungen, einen Apparat von Einrichtungen zu besitzen, welcher die Festigung aller Organe und ihres wechselseitigen Zusammenhanges zur Aufgabe hat. Je höher differenziert eine Pflanze ist, je vielgestaltiger und zahlreicher ihre einzelnen Organe sind, um so leichter werden natürlich mechanische Eingriffe jeder Art den Aufbau und die Gestaltung der Pflanze schädigen. Die mechanischen Eingriffe äussern sich in verschiedener Weise; sie bewirken bei ungenügender Festigkeit ein Zerbrechen, Zerreissen, sowie ein Zerdrückt- oder Zerquetschtwerden der Pflanzenteile und gegen solche Beschädigungen haben sich die Pflanzen zu schützen, indem sie ihre Organe je nach Bedürfnis, d. h. je nach ihrer vorwiegenden mechanischen Inanspruchnahme bald gegen Zerbrechen biegungsfest, bald gegen Zerreissen zugfest u. s. w. ausbilden müssen. Die Pflanzen erreichen dies dadurch, dass sie an passenden Stellen in ihrem Körper festes Skelettgewebe entwickeln.

I. Das Hautsystem.

Im wesentlichen hat das Hautsystem die Pflanzen zu schützen 1. gegen die Gefahren übermässiger Wasserverdunstung, 2. vor der Gefährdung zarterer Gewebe durch direkte mechanische Eingriffe. Diejenigen Organteile, welche eines besonderen Schutzes nach den genannten Richtungen hin nicht bedürfen, besitzen daher auch kein besonderes Hautgewebe.

Die verschiedenen Arten der Hautgewebe sind 1. die Epidermis, 2. das Periderm und 3. die Borke.

1. Die Epidermis, Oberhaut, ist in der Mehrzahl der Fälle einzellschichtig, Fig. 27, bei gesteigerten physiologischen Ansprüchen mehrzellig-schichtig und bekleidet einjährige, seltener mehrjährige Organe. Die Zellen derselben stehen in lückenlosem Verbande und zeigen meist eine — senkrecht zu dem von ihnen bedeckten Organ — flach gedrückte Gestalt. Die Aussenwandung ist gewöhnlich zur Erhöhung der Festigkeit stärker verdickt als die übrigen Wandungen und überdies stofflich anders zusammengesetzt. Während die letzteren nämlich im wesentlichen nur aus Cellulose bestehen, die eine Verbindung von Kohlenstoff, Sauerstoff und Wasserstoff ist, wird die Cellulose der Aussenwandung von einer Substanz, dem Cutin, durchsetzt, welche der Fäulnis länger widersteht, für Wasser fast undurchdringbar ist und somit die Verdunstung herabmindert. Gewöhnlich lässt die Aussenwandung drei Schichten unterscheiden: 1. die Cuticula, welche nur aus Cutinsubstanz bestehend die Epidermis nach Aussen abschliesst, 2. die Celluloseschichten, die das Innere der Zelle abgrenzen und 3. die Cuticularschichten, welche zwischen der Cuticula und den Celluloseschichten befindlich, mehr oder minder cutinhaltig sind. Nicht selten erfährt

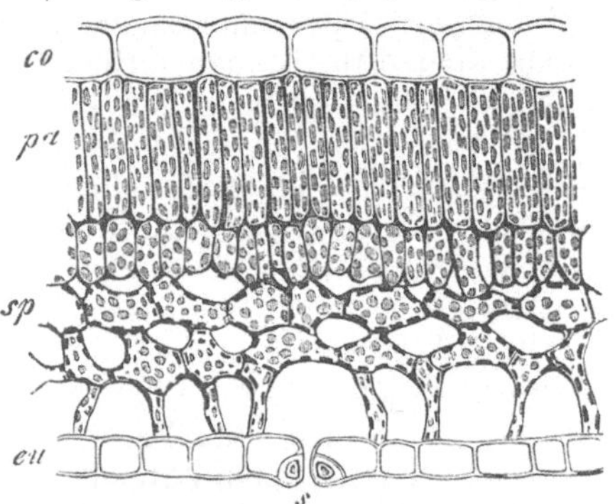

Fig. 27. Stückchen des Querschnittes durch die Blattspreite von **Fagus silvatica.** *eo* = obere, *eu* = untere **Epidermis**; *pa* u. *sp* das übrige **Blattgewebe**; *s* = intercellulare Öffnung (**Spaltöffnung**) in der unteren **Epidermis.** — 350mal vergr. (Aus Prantl's **Lehrbuch**).

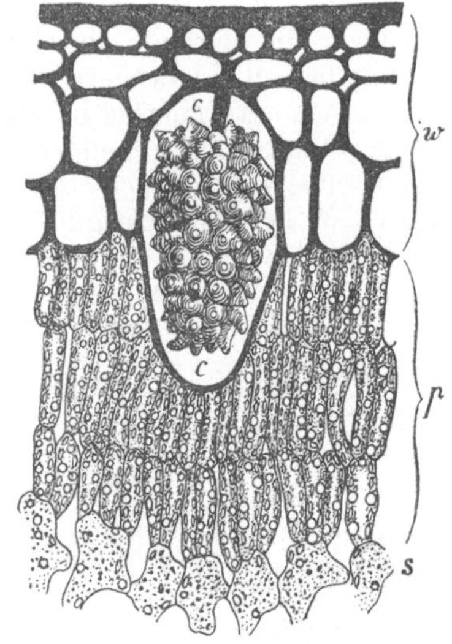

Fig. 28. Querschnitt durch ein **Stückchen** der Blattspreite von **Ficus elastica.** *w* = Wassergewebe. Die anderen **Buchstaben** werden später erklärt. — **Stark** vergr. (Nach Sachs, verändert).

die Epidermis eine Unterstützung in ihrer Funktion der Herabminderung der Verdunstung durch Wachsüberzüge, welche als „reifartiger Anflug“ auf Blättern und Früchten, z. B. auf den Pflaumen, wohlbekannt sind.

Die die Epidermis mancher Pflanzenarten bekleidenden Haare sind oftmals, namentlich wenn sie dicht stehen, ebenfalls als Schutzmittel gegen übermässige Wasserverdunstung aufzufassen; wir finden denn auch in Übereinstimmung mit dieser Annahme besonders häufig die Wüsten- und Steppenpflanzen dicht behaart, die überdies durch diesen ihren Pelz auch vor zu starker nächtlicher Wärmeausstrahlung geschützt werden.

Der Inhalt der Epidermiszellen besteht vorwiegend in Wasser, sodass sie die Pflanze als Wassergewebemantel bedecken; sie bilden ein Wasserversorgungssystem und geben in trockenen Zeiten den unter ihr befindlichen Geweben Wasser ab. Die Epidermiszellen schrumpfen hierbei durch Verbiegung der dünnen Seitenwandungen zusammen, um in günstigeren Zeiten wieder Wasser in sich aufzuspeichern, wodurch die frühere Gestalt der Zellen wieder gewonnen wird. Bei Pflanzen, die ganz unter dem Wasserspiegel leben, spielt die Epidermis als Wassermantel begreiflicherweise keine Rolle, bei anderen Wasserpflanzen sowie bei Gewächsen an nassen und schattigen Örtlichkeiten nur eine untergeordnete; häufig ist in solchen Fällen zwar die Cuticula entwickelt, aber die Epidermiszellen haben im übrigen eine andere Funktion zu erfüllen. Umgekehrt verhält es sich naturgemäss bei Pflanzenarten, die an trockenen, sonnigen Standorten gedeihen; bei diesen kann sogar der Wassermantel mehrzellschichtig sein wie in Fig. 28. Jedoch wird die Mehrzellschichtigkeit der Epidermis nicht immer durch Vermehrung von Wasserzellen verursacht, häufig sind es, wie z. B. bei den mehrjährigen Nadeln der gemeinen Kiefer und anderen Arten, Fig. 29, Skelettzellen, welche als mechanische Verstärkung zu den Epidermiszellen hinzutreten.

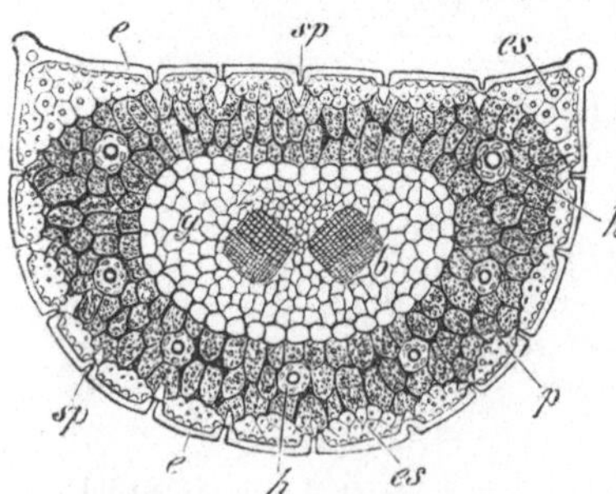

Fig. 29. Querschnitt durch eine Nadel von Pinus Pinaster. — *e* = Epidermis; *es* = Skelettzellen. Die übrigen Buchstaben finden später ihre Erklärung. Etwa 50 mal vergr. (Aus Sachs' Lehrbuch).

2. Das Periderm, Korkgewebe, tritt an mehrjährigen, in die Dicke wachsenden Organen auf, und das Abfallen der Laubblätter geschieht durch Bildung eines solchen Gewebes an der Trennungsfläche, der Blattnarbe. Es besteht aus einem toten, also plasma-leeren, mehrzellschichtigen, luftführenden Dauergewebe aus lückenlos verbundenen Zellen, deren Wan-

dungen einen eigentümlichen Stoff, das Suberin, eingelagert enthalten: verkorkt sind. Das Suberin stimmt in bezug auf sein Verhalten gegen Wasser mit dem Cutin überein, sodass das Korkgewebe ein vorzügliches Mittel gegen Wasserverdunstung darbietet und, wenn es stärker entwickelt ist, auch einen guten mechanischen Schutz gewährt. Auch das geringe Wärmeleitungsvermögen dieses Gewebes kommt den Pflanzen, namentlich mit überwinternden oberirdischen Organen, sehr zu statten, da ein schneller Temperaturwechsel den Geweben leicht schädlich wird. Durch die verkorkten Wandungen vermag also Wasser resp. Nährflüssigkeit nicht zu dringen; das Korkgewebe wird daher auch nicht ernährt und stirbt ab, ohne natürlich in seiner Funktion beeinträchtigt zu sein. Da es, wie schon gesagt, vornehmlich bei Stengeln, die in die Dicke wachsen, vorkommt, deren Aussenfläche es bekleidet, so ist erklärlich, dass es, da der Kork dem Dickenwachstum der Stengel nicht zu folgen vermag, wie ein zu enges Kleid einreissen muss. Durch ein Korkmeristem: das Phellogen, werden jedoch die so entstehenden Lücken ergänzt und es wird durch dasselbe die Verstärkung des Korkgewebes überhaupt bewirkt.

3. Borke entsteht aus einem einfachen Periderm, wenn das Phellogen nach einiger Zeit sich zu teilen aufhört und ein neues Phellogen als Folgemeristem in weiter nach dem Innern des Organes gelegenen Parenchymschichten sich bildet. Dieses erzeugt nun nach aussen hin neues Korkgewebe, welches natürlich ein Absterben der hierdurch von einer Wasserzufuhr abgeschnittenen Gewebepartieen bewirkt. Derselbe Vorgang wiederholt sich öfter, sodass vertrocknete Gewebelagen und Korkzonen mit einander abwechseln. Die Borke besteht also aus Kork und dem durch diesen von der Ernährung abgeschnittenen und daher vertrockneten anderen Rindengewebe. Findet die Bildung des neuen Phellogens an allen Punkten des Organes in gleichem Abstande von der Peripherie statt, so erhalten wir wie beim Weinstock Ringelborke, andernfalls Schuppenborke, wenn nur ein Abschneiden von Gewebestücken, die sich später als Schuppen lösen, stattfindet. Steinborken entstehen durch starke Verdickung der bei der Peridermbildung abzuschneidenden Parenchymzellwandungen, behufs Erhöhung der Festigkeit der Borke.

2. Das Skelettsystem.

Fast sämtliche komplizierter gebaute Pflanzen, von den Moosen an aufwärts, besitzen ein eigentliches Skelett. Nur den niedersten Pflanzen fehlt es vollständig, aber auch unter den höchsten Gewächsen giebt es solche, die eines spezifischen Skelettes gänzlich entbehren, weil sie desselben nicht bedürfen.

Man nennt das Skelettgewebe oder, wie man sich auch ausdrückt, das „mechanische Gewebe“ der Pflanzen Stereom und seine Zellen, die Skelettzellen oder mechanischen Zellen, Stereïden. Diese zeichnen sich — ganz ebenso wie die Zellen der tierischen Knochen — durch besondere Dickwandigkeit und Festigkeit aus und sind entweder verholzt (durch eine besondere chemische Umbildung der Membranen verhärtet) und dann nicht mehr wachstumsfähig, in welchem Falle sie sich ausschliesslich in ausgewachsenen Organteilen finden, oder sie sind eine Zeit lang oder bleiben zeitlebens wachstumsfähig.

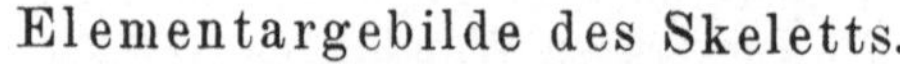

Elementargebilde des Skeletts.

Fig. 30 Längsschnitt durch ein Bastgewebe mit schiefen, spaltenförmigen Tüpfeln. Stark vergr.

A. Die nicht mehr wachsenden Stereïden werden unterschieden in Bast-, Libriform- und Sklerenchymzellen; im Anschluss daran sind die Tracheïden zu erwähnen.

1. Bast- und Libriform-Zellen oder -Fasern, Fig. 30, sind dickwandige, prosenchymatische, meist abgestorbene, daher Luft führende Zellen, deren Wandungen bei typischer Ausbildung längs- oder linksschief*) gerichtete Spalten-Tüpfel, d. h. unverdickt gebliebene Stellen in der Membran, aufweisen und aus ziemlich unveränderter Cellulose bestehen, häufiger jedoch verholzt sind. — Die Ausdrücke Bast und Libriform sind rein örtliche: Man nennt im speziellen die bisher beschriebenen Stereïden bei den nachträglich in die Dicke wachsenden Dicotyledonen, wenn sie im Holz liegen, Libriformzellen, in anderen Fällen, also auch für die Stereïden in der Rinde braucht man den Ausdruck Bast.

2. Sklerenchymzellen, Steinzellen, Fig. 31, sind nicht prosenchymatische, meist deutlich parenchymatische, sehr dickwandige Zellen mit — von der Aussenseite gesehen — einfachen punkt- bis kreisförmigen Tüpfeln; sie sind meist stark verholzt und oft abgestorben.

3. Wir müssen hier als eine besondere Form der Skelettzellen auch diejenigen Tracheïden, nämlich Zellen des später zu behandelnden Wasserleitungssystemes (des Tracheoms, Hydroms) erwähnen, die sich durch grössere Dickwandigkeit auszeichnen. Sie sind also keine typischen Stereïden, da sie neben der Funktion der letzteren auch der Wasserzirkulation und -Speicherung dienen, und kann man sie, um das angedeutete

---

*) Die Ausdrücke rechts und links werden von den Botanikern, auf Spiralwindungen angewendet, im umgekehrten Sinne gebraucht als von den Mechanikern: Bewegt man sich in der Richtung z. B. eines windenden Stengels wie auf einer Wendeltreppe die Höhe hinauf, und bleibt hierbei die Stütze des Stengels resp. die Mittelaxe der Treppe zur Rechten, so nennt man die Pflanze rechtswindend, umgekehrt linkswindend.

Verhältnis im Namen auszudrücken, am besten als Hydro-Stereïden oder, wenn man lieber will, als Stereo-Tracheïden bezeichnen. Sie sind besonders bei den Nadelhölzern, Cycadaceen und Drachenblutbäumen verbreitet, und ihre Wandungen besitzen sogen. gehöfte Tüpfel. Diese gehöften Tüpfel entstehen, indem eine kreisförmige oder elliptische Membranstelle unverdickt bleibt, während die Verdickung der Umgebung die betreffende Stelle wie ein Uhrglas das Zifferblatt überwölbt, sich aber nicht völlig schliesst, sondern etwa in der Mitte eine kleine kreis- oder spaltenförmige Öffnung in der Wölbung frei lässt, die — von oben auf die Membranfläche gesehen — wie ein kleiner Kreis oder eine Ellipse erscheint und von dem äusseren Rande der Wölbung wie von einem Hof umgeben wird. Vergl. hierzu die Figuren 32—34 nebst ihrer Erklärung. — Die Tüpfel benachbarter Membranen treffen, wie *a* in Fig. 34 zeigt, genau aufeinander.

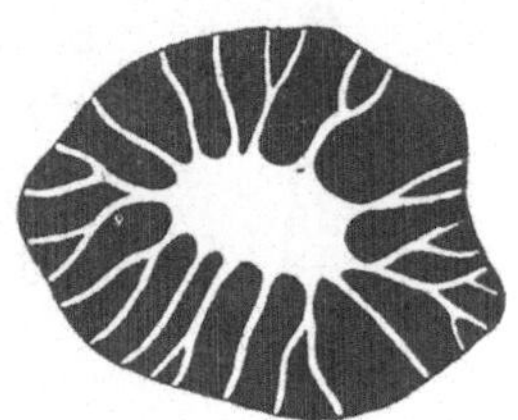

Fig. 31. Sklerenchymzelle mit stark verdickter Membran, in welcher sich kanalförmige Tüpfel befinden. — Stark vergr.

Wie bei den Stereo-Tracheïden kommen überhaupt noch mehrfach Fälle vor, dass Zellen, deren Hauptfunktion in einer mechanischen Leistung besteht, noch anderen Funktionen dienen, ebenso wie andererseits gewisse Zellen, die nicht zum Skelett-System gerechnet werden können, nebenher mechanische Bedeutung besitzen. So speichern die mechanisch wirksamen Zellen im Holze der Berberitze nebenbei Stärke in sich auf und funktionieren also wie Speichergewebe.

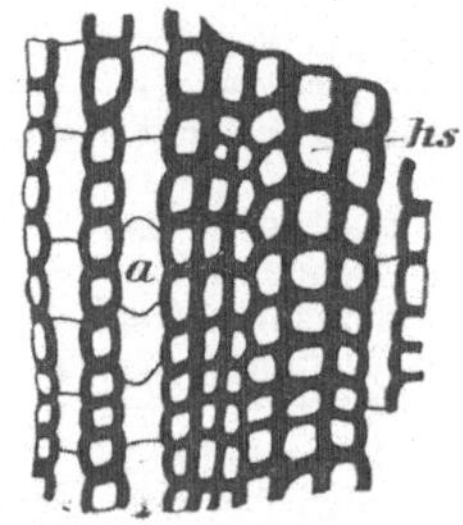

Fig. 32. Querschnitt durch ein Holzsplitterchen von Cycas revoluta. *hs* = Hydro-Stereïden, *a* = Parenchym. — Stark vergr.

B. Noch wachstumsfähige Stereïden sind die Collenchymzellen, Fig. 35, die natürlich so lange leben, wie die Pflanze überhaupt lebt, vorausgesetzt, dass sie nicht Jugendstadien von Bastzellen sind. Die Wandverdickungen der Collenchymzellen beschränken sich auf die Zellkanten behufs Erleichterung der Nahrungs- und Wasserzufuhr durch die dünn verbliebenen Membranstellen, welche nach dem physikalischen Gesetz der

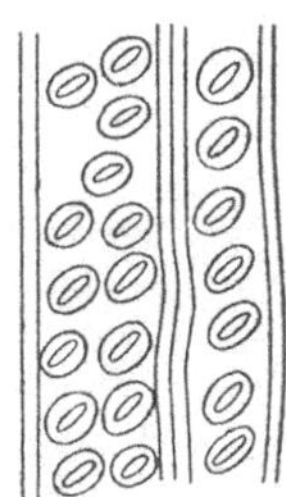

Fig. 33. Zwei Mittelstücke gehöft-getüpfelter Hydro-Stereïden im Längsschnitt durch das Holz von Cycas revoluta. — Stark vergr.

Osmose (vergl. Erklärung desselben weiter hinten) stattfindet. Der Hauptinhalt der Collenchymzellen besteht in Wasser; der hydrostatische Druck (Turgor) in ihnen ist sehr bedeutend, er beträgt 9—12 Atmosphären und bedingt die Festigkeit des Gewebes.

Häufig genug halten übrigens die Skelettzellen in Form und Beschaffenheit die Mitte zwischen den mit weicheren und biegsameren Wandungen versehenen typischen Collenchymzellen und den Bastzellen.

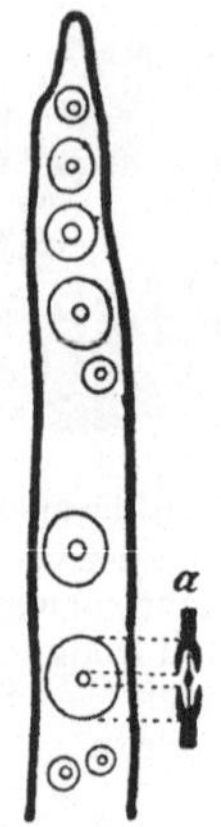

Fig. 34. Ende einer Tracheïde von Pinus silvestris in der Längsansicht mit 9 gehöften Tüpfeln; bei *a* schematischer Querschnitt durch 2 aufeinander treffende Tüpfel, der so geführt ist, dass der Schnitt durch die zentralen Öffnungen in den Wölbungen geht. — Stark vergr.

Festigkeit der mechanischen Zellen und einiges aus der Festigkeitslehre.

1. Die typischen Stereomzellen besitzen eine bedeutende Festigkeit.

Ein Faden frischer Bastzellen von 1 qmm Querschnitt z. B. vermag je nach der Pflanzenart, welcher derselbe entnommen ist, ungefähr 15—20, in seltenen Fällen 25 Kilo zu tragen, ohne dass der Faden nach Entfernung der Gewichte eine dauernde Verlängerung erfahren hätte, d. h. ohne dass seine Elastizitätsgrenze überschritten worden wäre. Ein Eisen- oder Stahl-Draht oder -Stab von gleichem Querschnitt trägt 13,13—24,6 Kilo, woraus ersichtlich ist, dass das Tragvermögen des stärksten Stereoms demjenigen des Eisens nicht nachsteht. Es besteht jedoch der Unterschied, dass der Bast, sowie die Elastizitätsgrenze um ein ganz geringes überschritten wird, sofort reisst, während die Eisendrähte nur eine dauernde Verlängerung erfahren und erst bei einer weit höheren Belastung, Schmiedeeisen in Stäben z. B. bei 40 Kilo auf den Quadratmillimeter, zerreissen.

Die Zugfestigkeit des Collenchyms steht derjenigen des echten Bastes nur um geringes nach; allein es besitzt eine grössere Geschmeidigkeit als Bast, wie dies für die Leistungen, welche dem Collenchym obliegen, vorteilhaft ist. Die Elastizitätsgrenze des Collenchyms wird nämlich bereits bei einer Belastung von 1,5—2 Kilo für den Quadratmillimeter überschritten, und es tritt eine bleibende Verlängerung ein

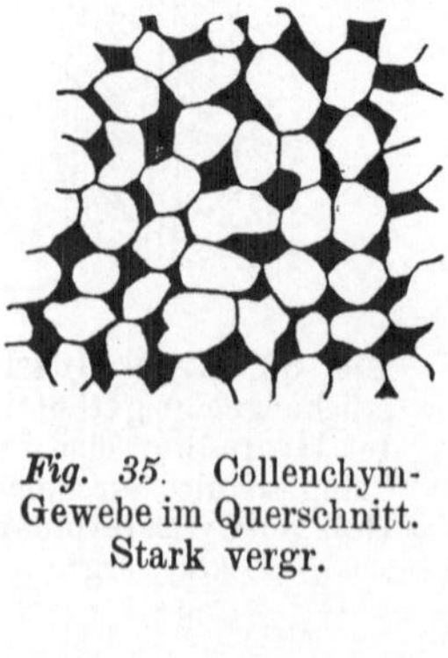

Fig. 35. Collenchym-Gewebe im Querschnitt. Stark vergr.

2. Bevor wir nun an die Betrachtung der Anordnung des Skeletts bei

den verschiedenen Pflanzen selbst gehen, ist es geboten, vorerst einige elementare Punkte aus der Ingenieur-Wissenschaft zu berühren, deren Kenntnis zum Verständnis des Folgenden notwendig ist.

Denken wir uns einen aufrechten, in der Erde starr befestigten vierkantigen Balken, an dessen Spitze ein Tau angebracht ist, welches am anderen Ende als Handhabe dient, um den Balken einem seitlichen Zug auszusetzen, so ist es klar, dass die Zugkraft bestrebt ist, den Balken zu biegen, dass also dieser, wie man sich ausdrückt, biegungsfest gebaut sein muss, wenn er der Einwirkung widerstehen soll. Es leuchtet nun ohne weiteres ein, dass zwei Flächen des Balkens, nämlich die der Zugstelle zugewandte und die gegenüberliegende, vorzugsweise dem Angriff ausgesetzt sind, also den grössten Widerstand zu leisten haben, und zwar ist der Zug bestrebt, die abgekehrte Seite zu verlängern und die zugekehrte zu verkürzen, während im Zentrum des Balkens, in der sogenannten neutralen Schicht, keinerlei Spannung stattfindet. Von der zu- und abgekehrten Fläche bis zur neutralen Faser nimmt die Spannung allmählich ab. Soll daher der Balken aus einerlei Material konstruiert werden, so dass möglichst wenig davon verbraucht wird, so ist es angezeigt, die Hauptmasse des Materials nach den Orten grösster Spannung zu verlegen. Die Verbindung dieser Teile kann alsdann, da sie weit weniger in Anspruch genommen wird, durch ein Maschensystem oder Gitterwerk geschehen. Stehen zwei Arten von Material zu Gebote, so muss das festere für die zu- und abgekehrte Seite, das weniger gute als Verbindungsmittel benutzt werden. Den gezogenen Teil einer solchen Konstruktion nennt man die Zuggurtung, den gedrückten die Druckgurtung, und das Verbindungsmaterial wird als Füllung bezeichnet. Den ganzen Apparat nennt man einen T-Träger, weil man dem Querschnitt die Form eines Doppel-T (I) zu geben pflegt, bei welchem die beiden Querstriche die Gurtungen bezeichnen, während die Verbindungslinie die Füllung darstellt. Ist die Querschnittsform mehr I-förmig, so spricht man von einem I-Träger. Es lässt sich berechnen, dass das Widerstandsvermögen des biegungsfesten Balkens mit der Grösse des Abstandes der beiden Gurtungen von einander wächst; dass auch die Festigkeit des Ganzen mit der Stärke der Gurtungen wächst, ist selbstverständlich. Für die Druckgurtung ist jedoch ausser der Grösse des Querschnitts auch noch die Form von Bedeutung, während letztere für die Zuggurtung gleichgültig ist: für diese kann eine Kette oder ein Tau Verwendung finden. Die Druckgurtung jedoch ist geneigt, bei übermässiger Inanspruchnahme seitlich auszubiegen oder einzuknicken, und man giebt derselben aus diesem Grunde die Form eines liegenden T-Trägers (H).

Es hat daher schematisch ein solcher komplizierterer Träger auf dem Querschnitt die Form *1* in Fig. 36.

Diese T-Träger-Konstruktion ist natürlich nur ein einseitig biegungsfester Apparat und nur da zu verwenden, wo die Kräfte nur in einer Richtung wirken. Denken wir uns aber mehrere solcher Träger derart kombiniert, dass sie die neutrale Axe in der Mitte jeder Füllung gemeinsam haben und daher im Querschnitt einen mehrstrahligen Stern wie *2* in Fig. 36 darstellen, so entsteht eine in verschiedenen Richtungen biegungsfeste Konstruktion. Durch seitliche Verbindung der Gurtungen untereinander erhalten wir einen Cylinder, und

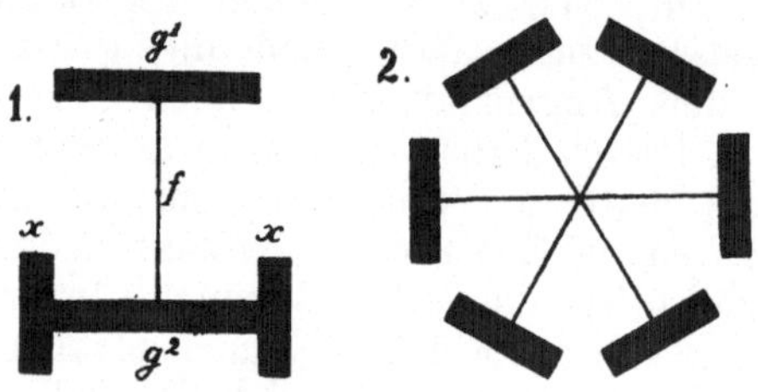

Fig. 36. *1* = einseitig biegungsfeste Konstruktion; *2* = mehrseitig biegungsfeste Konstruktion. f = Füllung der Zuggurtung g^1 und der Druckgurtung $x\, g^2\, x$, letztere in Form eines T-Trägers. Die Gurtungen dieses Trägers sind $x\, x$, seine Füllung g^2.

wählen wir die Verbindungsstücke von gleicher Festigkeit wie die Gurtungen selbst, so erreichen wir einen allseitig biegungsfesten Apparat, in welchem die gegenüberliegenden Verbindungsglieder als zusammengehörige Gurtungen betrachtet werden können. Nunmehr kann man sich auch die Füllungen der einzelnen Gurtungen hinwegdenken, ohne dass die Leistungsfähigkeit dieses dadurch entstehenden, bei Bauten häufig angewendeten hohlen Cylinders herabgemindert würde, da hier die gegenüberliegenden Gurtungen, die je nach der Richtung der gerade einwirkenden Kraft einmal Zug-, ein andermal Druck-Gurtungen sein können, untereinander — und zwar seitlich — verbunden bleiben.

Die besprochenen Apparate, der T-Träger und der hohle Cylinder, sind, wie wir sahen, Konstruktionen, die dort Verwendung finden, wo einer biegenden Kraft Widerstand zu leisten ist. Anders ordnet der Ingenieur sein Material, wenn es sich um zugfeste Einrichtungen handelt. Wie bereits bemerkt, kommt es für die allein auf Zug in Anspruch genommene Gurtung nicht auf die Querschnittsform (also ob Träger resp. Cylinder) an, sondern die Widerstandsfähigkeit ist einzig von der Grösse der Querschnittsfläche des verwendeten Materials abhängig; jedoch ist darauf zu achten, dass der ausgeübte Zug gleichmässig auf jedes Teilchen des Querschnittes einwirkt. Für zugfeste Konstruktionen ist daher, wie die Erfahrung lehrt, die Anwendung des Materials in solider Form am zweckmässigsten, wie das Tau zeigt, das ein solcher Apparat ist.

Skelettformen in allseitig biegungsfesten Organen.

I.

Wenn wir an die äusseren Erscheinungsformen der Pflanzenorgane denken, so wird uns sofort klar, dass ein sehr grosser Teil derselben biegungsfest sein muss. Die Stiele der gewöhnlich mehr oder minder wagerecht abstehenden Blätter haben dem Gewichte der Blattfläche und den auf dieselben einwirkenden Kräften Widerstand zu leisten. Ein Baumstamm und überhaupt aufrechte Stengelteile müssen das Gewicht der Krone resp. der oberen Organe tragen und seitlich den nach allen Richtungen wirkenden Winden Widerstand leisten. Eine Untersuchung solcher Organe ergiebt nun auch, dass in denselben die mechanisch wirksamen Elemente nach den erwähnten mechanischen Prinzipien angeordnet sind, da es natürlich für die Pflanze von Vorteil ist, mit möglichst wenig Materialaufwand, die erforderliche Biegungsfestigkeit zu erreichen. Nach dem Gesagten können wir schon ohne weiteres vermuten, dass in solchen Fällen das Skelett die Form eines hohlen Cylinders annehmen oder sich doch auf diesen zurückführen lassen wird, und in der That bestätigt sich diese Annahme, so gut man nur wünschen kann. Bei den Moosen, Farnkräutern, der Abteilung der Monocotylen mit wenigen Ausnahmen und bei den einjährigen Dicotylen findet sich in den biegungsfesten Organen überall die geforderte Konstruktion. Betrachten wir einige typische Fälle.

1. Untersucht man unter dem Mikroskop den Querschnitt des cylindrischen Blütenschaftes oder eines Blattstieles von Arum maculatum — die im wesentlichen übereinstimmen —, so findet man unter der einzellschichtigen Epidermis, in ziemlich gleichen Abständen von einander 15—25 Gewebekomplexe aus Skelettzellen, Fig. 37, die unter der Haut längsverlaufende Stereomstränge darstellen. Je zwei gegenüberliegende Rippen können als I-Träger aufgefasst werden und bilden zusammengenommen durch ihre ringförmige Anordnung einen allseitig biegungsfesten, allerdings unterbrochenen Cylinder. Das übrige Gewebe, welches einer anderen Funktion dient, hat nebenbei für das mechanische System die Bedeutung einer Füllung. Seine Hauptfunktion besteht, wie wir bei Betrachtung des Assimilationssystems noch ausführlicher sehen werden, in der für das Leben so wichtigen Thätigkeit der Aufnahme der gasförmigen Nahrung (Kohlensäure, besser Kohlendioxyd) und der Verarbeitung derselben, Assimilation, sowie in der Atmung. Es ist nun für das Verständnis der Anordnung der

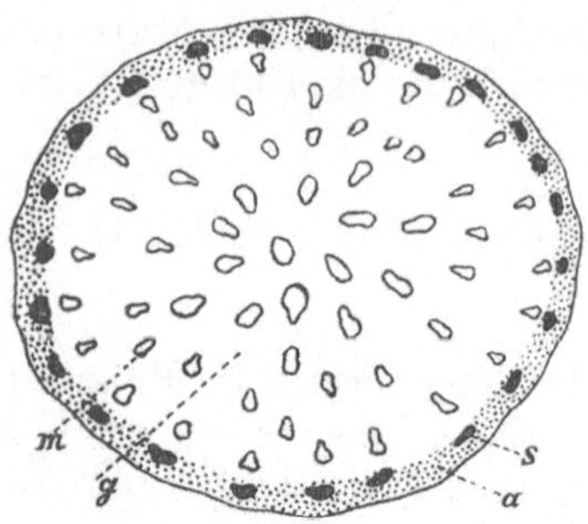

Fig. 37. Querschnitt durch den Blütenschaft von Arum maculatum mit 24 peripherischen Stereomsträngen *s*. Die übrigen über den ganzen Querschnitt zerstreuten kleinen Partieen *m* sind Querschnitte der die Nahrung leitenden Stränge. *g* = Grundparenchym; *a* = Assimilationsgewebe. — Etwa 10 mal vergr.

Skelett-Elemente im höchsten Grade bemerkenswert, dass dieses grüne Assimilationsgewebe, wenn es funktionieren soll, des Lichtes bedarf. Es folgt hieraus, dass für dasselbe ebenso wie für die mechanischen Elemente eine peripherische Anordnung von Vorteil ist. Beide Systeme, sowohl das mechanische als auch das Assimilationsgewebe streben also aus verschiedenen Gründen nach der Peripherie: das erste aus den früher erörterten mechanischen Gründen, das zweite, weil es des Lichtes bedarf. Wenn man also findet, dass zwischen den Bastrippen und der Epidermis etwas Assimilationsgewebe noch eingeschoben ist, wie dies in der That bei dem erwähnten Falle vorkommt, so ist dies aus dem erhöhten Lichtbedürfnis des Assimilations-Gewebes zu erklären. Die Pflanze ist eben nicht allein ein mechanisches Gerüst, sie hat nicht allein für die nötige Festigkeit ihrer Organe, sondern ebensowohl für die Erfüllung anderer Lebensbedingungen zu sorgen, wenn sie bestehen will. Es wiederholt sich daher in den zunächst zu besprechenden Fällen von Konstruktionen allseitig biegungsfester Organe die Konkurrenz zwischen diesen beiden Gewebesystemen, und je nach den verschiedenen Pflanzenarten gewinnt bald das eine, bald das andere die Oberhand, oder sie teilen

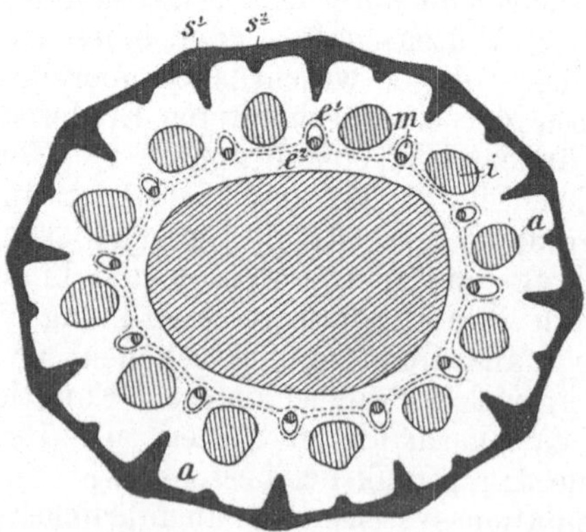

Fig. 38. Querschnitt durch den hohlen Stengel von Equisetum hiemale. — s^1 und s^2 = Stereom; m = Leitbündel; i = Intercellularräume; a = Assimilations-Parenchym; e^1 und e^2 = Scheiden verkorkter Zellen, welche die Leitbündel einschliessen. — Etwa 20 mal vergr.

sich gleichmässig in den der Oberfläche zunächst befindlichen, ihnen gewährten Raum. Bei Arum und vielen anderen Pflanzen wie z. B. auch bei manchen Schachtelhalm-Arten ist das letztere der Fall. Nur selten, wie bei Schmarotzer-Pflanzen oder Fäulnissbewohnern (z. B. Coralliorrhiza innata), aber zuweilen auch bei anderen Gewächsen, Fig. 38, befindet sich das Stereom ganz aussen.

2. Auch bei den Pflanzen, bei denen grössere mit kleineren Bastrippen abwechseln und ferner bei den Arten, bei welchen an Stelle eines einzigen Stereomstranges zwei vorkommen, die, radial gestellt, zusammengenommen peripherisch angeordnete I-förmige Träger, Fig. 39, darstellen, teilen sich Skelett- und Assimilationselemente in den der Oberfläche zunächst befindlichen Raum. Hingegen besteht die Füllung (*m*) der peripherischen Träger ausschliesslich aus Gewebe, welches in der Pflanze die Nährmaterialien und das Wasser leitet und im Gegensatz zum Stereom das Mestom genannt wird. Die Mestomgewebe verlaufen durch die Pflanze als Stränge, welche Mestombündel heissen, während als Leitbündel nicht allein reine Mestombündel, sondern auch Stränge bezeichnet werden, die neben den Nahrung und Wasser leitenden Elementen auch noch Stereïden oder Hydro-Stereïden besitzen.

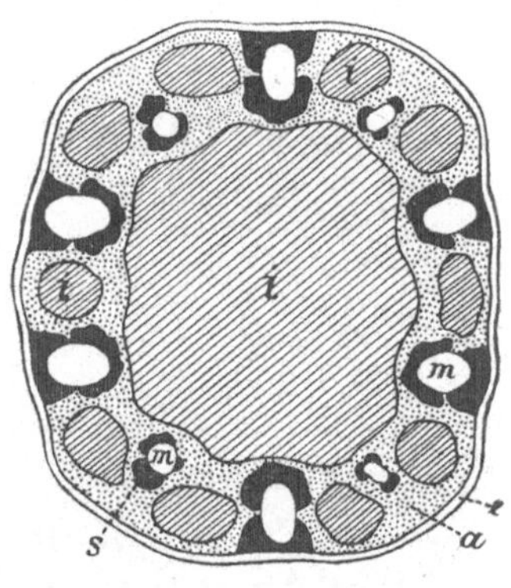

Fig. 39. Stengelquerschnitt von Scirpus caespitosus. Zu äusserst die Epidermis *e*. Die Mestombündel *m* werden von den Skeletteilen *s* eingeschlossen. Zwischen je 2 Bündeln befinden sich im Gewebe grosse Luftlücken *i*. Der Stengel ist hohl. — Etwa 60 mal vergr. (Nach Schwendener, vervollständigt).

Es kommen bei verschiedenen Pflanzen noch mannigfache Abweichungen in der Konstruktion vor, die sich indes auf den besprochenen Typus peripherisch angeordneter Stereomstränge zurückführen lassen. Gewisse Baststränge jedoch haben weniger Einfluss auf die Festigkeit des ganzen Organs als vielmehr lokale Bedeutung. So sind, um ihnen noch einen speziellen Schutz zu gewähren, häufig die im Innern der Stengel verlaufenden Mestombündel, Fig. 43, mit besonderen — wenn auch relativ schwachen — Stereombelegen ausgestattet, und zwar vorzugsweise an den Stellen, wo sich die zarteren Teile der Mestombündel befinden. Wegen dieses besonderen Schutzes, den die Nahrung leitenden Stränge suchen, lehnen sie sich sehr häufig auch an die peripherischen Träger von innen an und begleiten dieselben, wie in Figur 39 und 43.

3. Auch in den aufrechten Stämmen der tropischen Baumfarne finden sich grosse peripherisch angeordnete Mestombündel, die zu ihrem Schutze von so starken Stereomschichten umgeben sind, dass diese gleichzeitig als biegungsfestes Gerüst dienen.

Die Farnfamilie der Cyatheaceen weist häufig eine besondere Anordnung ihres mechanischen Gewebes auf, welche einer in neuerer Zeit besonders häufig bei Bauten angewandten Konstruktion biegungsfester Gerüste — nämlich in Form von gewellten Blechen — entspricht. Das Wellblech ist allerdings, wie es scheint, bisher noch nicht — wenigstens nicht in grösserem Massstabe — zur Konstruktion aufrechter biegungsfester Säulen gebraucht worden; allein dass die Anwendung des widerstandsfähigen Materials in der Art, wie es der Querschnitt Fig. 40 zeigt, sehr zweckmässig ist, geht aus der Wellblech-Theorie hervor. Dieselbe besagt, dass der Widerstand, welchen eine wellenförmig gebogene Platte von einer gewissen Wanddicke einer biegenden Kraft entgegensetzt, bedeutend grösser ist, als der Widerstand, den bei demselben Material-Aufwand eine ebensolche jedoch ungewellte Platte derselben Kraft entgegensetzt. Die Widerstandsfähigkeit steigert sich mit der Höhe der Wellenberge und der Tiefe der Wellenthäler. Es folgt hieraus, dass zur Erzielung des nämlichen Effektes der wellenförmige Körper weniger Material gebraucht als der ungewellte. Natürlich muss der gewellte Körper dabei der einwirkenden Kraft eine seiner beiden Wellenflächen zuwenden und nicht etwa eine andere Seite. Wenden wir dies auf den Skelett-Bau des in Fig. 40 abgebildeten Farnstamm-Querschnittes an, so folgt nach dem Gesagten, dass die Leistungsfähigkeit dieses Stammes bedeutend grösser ist, als wenn, anstatt der an der Peripherie wellenförmig angeordneten Skelettmasse, die gleiche Menge von Skelettgewebe in Form eines einfachen hohlen Cylinders, wie ihn z. B. Fig. 44 zeigt, vorhanden wäre.

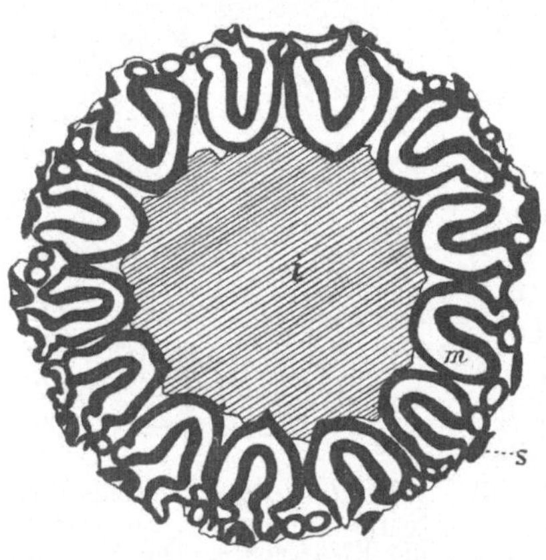

Fig. 40. Querschnitt durch den aufrechten, ziemlich hohen Stamm eines Baumfarn aus der Familie der Cyatheaceen *s* = Stereom, *m* = Mestom, *i* = Hohlraum. — Etwa um $^1/_2$ verkl.

4. Die wasserliebenden Pflanzen an Teichrändern, in Moorbrüchen und dergleichen besitzen an der Peripherie ein lockeres, von zahlreichen Luftkanälen (*i* in Fig. 41) durchsetztes Gewebe, welches — wie wir später sehen werden —

den Wasserpflanzen unentbehrlich ist, und es wird hierdurch das mechanische System genötigt, sich von den äussersten Teilen zurückzuziehen. Es sind hier die etwas tiefer liegenden Baststränge tangential durch ein ebenfalls festes Gewebe, wenn auch kein Skelettgewebe, miteinander verbunden, wodurch die Wirksamkeit des mechanischen Systems erhöht wird. In vielen Fällen liegt unter dem Durchlüftungsmantel ein kontinuierlicher Stereomcylinder, Fig. 41.

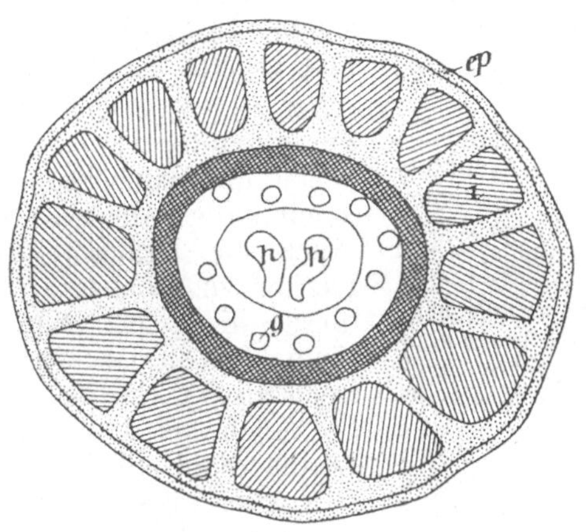

Fig. 41. Querschnitt durch den Blattstiel von Marsilia quadrifolia. — *ep* = Epidermis; *i* = Intercellularen. Das punktierte Gewebe = Assimilationsgewebe; das Gewebe in Kreuzschraffur = stereomatisches Gewebe, welches auch der Speicherung von Nährstoffen dient. Die übrigen Buchstaben finden später ihre Erklärung. — Etwa 50 mal vergr.

5. Bei dreikantiger Ausbildung des Stengels findet sich die Hauptmasse des Stereoms in den Kanten (z. B. bei vielen Cyperaceen), denn diese sind am weitesten von der zentralen Axe entfernt, und das mechanische Prinzip verlangt als die günstigste Konstruktion, dass die mechanischen Elemente möglichst weit von derselben angebracht werden.

6. Bei gewissen Binsenarten (bei Juncus sowie Cladium Mariscus) verschmelzen die Stereombelege der Mestombündel in tangentialer Richtung zum Teil oder alle mit einander, so dass ausser den unter der Epidermis befindlichen Bastrippen noch etwas weiter nach innen ein hohler Stereomcylinder zu stande kommt. Ist dieser ganz kontinuierlich und verschmelzen die Bastrippen mit dem Cylinder, so erhalten wir den gerippten Hohlcylinder, Fig. 42, womit z. B. viele Gräser ausgestattet sind. Die peripherischen Gewebepartieen, die aussen von der Epidermis, nach innen von einem Teil der Aussenfläche des Cylinders und seitlich von den Rippen eingeschlossen werden, sind Assimilationsgewebe, welche auch hier des Lichtbedürfnisses wegen an der Oberfläche des Organs liegen. Einige

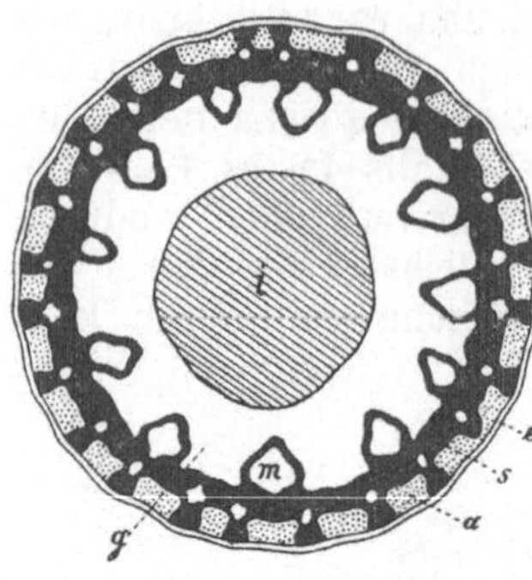

Fig. 42. Querschnitt durch den hohlen Stengel von Molinia coerulea. — In den gerippten Skelett-Hohlcylinder *s* sind kleinere Mestombündel *m* eingebettet. Die sich an die Innenfläche des Cylinders anlehnenden grösseren Bündel *m* sind von Stereom umgeben, welches mit dem Cylinder in Verbindung steht. *e* = Epidermis; *g* = Grundparenchym; *a* = Assimilationsgewebe; *i* = Luftraum. — Etwa 20 mal vergr.

Gräser haben entschiedene Neigung, die Stereomrippen zu unterdrücken, so dass nahezu ein einfacher Bastcylinder übrig bleibt, der zwischen sich und der Epidermis einige Zelllagen Assimilationsgewebe lässt.

7. Bei vielen Pflanzen wird die Biegungsfestigkeit durch Bastbelege der peripherischen Mestombündel erreicht; es kommt dadurch auf dem Querschnitt ebenfalls ein mechanischer, allerdings unterbrochener Ring zu stande, wie dies namentlich schön die Bambusstauden und besonders die Palmen zeigen, Fig. 43. Auch die Drachenblutbäume sind hierher zu rechnen; jedoch ist bei diesen die schon erwähnte Eigentümlichkeit bemerkenswert, dass die mechanisch wirksamen Zellen Hydro-Stereïden sind, d. h. auch der Wasser-Leitung und -Speicherung dienen.

Allerdings besitzen bei diesem Typus auch die übrigen, den Stengel durchziehenden, Nahrung leitenden Bündel Bastbekleidungen, jedoch bei weitem nicht in so reichlichem Maasse wie die mehr peripherischen. Fig. 43 veranschaulicht deutlich den durch dieses Verhältnis zu stande kommenden mechanischen Ring.

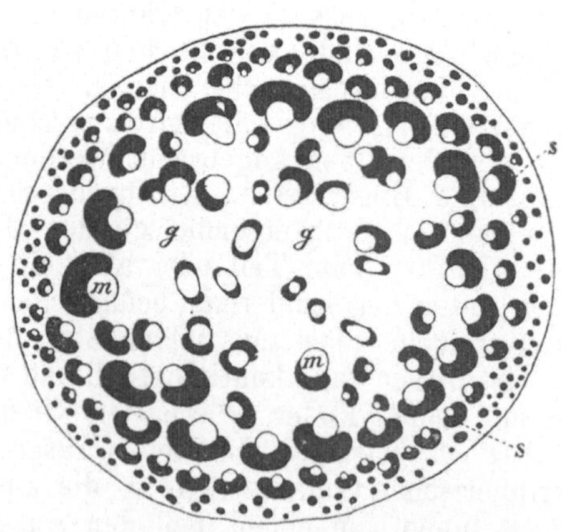

Fig. 43. Querschnitt durch einen die Blütenstände tragenden Spross von Calamus spectabilis, einer Schling-Palmen-Art. *s* = Stereom, *m* = Mestom, *g* = Grundparenchym. — Etwa 20 mal vergr.

Bei den meisten Gräsern und vielen anderen Pflanzen sind die Stengel hohl, und dies ist ebenfalls eine mechanisch günstige Einrichtung. Wenn die Stengel jedoch nicht hohl sind, so sind doch die innersten Partieen, welche weit geringerer mechanischer Inanspruchnahme ausgesetzt sind als die äusseren Teile, immer weicher als die letzteren. Man kann sich leicht, z. B. auf Querschnitten von Palmenstämmen hiervon überzeugen; hier kommen nämlich gegen das Zentrum hin — im Gegensatz zu unsern Nadel- und Laubhölzern — kaum oder doch nur verhältnismässig wenig Stereommassen vor, denen obendrein einzig lokale Bedeutung als Schutz der begleitenden Mestombündel zugeschrieben werden kann. Es werden sogar, da die Entfernung der zentralen weicheren Partieen keine Schwierigkeiten verursacht, gewisse Palmen als Wasserleitungsröhren, Dachrinnen und dergleichen verwandt; ja von einigen Palmen (z. B. Cocos coronata) wird sogar das weiche Innere des Stammes von den Eingeborenen zu Brod verbacken.

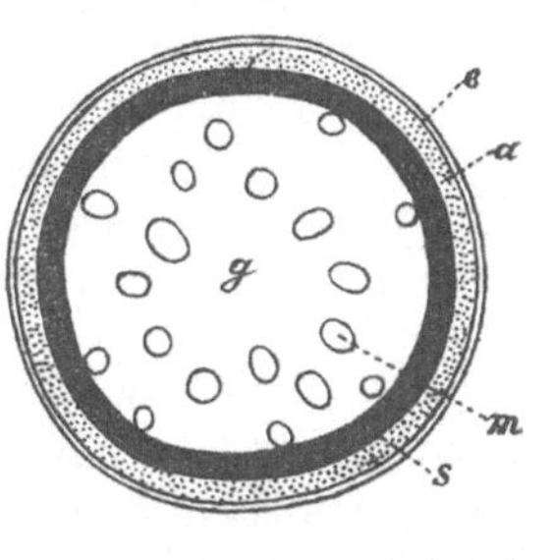

Fig. 44. Querschnitt durch den Blütenschaft von Anthericus Liliago. — Zwischen der Skelettpartie *s* und der Epidermis *e* befindet sich ein Ring von Assimilationsgewebe *a*. Im Grundparenchym *g* finden sich Mestombündel *m*, von denen sich einige an die Innenfläche des Skelettcylinders anlegen. — Etwa 15 mal vergr.

8. Bei Musa, Maranta u. a. sind hin und wieder die Bastbekleidungen der Mestombündel tangential mit einander verbunden und bei vielen Juncaceen sind es die der peripherischen Bündel schon sämtlich, so dass der Übergang zum kontinuierlichen Cylinder, wie er uns vollkommen ausgeprägt gleich begegnen wird, ganz allmählich geschieht.

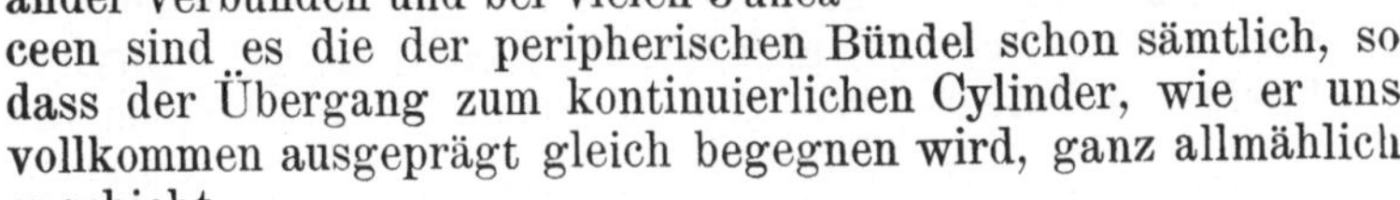

9. Diese mechanisch sehr günstige Konstruktion des einfachen rippenlosen Hohlcylinders, Fig. 44, findet sich bei sehr vielen Pflanzenabteilungen, und zwar legen sich dem mechanischen Gewebe, namentlich von innen (bei manchen einheimischen Orchideen), aber auch von aussen (bei der Hyacinthe, bei gewissen Lauch-Arten und Schwertlilien) die Nahrung leitenden Bündel an, die auch gelegentlich im Skelettcylinder eingebettet vorkommen. Viele einheimische Liliaceen, Orchideen u. s. w. bieten Beispiele für diesen Typus; auch viele Gräser unterscheiden sich hiervon nur, wie wir sahen, durch das Vorhandensein von Rippen, welche bis zur Oberhaut hinanreichen.

II.

Viele in die Dicke wachsenden mehrjährigen Gewächse aus der Abteilung der Dicotyledonen zeigen im ersten Jahre eine Ringlage von Bastbündeln, welche das später durch

Peridermbildung abgeworfene und, wie wir gleich sehen werden anderweitig ersetzte primäre mechanische System bildet. So z. B. bei Cornus sanguinea, Platanus, Acer campestre, Fagus, Betula, Ulmus campestris, Aesculus Hippocastanum, Cytisus Laburnum u. s. w. Wegen der durch das Dickenwachstum komplizierteren Verhältnisse verlangen diese Pflanzen eine gesonderte Betrachtung.

Hierher gehören vor allen Dingen sämtliche Bäume und viele Sträucher, mit Ausnahme der Palmen, welche letzteren im allgemeinen in der Jugend schnell an Dicke zunehmen und erst dann, wenn sie fast so dick wie die ältesten Palmen derselben Art geworden sind, ausgiebiger in die Länge wachsen.

Wie bereits erwähnt, wird die Biegungsfestigkeit der Palmenstämme durch Ausbildung eines wenn auch unterbrochenen Hohlcylinders aus Baststrängen erreicht, welche die peripherischen Mestombündel begleiten, vergl. Fig. 43; anders verhalten sich die Pflanzen mit nachträglichem Dickenwachstum. Bei den Drachenblutbäumen, die — wie wir Seite 12 gesehen haben — nachträglich in die Dicke wachsen, obwohl sie zur Abteilung der Monocotylen gehören, in welcher ein Dickenwachstum nur ganz ausnahmsweise vorkommt, erzeugt ein Verdickungsring aus Folgemeristem (vergl. Fig. 8) nach innen und aussen neue Zelllagen. Das nach innen neugebildete Gewebe ist dicht von Mestombündeln durchsetzt, die eine dicke Lage aus stark stereomatischen, also sehr dickwandigen Tracheïden aufweisen.

Noch komplizierter gestaltet sich das Verhalten bei den in die Dicke wachsenden Pflanzen aus der Abteilung der Dicotylen. Während die Palmen, wie gesagt, schon in der Jugend die ihnen überhaupt erreichbare Dicke erlangen, nehmen die Dicotylen verhältnismässig schnell an Länge zu und verdicken sich erst später nach Maassgabe der zunehmenden Verlängerung. Im ersten Jahre werden allerdings auch hier, wie oben bereits erwähnt, öfter peripherische Bastrippen oder Bastcylinder gebildet, die das vorläufige biegungsfeste System darstellen; sobald jedoch die Pflanze anfängt in die Dicke zu wachsen, wird meist durch Korkbildung dieses ganze System abgeworfen, da von dem darunter sich bildenden Cambium-Ring neues Stereom resp. Hydro-Stereom erzeugt wird. Wie dies im besonderen vor sich geht, wollen wir uns jetzt an einem Baumstamm klar machen.

Unsere Laub- und Nadelbäume und sonst noch viele Pflanzen besitzen in der Jugend eine Anzahl in einem Kreise angeordneter Leitbündel, Fig. 45. Ausserhalb derselben liegen die später meist abfallenden Baststränge oder ein Bastring. Der Cambiumring *c* bildet, wie schon Seite 12—13 gezeigt, sowohl nach aussen als auch nach innen neue Bündelelemente, von denen jedoch die nach innen abgeschiedenen reichlich mit Stereom vermengt sind, häufig so reichlich, dass letzteres die Hauptmasse der nach innen abgeschiedenen Elemente, des „Holzes" ausmacht. Bei den Nadelhölzern stellen, wie bereits Seite 34-35 erwähnt, die Stereo-Tracheïden die mechanischen Zellen dar. Da nach aussen keine Skelettzellen abgeschieden werden oder doch nur hin und wieder in verschwindender Menge, um lokal gewisse weiche Gewebemassen zu schützen, so bleibt das ausserhalb des Cambiumringes gelegene Gewebe, die Rinde, weicher.

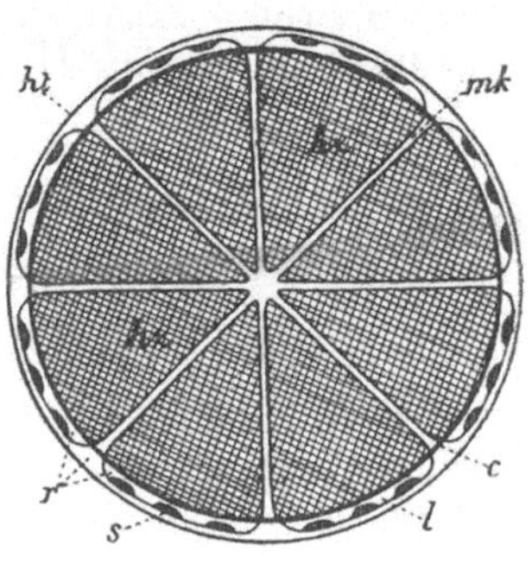

Fig. 45. Schematischer Querschnitt durch einen Zweig eines Laub- oder Nadelholzes. Es sind 8 Leitbündel angenommen, die durch den Cambiumring *c* in eine innere und äussere Partie geteilt erscheinen. *ht* = Hautgewebe; *r* = Rinde; *s* = Stereom; *l* = Leptom; *hz* = Holz; *mk* = Markverbindungen.

Der Hauptunterschied im Baue des mechanischen Systems bei den normal in die Dicke wachsenden Pflanzen gegenüber den früheren Typen ist also, dass dasselbe von einem Teil der Mestombündel-Elemente durchdrungen ist, und dass, durch das Dickenwachstum bedingt, eine fast kompakte, also irrationell gebaute Säule zu stande kommt. Dass übrigens die innersten Partien später wirklich auf das Leben eines Baumes keinen Einfluss ausüben, lehrt schon die Erfahrung, dass hohle Bäume durchaus die gleichen Lebenserscheinungen zeigen wie noch unversehrte. Es werden nämlich von dem Cambiumring alle Jahre die gleichen Gewebearten wie früher abgeschieden, sodass, da die neuabgeschiedenen die älteren ersetzen können, die inwendig hohl gewordenen Bäume dann noch alle zum Leben notwendigen Gewebesysteme besitzen. Die zentrale weiche Partie, das Mark, ist freilich im allerersten Jahre, wenn der Stengel sehr dünn ist, verhältnismässig gross; später jedoch, wenn der Baumstamm beträchtlich an Dicke zugenommen hat, ist sie der grossen Menge von neu hinzugekommenem Holz gegenüber verschwindend klein. Aus alledem sehen wir, dass die nachträglich in die Dicke wachsenden Bäume, wie gesagt, mechanisch irrationell gebaut sind, da nach gehöriger Dicke derselben die im Innern vorhandenen Skelettpartien mechanisch nicht mehr oder doch niemals voll in Anspruch genommen werden.

Im Gegensatz zu den erstbeschriebenen Fällen allseitig biegungsfester Konstruktionen bestehen also die Leitbündel bei den nachträglich in die Dicke wachsenden Dicotyledonen neben den Nahrung leitenden Elementen in ihren innerhalb des Cambiumringes gelegenen Teilen auch reichlicher aus

Skelettgewebe: Stereom und Mestom durchdringen sich also hier und stellen das Holz dar.

Skelettformen in einseitig biegungsfesten Organen.

Bis jetzt haben wir nur solche Organe betrachtet, die allseitig biegungsfest gebaut sein müssen, wenn sie den einwirkenden Kräften Widerstand leisten wollen. Eine oberflächliche Betrachtung der Pflanzen ergiebt jedoch schon, dass auch Organe sehr häufig sind, die vorzugsweise nach einer Richtung hin durch biegende Kräfte in Anspruch genommen werden und daher ihre etwa vorhandenen mechanischen Zellen derart zu ordnen haben, dass ein vorzugsweise einseitig biegungsfester Apparat gebildet wird. Derartige Organe sind die wagerecht oder doch nahezu horizontal abstehenden Pflanzenteile, deren Eigengewicht immer in derselben Richtung wirkt, wie z. B. die meisten Blätter u. dergl.

1. Allerdings besitzen gewöhnlich die Blattstiele der Phanerogamen einen Cylinder, der durch denjenigen Teil der Leitbündel hergestellt wird, welcher dem Holze in den Stengelteilen entspricht, oder aber einen mechanischen Ring unmittelbar unter der Epidermis, der an bestimmten Punkten vom Assimilationsgewebe unterbrochen wird — nicht aber ein T-trägerförmig angeordnetes Skelettsystem; allein ausser dem nach einer bestimmten Richtung wirkenden Eigengewicht der Blattfläche biegt der auf dieselbe einwirkende Wind den Blattstiel nach den verschiedensten Richtungen, sodass die Anwendung des hohlen Cylinders, also eines allseitig biegungsfesten Apparates, verständlich erscheint. Es bleibt jedoch zu beachten, dass die Seitenflächen der Blattstiele in allen Fällen weniger mechanisch in Anspruch genommen werden als die obere und die untere Seite, weil vorzugsweise allerdings der Wind — bei wagerechtem Abstehen der Blätter auch die Schwerkraft — senkrecht zur Blattfläche wirkt. Es werden denn auch die seitlichen Partieen der Blattstiele bei einer grossen Anzahl von Farnkräutern benutzt (z. B. bei Polypodium vulgare, Pteris aquilina), um hierhin das Assimilationsgewebe zu verlegen, das, wie wir früher bemerkten, notwendig dem Lichte genähert sein muss. Vergl. Fig. 46. Das Skelettgewebe, welches bei den betreffenden Farnkräutern als Gurtungen funktioniert, stösst unmittel-

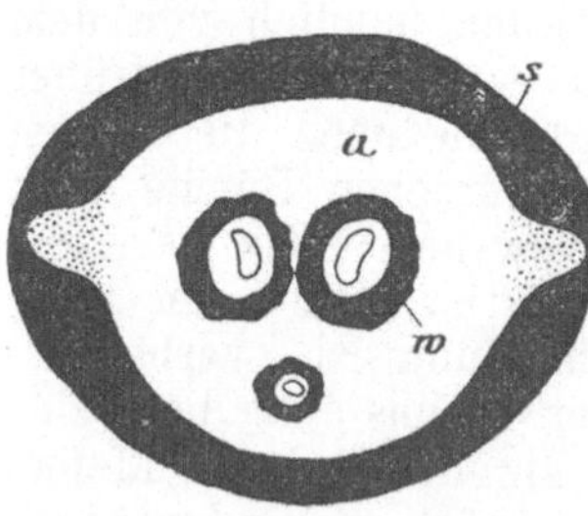

Fig. 46. Querschnitt durch den Blattstiel von Polypodium glaucophyllum. w = verdickte Wandungen der an die Mestombündel grenzenden Zellen des Grundparenchyms; a = Stärke-Speicherparenchym, an den punktierten beiden Stellen Assimilations-Parenchym; s = Stereom. — Etwa 25 mal vergr.

bar an die Epidermis an, sodass zwischen dieser und dem mechanischen System kein Platz für das Assimilationsgewebe übrig bleibt. In solchen Fällen nun sucht sich oft das letztere die mechanisch am wenigsten in Anspruch genommenen Orte der Aussenteile auf. Dies geht bei den in Rede stehenden Farnkräutern so weit, dass sogar die obere und die untere Gurtung dadurch in ihrer Form von einander abweichen, indem der obere Teil des Skelettringes, der die Zuggurtung repräsentiert, die Form einer einfachen Lamelle erhält, während die Druckgurtung auf dem Querschnitt fast hufeisenartig erscheint. Der so entstehende Träger lässt sich demnach auf das früher, Fig. 36, gegebene Schema mit verschieden geformter Zug- und Druckgurtung zurückführen.

2. Die Blattflächen selbst ordnen ihr Stereom meist zu I-förmigen Trägern, und zwar lässt sich gewöhnlich eine Zug- und Druckgurtung unterscheiden. Vor allen Dingen kommen hier die Blattmittelrippen und Rippen überhaupt in Betracht, in welchen die Leitbündel verlaufen. Häufig zeigen sich bekanntlich die Rippen auf der Unterseite der Blätter konvex vorspringend, wodurch — gerade ebenso wie bei dem Fig. 46 abgebildeten Querschnitt eines Farnblattstiels — wiederum die Anordnung des Stereoms der Druckgurtung in Hufeisenform zu stande kommt. Bei der Grasart, von der wir in Fig. 47 eine Querschnittsabbildung durch einen Teil der Blattscheide geben, und bei anderen Gräsern findet sich das Stereom der Zuggurtungen in Form einfacher Lamellen unter der Epidermis, während die Druckgurtungen einzelne die Epidermis berührende Stränge bilden, von welchen namentlich die grösseren die Mestombündel aufnehmen. Die Blätter vieler Gräser, Riedgräser u. s. w. besitzen I-Träger, die ganz aus Skelettzellen zusammengesetzt sind, oder deren Füllungen aus Geweben anderen Charakters bestehen. Gewöhnlich durchziehen mehrere dieser I-förmigen Träger parallel zu einander die Blattfläche, und zwar liegen entweder die Gurtungen unmittelbar der Epidermis an, oder es findet sich wieder zwischen Epidermis und Gurtung Assimilationsgewebe.

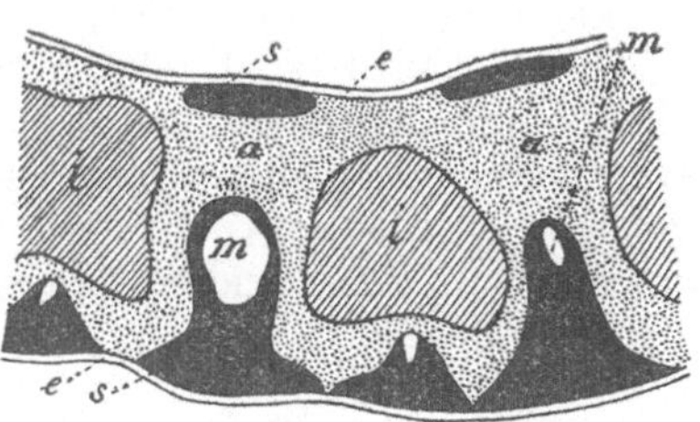

Fig. 47. Querschnitt durch einen Teil des Blattes (Blattscheide) von Saccharum strictum. Die 4 unteren Druck-Gurtungen enthalten je ein Mestombündel *m*. Im Zentrum sowie rechts und links drei grosse Luftlücken *i*, von welchen die beiden letzteren nur zum Teil angedeutet sind. *s* = Stereom, *a* = Assimilationsgewebe, *e* = Epidermis. — Etwa 50 mal vergr. (Nach Schwendener).

Das Skelett in zugfesten Organen.

Zugfest konstruiert müssen vor allen Dingen die Wurzeln und unterirdischen Organe überhaupt sein. Man begreift leicht, dass bei dem gewaltigen Zuge, welchem eine seitliche Baumwurzel ausgesetzt ist, wenn der Stamm vom Sturme gebogen wird, die Wurzeln eine zugfeste Konstruktion aufweisen müssen. Ausserdem giebt es noch Organe, welche sich ebenfalls in Verhältnissen befinden, die eine Inanspruchnahme auf Zug bedingen. Namentlich sind hier die Stengelteile der untergetauchten Wasserpflanzen zu beachten. Stehen dieselben in ruhigem Wasser, so streben sie nach oben, da sie vermöge ihres Luftgehaltes spezifisch leichter als Wasser sind: der Stengel erfährt somit einen gelinden Zug. Ist das Wasser in starker Strömung begriffen, so steigert sich der Zug um ein bedeutendes. Frei auf der Oberfläche unbewegten Wassers flottierende Gewächse sind den geringsten mechanischen Anforderungen ausgesetzt und besitzen daher keine Stereomzellen. Aber auch die Stengel gewisser Luftpflanzen, wie die der rankenden, schlingenden und kletternden Gewächse brauchen nur in frühester Jugend, so lange sie noch keine Stütze gefunden haben, biegungsfest zu sein, während sie später einzig auf Zug in Anspruch genommen werden, indem durch das Dickenwachstum der Stütze — wie dies im Naturzustande häufig sein wird —, durch das hierdurch oder in anderer Weise eintretende Auseinanderweichen der Stützpunkte und durch Herabhängen kleinerer oder grösserer Partieen die Stengel gezogen werden. Auch Stiele hängender Früchte sind häufig einem ganz bedeutenden Zug ausgesetzt.

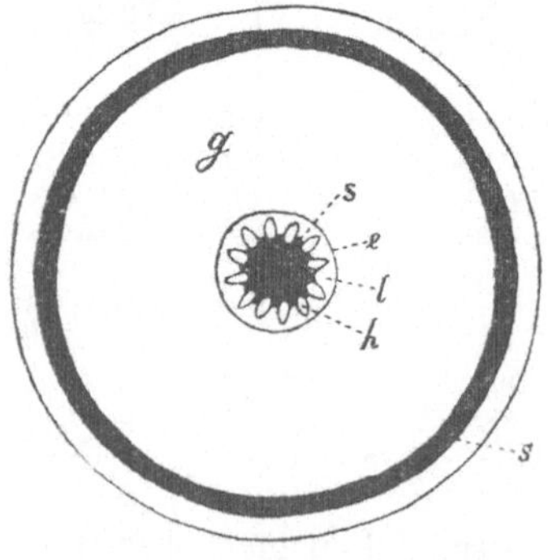

Fig. 48. Querschnitt durch die Wurzel von Chamaedorea oblongata. s = Stereom; $l + h$ = Mestomelemente; g = Grundparenchym; e = Abgrenzung des zentralen Stranges (Endodermis). — Etwa 30 mal vergr.

Die Anordnung der mechanischen Elemente wäre in solchen Organen aus theoretischen Gründen, wie wir früher sahen, gleichgültig, da es für zugfeste Konstruktionen einzig auf die Querschnittsgrösse des zur Verwendung kommenden widerstandsfähigen Materials ankommt. Aber, wie wir ferner sahen, ist es wichtig, die Einrichtung so zu treffen, dass eine möglichst gleichmässige Einwirkung der Zugkraft auf alle vorhandenen Stereompartieen erreicht wird. Die Erfahrung lehrt, dass für solche Fälle die Anwendung eines kompakten Stranges vor zerstreuten Strängen den Vorzug verdient.

Aus dem Gesagten ergiebt sich, dass die auf Zug in Anspruch genommenen Organe, im Gegensatz zu den auf Biegung in Anspruch genommenen, ihre Skelettteile mehr nahe dem Zentrum oder im Zentrum selbst anzubringen bestrebt sein werden, um die mechanisch wirksamen Elemente möglichst dicht aneinander zu bringen. Die Untersuchung massgebender Fälle zeigt in der That die geforderten Querschnittsansichten. Eine solche zeigt Fig. 48, welche den Bau einer Palmenwurzel veranschaulicht. Es findet sich hier ein zentraler Skelettstrang *s*, der als zugfester Apparat wirkt, während die äussere Stereompartie in anderer Weise mechanisch in Anspruch genommen wird.

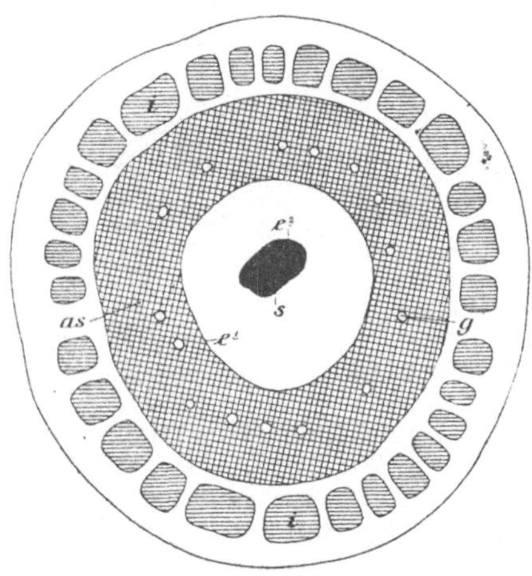

Fig. 49. Querschnitt durch das Rhizom von Marsilia quadrifolia. — s = Stereom; as = stereomatisches Gewebe, der Stärke-Speicherung dienend; i = Intercellularen. Zwischen e^1 und e^2 liegen die Mestom-Elemente. (g = Gerbstoffzellen, siehe später). — Etwa 50 mal vergr.

Auch die Rhizome und die Stengel der Wasserpflanzen haben im Zentrum die Hauptstereommasse, welcher die Leitbündelelemente beigelagert oder eingelagert sind, Fig. 49 und 50.

Dass wirklich die äusseren Verhältnisse mit diesem Bau in Beziehung stehen, ihn bedingen, wird schlagend durch solche Wurzeln dargethan, welche als Stützen ausserhalb des Erdbodens funktionieren, wie die Stützwurzeln bei den Pandanus-Bäumen (vergl. Abbildung im systematischen Teil weiter hinten), welche mehr stammähnlich konstruirt sind. Es erklärt sich die hier mehr gleichmässige Verteilung der Skelettelemente auf dem ganzen Querschnitt durch die wechselnde Einwirkung von Zug und Druck.

Ein weiteres demonstratives Beispiel dafür, dass die mechanische Inanspruchnahme die Konstruktion der Organe ganz wesentlich beeinflusst, ist z. B. der Bau des Stengels unserer im Wasser schwimmenden Hottonia palustris, bei welcher der unter Wasser befindliche, Blätter tragende Teil desselben mehr zugfest, der über dem Wasserspiegel hervorragende Blütenschaft hingegen biegungsfest gebaut ist, also peripherische Anordnung der mechanischen Elemente aufweist.

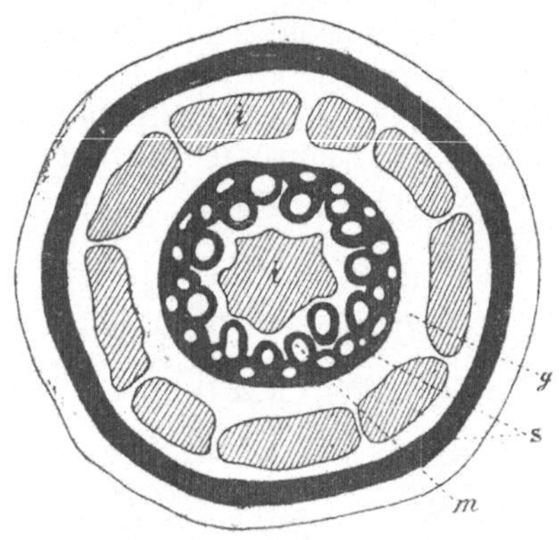

Fig. 50. Querschnitt durch das Rhizom einer Carex-Art. Der äussere Skelett-Ring dient zum Schutz gegen radialen Druck. Die zentrale Skelett-Partie *s*, welcher Mestombündel *m* eingelagert sind, wirkt gegen Zug. *g* = Grundparenchym. Im Zentrum und zwischen der zentralen und der peripherischen Skelettmasse befinden sich grosse Lufträume *i*. — Etwa 40 mal vergr. (Nach Schwendener, vervollständigt).

Das Skelett in druckfesten Organen.

Die unterirdische Lebensweise eines Organes verlangt häufig noch einen besonderen Schutz durch eigene Skelettteile in Form eines peripherischen Cylinder-Mantels gegen den durch den Erdboden ausgeübten radialen Druck, wie dies die Figuren 48 und 50 zeigen. Der hier in unterirdischen Stengeln und Wurzeln zur Anwendung kommende Bastcylinder befindet sich entweder der Epidermis unmittelbar anliegend oder einige wenige Zellschichten tiefer und zwar sind diese ausserhalb des Skelett-Cylinders befindlichen Zelllagen, um ein Eindringen von Wasser zu verhüten, verkorkt.

Lokales Auftreten des Stereoms.

Dass Bastzellen auch zu mehr lokal-mechanischen Zwecken Verwendung finden, wurde bereits früher bei den Belegen der Leitbündel erwähnt, die nicht nur der Festigkeit des ganzen Organes dienen, sondern auch zum Schutz der Leitbündel-Elemente vorhanden sind.

Rein örtlichen Zwecken dienend wird das Stereom noch öfter angetroffen. So besitzen die in stark fliessendem Wasser wachsenden und daher zugfest gebauten Laichkräuter mit zentralem Stereomstrang (z. B. Potamogeton lanceolatus, compressus, acutifolius), in dem grosse Lufträume führenden äusseren Teil des Stengels Skelettstränge, welche ein Abstreifen der locker gebauten Rinde durch das stark bewegte Wasser verhindern sollen. Wie sehr übrigens die Ausbildung dieser peripherischen Bastbündel von den mechanischen Anforderungen der Umgebung abhängt, in welcher die Pflanze wächst, beweist der Umstand, dass z. B. die typische Form von Potamogeton fluitans, die in stark strömendem Wasser lebt, ein System von Skelettsträngen besitzt, während eine Varietät dieser Pflanze (Potamogeton fluitans varietas stagnatilis), die in stehenden Gewässern sich findet, keine Rindenbündel aus Stereom aufweist, da sie derselben nicht bedarf.

Die auf Seite 10, 11 erwähnten, einen mechanischen Schutz den intercallaren Meristemzonen darbietenden Scheiden, die entweder durch Verwachsung mehrerer Blätter entstehen können, wie bei den Schachtelhalmen, oder die scheidenartig umgebildete untere Teile der Blätter, also echte Blattscheiden sind, wie bei den Gräsern, Nelkengewächsen u. s. w., enthalten Skelettgewebe, Fig. 51, welches hinreichend die Scheiden festigt, um sie zu befähigen, ein Umknicken des Stengels in der wachstumsfähigen Region zu verhüten.

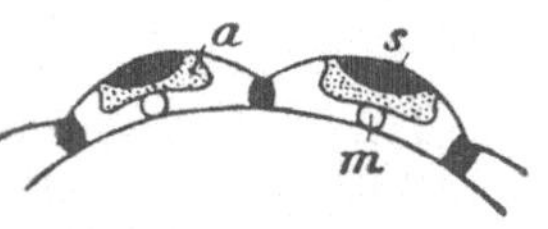

Fig. 51. Stück der aus mehreren Blättern zusammengesetzten Scheide von Equisetum silvaticum. *s* = Stereom; *m* = Mestombündel; *a* = Assimilationsparenchym. — Vergr. (Nach Duval-Jouve).

Dass in Früchten zum Schutz der Samen, sowie um eine bestimmte Art des Aufspringens zu ermöglichen, häufig mechanische Zellen vorkommen, wurde bereits Eingangs erwähnt.

Praktische Verwendung des Stereoms.

Ein technisch ungemein wichtiges Material, welches den Skelettzellen seinen Wert verdankt, ist das Holz. Je nach der grösseren oder geringeren Menge von Stereomzellen, die den Mestomelementen desselben beigemengt sind, ist das Gefüge des Holzes fester oder lockerer. Die Güte eines Holzes steht also um so höher, je mehr Stereomelemente, welche eben die Festigkeit bedingen, in demselben vorhanden sind. Dass dies bei den verschiedenen Arten in sehr verschiedenem Masse der Fall ist, lehrt die Härte der Hölzer, welche die mannigfaltigsten Abstufungen zeigt. Natürlich ist dabei auch die individuelle Verschiedenheit der Stereomzellen in den Hölzern ebenfalls in Rechnung zu ziehen. Zu den härtesten Hölzern gehört das sogenannte Eisenholz (von Nania vera) von den Molukken, welches steinhart ist und daher zu Ankern und anderen Werkzeugen verarbeitet wird. Allbekannt ist das feste Gefüge des echten Ebenholzes.

Die Lokalstereombelege in der Rinde der Linden werden von den Gärtnern als „Bast“ zum Binden der Gewächse verwandt.

Leinwand wird aus peripherisch angeordneten Stereomsträngen des Stengels vom Flachse verfertigt; ebenso wie der Hanf den Stengeln der Hanfpflanze entstammt. Da überhaupt die Stereomstränge eine allgemeine Verbreitung unter den Gewächsen haben, so wird Material aus denselben zu Geweben, Tauen u. dgl. bekanntlich noch von vielen anderen Pflanzen gewonnen. Das sehr reichliche Stereom in der Rinde von Broussonetia papyrifera wird in Japan zur Papierbereitung verwendet.

B. Systeme der Ernährung.

Den Systemen der Ernährung fällt die Aufgabe zu, die Nahrung, das Material für den Aufbau der Pflanzen, aufzunehmen und es in eine für die weitere Verwertung passende chemische Zusammensetzung umzubilden. Die Nährmaterialien der Pflanzen können nur in aufgelöstem oder flüssigem, oder aber gasförmigem Zustande aufgenommen werden, feste Stoffe gelangen in die Pflanze nicht hinein. Die Systeme der Ernährung zerfallen in das Absorptionssystem, welches die gelösten Nährstoffe der Pflanze aufnimmt, ferner in das Assimilationssystem, welches die Fähigkeit besitzt, gasartige Nahrung zu verarbeiten, indem es aus der in der Luft enthaltenen Kohlensäure die Kohle abscheidet, welche der Pflanze das nötige Material zu ihrem Aufbau liefert.

Zu den Apparaten der Ernährung gehört noch das Leitungssystem, welches die Aufgabe hat, die bereits aufgenommenen und zubereiteten Nährstoffe sowie das Wasser nach den Stellen des Verbrauchs hinzuleiten. Die wesentlichsten Elemente dieses Systemes durchziehen, wie wir schon früher angegeben haben, zu Leitbündeln vereinigt den Pflanzenkörper gewöhnlich in Form von Strängen, wie man an den sogenannten Blattnerven sehen kann, welche solche Leitbündel darstellen. Letztere haben für die Pflanze nach dem Gesagten dieselbe Bedeutung wie das Blutgefässsystem für die Tiere.

Für Fälle der Not und für Zeiten besonders eifrigen Wachstums werden in besonderen Speisekammern immer zur Verfügung stehende Nahrungsvorräte angehäuft, die in günstigeren Zeiten erworben wurden. Eine solche Speicherung, und zwar gewöhnlich von Stärkemehl, wird ausnehmend häufig beobachtet, sodass das Speichersystem, unter welche Rubrik die hierher gehörigen Gewebearten zusammenzufassen sind, eine grosse Verbreitung im Pflanzenreich aufweist.

Im Anschluss an die Betrachtung der Ernährungsapparate

ist das intercellulare Durchlüftungssystem anzuführen, welches den Gasaustausch zwischen dem Innern der Pflanze und der Aussenwelt zu vermitteln hat, und zwar nimmt es einerseits die für die meisten Pflanzen als Nährmaterial so wichtige Kohlensäure aus der Luft auf und steht andererseits zu den Geschäften der Atmung in Beziehung.

Die Sekretions- und Exkretions-Organe endlich spielen ebenfalls im Ernährungssystem besondere Rollen.

I. Das Absorptionssystem.

Das Absorptionssystem nimmt die in Wasser gelösten Nährstoffe sowie das Wasser selbst auf osmotischem Wege (Erläuterung dieses Vorganges siehe Physiologie, Abschnitt Ernährung) durch die Membranen auf und ist bei höheren Pflanzen vornehmlich an den Wurzeln, aber auch an anderen Pflanzenteilen entwickelt, während die ungegliederten niedersten Gewächse, namentlich solche, die im Wasser leben, eines besonderen Systemes der genannten Art entbehren und bei Mehrzelligkeit durch die Membranen aller Zellen ihres Leibes aus ihrer Umgebung die im Wasser gelösten Nährstoffe zu sich nehmen.

1. Das Absorptionssystem der Wurzel bildet unmittelbar hinter ihrer in die Länge wachsenden Spitze eine Zone, die sich beim Herausziehen und Abspülen des Wurzelwerkes einer Pflanze leicht an der aus Gesteinsteilchen des Erdbodens gebildeten höschenartigen Umkleidung in der Nähe der Wurzelspitze bemerkbar macht. Die Bodenpartikelchen werden von Wurzelhaaren festgehalten, welche diese Partikelchen gewissermassen zusammenkleben und durch Ausscheidung von Säuren bestimmte mineralische Teile derselben in Lösung bringen, die dann nebst Wasser durch ihre dünnen Membranen aufgenommen werden. Der Weitertransport findet dann auf osmotischem Wege statt. Nicht immer besitzt das Absorptionsgewebe Wurzelhaare; so sind die Wurzeln der echten Sumpf- und Wasserpflanzen ganz haarlos, weil die Wurzeln derselben permanent gewissermassen von einer Nährlösung, nämlich dem Wasser mit den von demselben gelösten mineralischen Stoffen, umgeben sind und daher eine Vergrösserung ihrer absorbierenden Flächen nicht bedürfen. Auch Gewächse, die zwar auf trockenem Boden leben, aber geringere Ansprüche an eine Zufuhr von Wasser und Nährstoffen machen, wie dies bei manchen Nadelhölzern der Fall ist, besitzen ein haarloses Absorptionsgewebe.

Die Wurzelhaare bilden Ausstülpungen der Zellen, von denen sie ausgehen, und sind im Interesse einer raschen Ableitung der aufgenommenen Flüssigkeit nur selten durch eine Querwand abgetrennt.

Die nicht an einem besonderen Wurzelkörper sitzenden Wurzelhaare der Thallophyten und Moospflanzen, welche Wurzelhaare speziell Rhizoïden, Fig. 53, genannt werden, haben neben der Absorption auch wesentlich für die Befestigung der Pflanze an den Erdboden zu sorgen. Bei den meisten Laubmoosen stellen die Rhizoïden reichlich verzweigte Zellfäden dar.

2. Im Gegensatz zu dem geschilderten Absorptionssystem in bezug auf die aufzunehmenden Nährstoffe steht das Absorptionsgewebe der Schmarotzerpflanzen (Parasiten) und Fäulnissbewohner (Saprophyten) sowie das erste Absorptionsgewebe bei vielen Keimlingen.

Den Keimlingen wird von ihrer Mutterpflanze Nährmaterial für die ersten Stadien ihrer Entwickelung mitgegeben und zwar in einem Speichergewebe, welches entweder in Organen des Keimlings selbst oder als besonderes Gewebe im Samen neben dem Keimling niedergelegt wird. Im ersteren Falle ist selbstverständlich keinerlei sich nach aussen hin bemerkbar machendes Absorptionsgewebe nötig, im anderen Falle indess muss der Keimling, um die mitgegebenen Nährstoffe in sich aufnehmen zu können, ein Absorptionsgewebe besitzen, und zwar absorbieren — wenn er vollständig von Speichergewebe eingeschlossen ist — zunächst alle seine oberflächlich gelegenen Zellen, welche dann später, wenn erst das Wurzelwerk zur Aufnahme mineralischer Stoffe des Bodens genügend ausgebildet ist, zu anderen Funktionen übergehen; gewöhnlich jedoch besitzt der Keimling an irgend einer Stelle seines Leibes, häufig an den Keimblättern, ein besonderes, später verschwindendes Absorptionsgewebe, welches sich wie das der Wurzeln durch Dünnwandigkeit und Ausbildung von haarförmigen Ausstülpungen auszeichnet, die zuweilen nur als schwache Vorwölbungen, in anderen Fällen wurzelhaarartig entwickelt erscheinen und die Nährstoffe des von der Mutterpflanze mitgegebenen Vorrates ebenso aufnehmen wie die Wurzelhaare die Stoffe des Erdbodens.

Wie bei den Keimlingen und den Wurzeln, so sind es auch bei den Parasiten und Saprophyten dünnwandige, häufig mit Haar-Fortsätzen versehene, oberflächlich gelegene Gewebe oder wie bei den Pilzen Zellfäden oder haarförmige Ausstülpungen, welche die Aufsaugung der Nährstoffe besorgen. Erscheinen die aufsaugenden Teile äusserlich abgegliedert, so spricht man von Haustorien, Saugorganen.

2. Das Assimilationssystem.

Das Assimilationssystem nimmt den wichtigsten Nährstoff der Pflanzen, die Kohlensäure der Luft, auf und verarbeitet dieselbe in Verbindung mit Wasser unter Abscheidung von

Sauerstoff zu organischer Substanz; es ist als parenchymatisches Gewebe namentlich in den Laubblättern, welche die typischen Assimilations-Organe sind, Fig. 52, aber auch in anderen Pflanzenteilen entwickelt. Zum Eintritt der Kohlensäure besitzen die Blätter — gewöhnlich auf ihren Unterseiten — intercellulare Öffnungen, die Spaltöffnungen *s*, über deren Bau später beim Durchlüftungssystem eingehender die Rede sein muss. Zunächst führen diese in die Intercellularen des Blattparenchyms, von wo aus der Eintritt der Kohlensäure durch die Membranen in die Assimilationszellen hinein erfolgt.

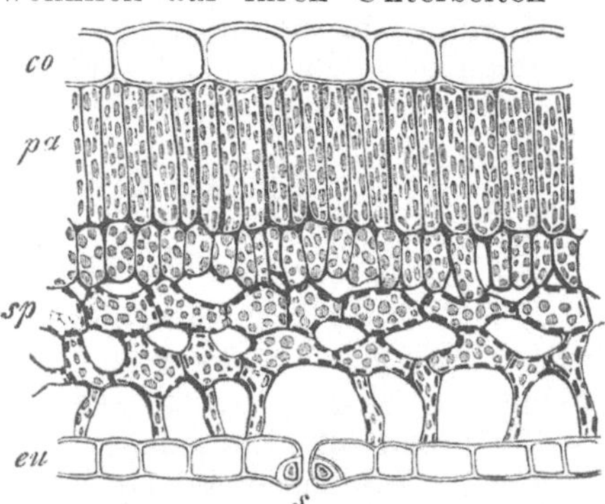

Fig. 52. Stückchen des Querschnittes durch die Blattspreite von Fagus silvatica. *eo* = obere, *eu* = untere Epidermis, letztere mit einer Spaltöffnung *s*; *pa* = Pallisadenparenchym; *sp* = Schwammparenchym. — 350 mal vergr. (Aus Prantl's Lehrbuch).

Der wesentlichste Inhalt der Assimilationszellen besteht in festeren plasmatischen, grünen, bei vielen Algen durch Verdeckung des grünen Farbstoffes gelb, braun, rot erscheinenden Körpern, den Chlorophyllkörpern, die in mannigfacher, häufig körnchenartiger Gestalt in dem Plasma eingebettet sind. Wir haben auf Seite 39—40 schon darauf aufmerksam gemacht, dass das Assimilationsgewebe nur am Lichte funktioniert; daher erklärt sich die Anordnung desselben an den dem Lichte zugänglichsten, also an der Oberfläche gelegenen Teilen der Organe.

Die assimilierenden Zellen sind unter der oberen Blattepidermis, um eine schnelle Ableitung der bereiteten Nährprodukte zu ermöglichen, gewöhnlich gestreckt-schlauchförmig in einer oder mehreren Lagen als „Pallisadenzellen" *pa* entwickelt und stehen mit ihrer Längsachse rechtwinkelig zur Oberfläche des ganzen Organes. Nach dem Innern schliesst sich das Schwammparenchym *sp* an, welches aus Zellen zusammengesetzt wird, die einen etwa gleichen Durchmesser nach allen Richtungen hin aufweisen. Die Zahl der Chlorophyllkörper ist in den der Oberfläche am nächsten liegenden Assimilationszellen am grössten und nimmt nach dem Innern zu ab, wo das Gewebe vorwiegend der Ableitung und Speicherung der Nährmaterialien (meist in Form von Stärke) dient. In den Chlorophyllkörpern geht die Verarbeitung der unorganischen Kohlensäure und des aus dem Boden dem Assimilationsgewebe zugeführten Wassers zu organischen Baustoffen vor sich, die sich bald als kleine Stärkekörnchen bemerklich machen. Die Fortschaffung derselben, um Platz für neue Produkte zu machen, geschieht durch Überführung der Stärke in eine lösliche Verbindung, welche osmotisch nach den Orten des Verbrauchs oder der Speicherung weiter befördert wird. In den Organen der Speicherung und in den Geweben, welche die Leitung dieser Substanz übernehmen, wird die lösliche Verbindung vorübergehend (als „transitorische Stärke") oder dauernder wieder zu Stärke zurückgebildet.

3. Das Leitungssystem.

Allgemeines.

Die Leitung der Nährstoffe einerseits aus dem Erdboden durch die Wurzel, andererseits aus dem Assimilationsgewebe geschieht in den Leitbündeln.

Während im Blutgefässsystem der Tiere Wasser und Nährstoffe zusammen in einem und demselben Röhrenwerk geleitet werden, stellen die Leitbündel der Pflanze meist ein kompliziertes System dar, in welchem gesonderte Gewebe die verschiedenen Nährstoffe und das Wasser transportieren. Nur die Milchröhren, welche entweder „Milchzellen" oder „Milchgefässe" sind — ersteres wenn sie durch Auswachsen einzelner Meristemzellen, letzteres wenn sie aus Reihen von Meristemzellen entstehen, deren Trennungswände sich auflösen — führen in ihrem meist weissen, aber auch gelben „Milchsaft" in einem Röhrenwerk Nährprodukte nebst Wasser zugleich. Sie finden sich neben den Leitbündeln z. B. bei den Wolfsmilcharten entwickelt, sodass die milchenden Pflanzen zwei Arten von Leitungswegen besitzen. — Übrigens sind wir zur Zeit über die Bedeutung des Milchsaftes nur insoweit unterrichtet, als wir wissen, dass er eine Rolle im Ernährungsprozesse spielt, ohne Bestimmteres angeben zu können: möglicherweise stellt er nur ein Exkret (siehe später) dar.

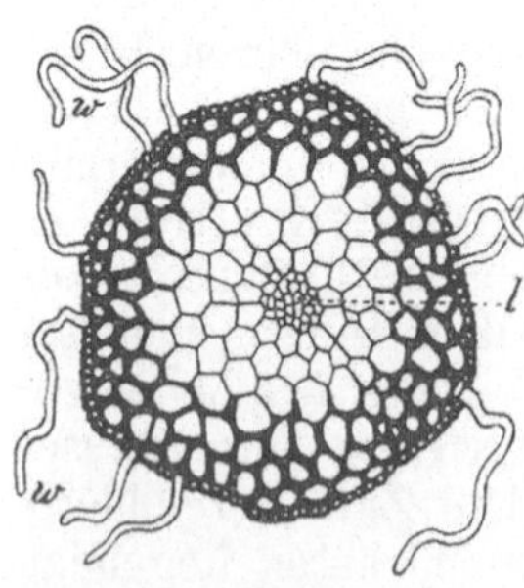

Fig. 53. Querschnitt durch den Stengel von Bryum roseum. *l* = leitender Gewebestrang; *w* = Wurzelhaare. — Etwa 68 mal vergr. (Nach Sachs).

Die niedersten Gewächse besitzen noch gar keine besonderen leitenden, zu Bündeln vereinigten Zellen; erst die Moose, Fig. 53, zeigen im Zentrum ihres Stämmchens einen differenzierten Strang aus einfachen, dünnwandigen, prosenchymatischen Zellen, in denen die Pflanzensäfte geleitet werden.

Bei den höheren Pflanzen werden also im allgemeinen die stickstofflosen und die stickstoffhaltigen Produkte, ferner das Wasser in gesonderten Geweben transportiert. Das Wasser wird in Zellenzügen gespeichert resp. geleitet, welche zu ihrer Aussteifung leistenförmige Verdickungen verschiedener Form — auch dicke Membranen mit gehöften Tüpfeln — besitzen, *b, c, d, g* in Fig. 71. Die Einzelzellen dieses Systemes bezeichnet man wegen dieser Funktion am besten als Hydroïden. Sind die Querwände übereinander befindlicher Hydroïden aufgelöst, so nennt man die entstehenden Röhren (Gefässe) Tracheen im engeren Sinne, verbleiben jedoch die Querwände zeitlebens, dann nennt man die in Rede stehenden Zellen Tracheïden; Tracheen im weiteren Sinne sind beide Arten von Elementen. Mit den Tracheen zusammen tritt stets ein parenchymatisches, stärkeführendes Gewebe auf: das Holzparenchym, Amylom, dessen Zellen oft mit einfachen, kreisförmigen Tüpfeln versehen sind. Der Wassertransport in den Hydroïden geschieht nun in der Weise, dass die Amylomzellen vermöge osmotischer Kräfte, die in ihrem Innern wirksam sind, sowie durch Filtration das Wasser aus den Gefässen schöpfen, wenn die Gewebe des Wassers bedürfen, und im umgekehrten Falle die Gefässe wieder füllen. Durch Vermittelung der Wurzel wird Wasser in die Amylomzellen aufgenommen, die dasselbe osmotisch weiter befördern und in die Reservoire: die Hydroïden abgeben (vergl. Physiologie, Abschnitt Ernährung). — Das Hydroïden-Gewebe (Hydrom, Tracheom) und das Amylom gehören also physiologisch zusammen; man nennt dieses aus zwei Gewebe-Arten zusammengesetzte System höherer Ordnung Hadrom.

In dem Amylom, welches sich auch in den anderen Bündelteilen vorfindet, werden ausserdem die Kohlenhydrate (die stickstofflosen Nährprodukte), also vornehmlich die Stärke, geleitet.

Die stickstoffhaltigen, plasmaartigen Nährprodukte wandern im Leptom (Siebteil), einem Gewebe, welches aus Siebröhren resp. Siebzellen, *l* Fig. 71, besteht, neben welchen sich oft noch kleine tüpfellose, ebenfalls reichlich plasmaartige Stoffe führende Zellen (Cambiformzellen) finden. Die Siebröhren besitzen Siebplatten, das sind Stellen mit durchbohrten Poren, die einzeln oder zu mehreren die Quer- aber auch die Seitenwandungen bekleiden.

Die oft gebrauchten rein morphologischen Termini Xylem und Phloëm bedürfen hier einer Definition. Ersteres ist der das Hydrom und letzteres der das Leptom enthaltende Teil eines Leitbündels, sodass bei differenziertem Bündelbau noch andere Gewebe-Arten ausser dem Hydrom und Leptom zum Xylem und Phloëm gehören. Schon bei oberflächlicher Betrachtung lassen die Bündel deutlich die Sonderung in zwei Teile, also Xylem und Phloëm wahrnehmen, vergl. z. B. Fig. 68.

Den Komplex der Erstlingszellen der Leitbündel, d. h. der zuerst sich ausbildenden und in den Dauerzustand eintretenden Elemente, die man oft auch später an ihrer geringeren Grösse anatomisch deutlich zu unterscheiden vermag, nennt man Protohydrom, Protoxylem resp. Protoleptom, Protophloëm.

Um lokal das weiche Leptom zu schützen, treten in demselben hier und da Stereïden („echte Bastzellen") auf. Das Hadrom unserer in die Dicke wachsenden Pflanzen (Bäume und Sträucher) ist so reichlich von Stereom (Libriform) durchsetzt, dass letzteres die Hauptmasse des „Holz" genannten Gewebe-Komplexes ausmacht.

Die Nadelhölzer, Cycadaceen u. a. besitzen, wie schon beim Skelettsystem Seite 47 gezeigt, in ihrem Holz keine typischen Stereïden; ihr Holz wird nur aus zwei Gewebe-Arten zusammengesetzt, nämlich aus Amylom und Tracheïden, die bei ihrer Dickwandigkeit gleichzeitig die Funktion der Stereïden übernehmen: Hydro-Stereïden resp. Stereo-Tracheïden. (Vergl. Seite 34—35).

Wären die Wände der Hydro-Stereïden gleichmässig verdickt, so würden sie der Wasserzirkulation ein bedeutendes Hindernis entgegensetzen. Sie besitzen daher um beiden Funktionen, also derjenigen der Hydroïden und derjenigen der Stereïden gerecht zu werden, verdünnte Membranstellen meist in der Form „gehöfter Tüpfel", deren Bau wir auf Seite 35 bereits beschrieben haben. Auch die typischen Hydroïden besitzen — wie schon angedeutet — Verdickungen in Form ringförmiger, spiraliger oder netz- bis treppenförmiger Leisten (vergl. Fig. 71), und zwischen Treppen-Hydroïden und gehöftgetüpfelten Hydro-Stereïden giebt es alle Übergänge, die darauf hindeuten, dass die in Rede stehenden Elemente auch in physiologischer Beziehung teils mehr zur Funktion der typischen Hydroïden, teils zu der typischer Hydro-Stereïden hinneigen.

Die leitenden Elemente der Bündel: also Hydrom, Amylom und Leptom, werden als Mestom zusammengefasst, sodass, wie wir schon früher andeuteten, demnach ein Mestombündel ein Stereïden-loses Leitbündel ist.

Die Schutzscheide (Endodermis) aus verkorkten Zellen bestehend, welche oft die Bündel aller Organe vieler Pteridophyten (*e* in den Figuren 56, 58, 60, 66) und Wurzeln anderer Pflanzen (*d* Fig. 61, *s* Fig. 62, *e* Fig. 63) umgiebt, hat erstens die Stoffleitung in bestimmte Bahnen einzuengen und einen vorzeitigen Austritt der geleiteten Stoffe aus den Leitbündeln zu verhindern und zweitens oftmals auch einen mechanischen Schutz zu gewähren, insofern als sie vermöge ihrer, durch die Verkorkung bedingten, sehr geringen Dehnbarkeit besonders die Einflüsse der Druck-Unterschiede in den Zellen der Bündel-Gewebe und ihrer Umgebung unschädlich macht. Häufig sind übrigens die Tangentialwände unverkorkt und dann hat die Schutzscheide selbstredend ausschliesslich mechanische Bedeutung.

Auf Querschnitten durch Organe, in denen sich Schutzscheiden befinden, erkennt man die Zellen der letzteren an den sog. Caspary'schen Punkten ihrer radialen Wandungen. Durch das Anschneiden des Organs wird nämlich die Spannung, in der sich die Membranen befanden, aufgehoben, was sich durch eine Wellung der verkorkten (unelastischen) Membranen kund giebt. Auf dem Querschnitte bewirkt die Wellung nun das Auftreten dunkler Schatten, welche als jene „Punkte" erscheinen.

Verlauf der Bündel.

1. Wie die Leitbündel in den Laubblättern, hier gewöhnlich „Nerven" genannt, verlaufen, ist ohne weiteres schon bei äusserer Betrachtung ersichtlich. Es lassen sich besonders zwei Typen unterscheiden. Der Monocotylen-Typus, bei welchem die Hauptnerven parallel verlaufen und durch schwächere querverlaufende Bündel in Verbindung stehen, und der Dicotylen-Typus, bei welchem die Nerven fiederig oder fingerig in immer feiner werdende Äste auseinander gehen und schliesslich enge Maschen bilden.

2. In den Stengel-Organen findet sich entweder wie bei Wurzeln nur ein und dann im Zentrum derselben verlaufendes Leitbündel, oder es sind deren mehrere vorhanden, und auch hier lässt sich ein Monocotylen- und Dicotylen-Typus unterscheiden. Bei den Palmen z. B. nähern sich die aus jedem Blatt tretenden zahlreicheren Bündel, die „Blattspuren", zunächst dem Zentrum des Stengels und biegen sich — nach abwärts verlaufend und immer schwächer werdend — allmählich wieder nach aussen, um sich zum Teil endlich mit anderen Bündeln zu vereinigen. Beim Dicotylen-Typus hingegen treten die Bündel nur in geringerer Zahl, oft nur in der Einzahl aus den Blättern in die Stengelteile ein, verlaufen nach abwärts parallel miteinander in bestimmter Entfernung vom Zentrum und von der Oberfläche des Organes und verzweigen und vereinigen sich besonders in den Knoten. Bündel, die nur in Stengelteilen verlaufen und nicht in Blätter einbiegen, nennt man im Gegensatz zu den Blattspuren stammeigene Stränge. — Als Beispiel des Bündelverlaufes in einem Spezialfall vergleiche Fig. 54 und ihre Erklärung.

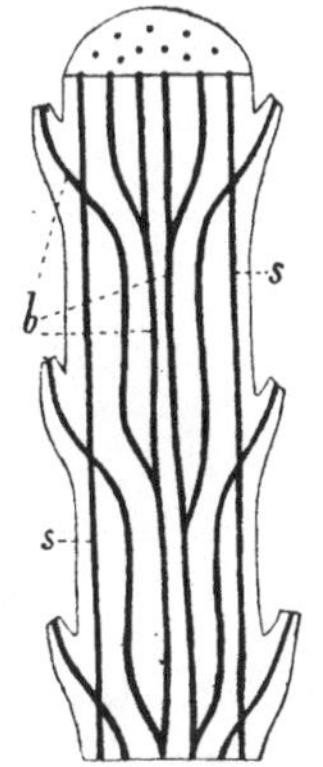

Fig. 54. Längsschnitt durch ein Stück des Stengels von Tradescantia, um den Bündelverlauf zu zeigen. s = stammeigene Stränge; b = Blattspuren. — Etwas vergr. (Nach Falkenberg).

Bau der Bündel.

Im folgenden geben wir verschiedene Beispiele für den Bau der Leitbündel. Wir machen gleich darauf aufmerksam, dass die Leitbündel nicht in ihrem ganzen Verlauf den gleichen Bau aufweisen, sondern namentlich dort, wo sie schwächer werden, gewöhnlich nicht mehr alle Elemente der wohlentwickelten Bündel aufweisen und ihre feinsten Endigungen häufig nur aus einer oder mehreren Hydroïden-Reihen bestehen. Auch ganz schwache Leptom-Stränge kommen vor.

1. Concentrisch - gebaut nennt man ein Leitbündel, wenn das Xylem das Zentrum einnimmt und vom Phloëm umscheidet wird; seltener liegt das Phloëm im Zentrum und wird vom Xylem umgeben.

a) Der Stengel von Salvinia natans zeigt im Zentrum seines Querschnittes, Fig. 55, ein Mestombündel, welches in

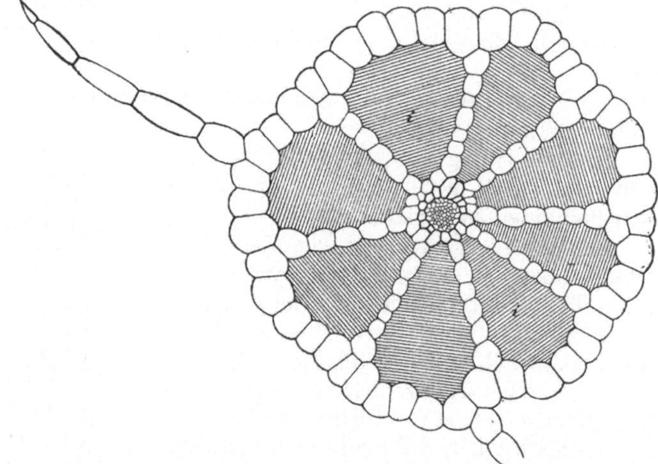

Fig. 55. Querschnitt durch den Stengel von Salvinia natans. Links ein 5zelliges Haar, rechts unten Stück eines solchen. Das Mestombündel befindet sich im Zentrum der Figur. i = Intercellularen. — Etwa 75 mal vergr.

Fig. 56 vergrössert dargestellt wurde. Dieses cylindrische, concentrische Mestombündel besitzt ein in Übereinstimmung mit anderen Wasserpflanzen sehr reduziertes Hydrom — welches hier begreiflicher Weise nicht dieselbe hohe Bedeutung haben kann wie für Luftpflanzen — nämlich nur sieben- bis acht spiralig bis ringförmig verdickte Hydroïden h, die ein etwas sichelförmig gebogenes Hydromband darstellen. Dieses wird stellenweise durch das die Grundmasse bildende (in unserer Figur 56 zur besseren Unterscheidung mit punktierten Inhaltsräumen angegebene) Amylom - Parenchym a unterbrochen. In diesem Parenchym zwischen der Endodermis e

— an den „Caspary'schen Punkten“ zu erkennen — und dem Hydrom liegen zahlreiche mehr oder minder mit einander zusammenhängende Siebröhren *l*. Ein Kranz grosser intercellularer Räume *i* Fig. 55, wie solche für Wasserpflanzen

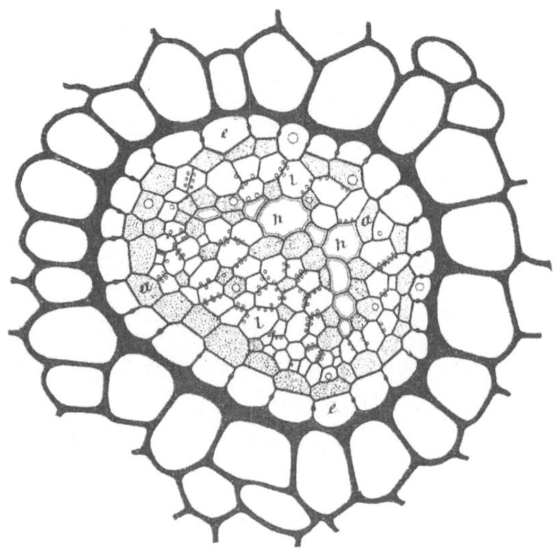

Fig. 56. Querschnitt durch das Leitbündel des Stengels von Salvinia natans. *e* = Endodermis, *a* = Amylom, *l* = Leptom, *h* = Hydrom. — Stark vergr. (Nach Janczewski, etwas verändert).

charakteristisch sind, umgiebt das Bündel. Die das letztere unmittelbar berührenden Zellen des Grundparenchyms besitzen, um dem Bündel mechanischen Schutz zu gewähren, etwas verdickte Wandungen; am auffälligsten macht sich die Verdickung an den die Endodermis-Zellen begrenzenden Tangentialwänden bemerkbar.

b) Ebenfalls concentrisch, aber doch wesentlich anders als bei Salvinia, zeigen sich die Leitbündel-Elemente im Rhizom von Marsilia quadrifolia, Fig. 57, gelagert. Das Leitbündel, — von welchem in Fig. 58 ein Stück dargestellt ist — tritt hier in Form eines Hohlcylinders auf, der vom Zentrum — durch welches ein Stereomstrang *s* verläuft — durch eine Schutzscheide e^2 abgegrenzt wird. Auch aussen wird das Bündel von einer Schutzscheide e^1 umschlossen, an die sich Stärke-Speicher-Grundparenchym anlegt, welches nach aussen allmählich in ein braunwandiges Speicher-Stereom (Amylo-Stereom) *as* übergeht. In diesem erblickt man auf dem Querschnitt in einem gewissen Abstande von der äusseren Schutzscheide, in einem Kreise angeordnet, die Querschnitte durch längsverlaufende Zellenzüge *g* mit Gerbstoff-Inhalt.

Das das Rhizom aussen bekleidende dünnwandige, verkorkte Gewebe birgt grosse, allseitig umschlossene, intercellulare Kammern *i* des Durchlüftungssystemes, welches bei Wasserpflanzen gewöhnlich ausserordentlich entwickelt erscheint.

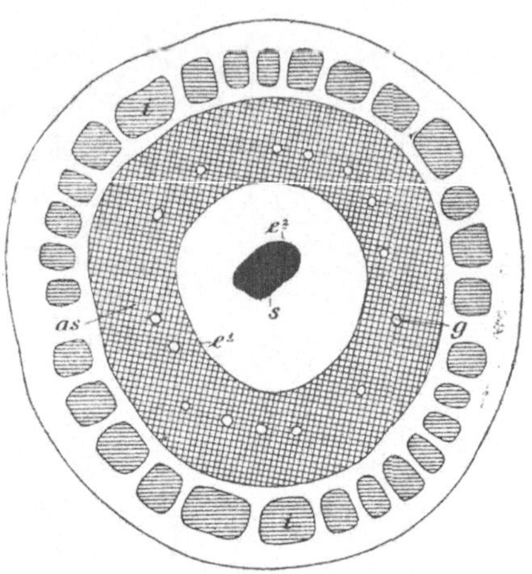

Fig. 57. Querschnitt durch das Rhizom von Marsilia quadrifolia. *s* = Stereom; e^1 = äussere, e^2 = innere Endodermis; zwischen e^1 und e^2 Mestomgewebe; *as* = Speicherstereom; *g* = Gerbstoffzellen; *i* = Intercellularen. — Etwa 50 mal vergr.

Was nun den Bau des auf dem Querschnitt Fig. 57 also kreisförmig erscheinenden Mestombündels anbetrifft, so erblicken wir in der Mittellinie desselben ein Hadrom, d. h. Hydroïden, *h* Fig. 58, mit Amylom *a*. Das Hadrom wird sowohl innen als aussen von je einem Leptommantel *l* mit dickwandigem Protoleptom *pl* umgeben. An einer oder an mehreren Stellen wird das Leptom durch Amylom unterbrochen, wodurch eine Verbindung zwischen den an die äussere e^1 und innere Schutzscheide e^2 anstossenden Amylommänteln mit dem Amylom des Hadroms hergestellt wird.

Ueber der Abgangsstelle der Blattbündel steht durch eine Öffnung in der beschriebenen Mestombündelröhre das zentrale, oftmals speichernde, von der inneren Schutzscheide umschlossene Gewebe *s* mit dem das Bündel umschliessenden „Rinden“-Gewebe in Verbindung, und an diesen Stellen stehen in dem Leitbündel auch die inneren und äusseren Leptom-Elemente in Zusammenhang, da sich dieselben in den hier auf dem Querschnitt hufeisenförmig erscheinenden Bündelteilen um die Pole des Hadroms herumziehen.

2. Bicollateral gebaut ist das in Fig. 60 abgebildete Leitbündel aus dem Stengel von Polypodium glaucophyllum.

Der rhizomartige windende Stengel dieser Pflanzen-Art besteht aus Assimilations- und Speicher-Parenchym mit Stärke-Inhalt, durch welches — wie der Querschnitt Fig. 59 zeigt — mehrere in einem Kreise angeordnete Leitbündel *b* verlaufen. Die typischen derselben, Fig. 60, sind, wie gesagt, bicollateral gebaut. Im Zentrum erblicken wir ein Hadrom: nämlich einen

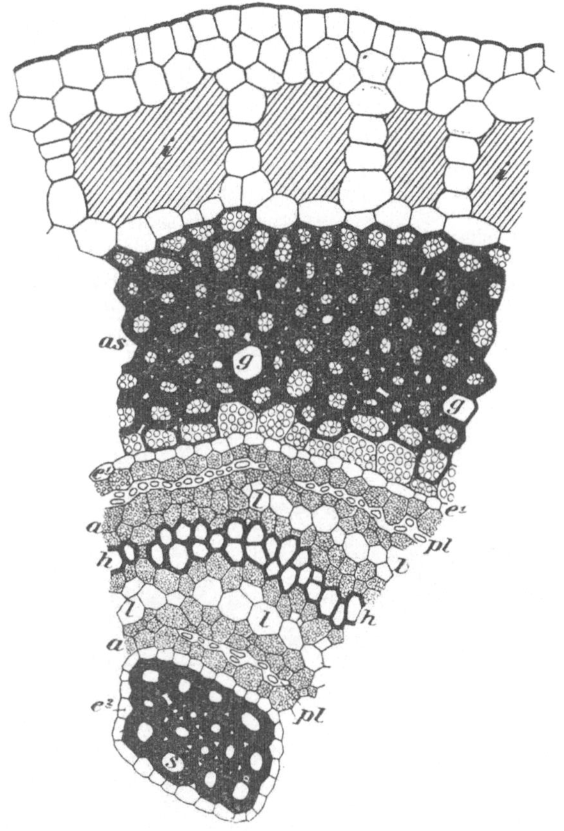

Fig. 58. Querschnitt durch ein Stück des Rhizoms von Marsilia quadrifolia. s = Stereom; e^1 = äussere, e^2 = innere Endodermis; a = Amylom; pl = Protoleptom; l = Leptom; h = Hydrom; g = Gerbstoffzellen; as = Speicherstereom; i = Intercellularen. — Stark vergr.

Hydroïdenstrang *h* mit einem denselben allseitig umgebenden Amylommantel a^1 (der „Xylemscheide") und einigen zwischen die Hydroïden gelagerten Amylomzellen. Dem Amylommantel anliegend befindet sich auf jeder der Breitseiten des Hadroms je eine Leptomsichel *l*, deren Aussenseiten aus dickwandigem Protoleptom *pl* bestehen. An den nicht von Leptom eingenommenen beiden gegenüberliegenden Stellen des Hadroms, beim Protohydrom *ph*, steht der Amylomcylinder a^1 mit dem

Amylomcylinder a^2 (der „Phloëmscheide"), welcher letztere das ganze Bündel innerhalb der Schutzscheide *e* umgiebt, in Verbindung; oder anders ausgedrückt: es communicieren das Amylom des Hadroms (Xylems) und dasjenige des Amylo-Leptoms (Phloëms), also die Xylem- und Phloëmscheide an den bezeichneten beiden Längsstreifen mit einander. Zuweilen wird allerdings auch der eine oder beide Hadrom-Pole von Leptom umzogen, sodass hier die beiden Leptomsicheln in Verbindung stehen, wodurch sich der Bündel-Bau dem concentrischen Typus nähert. Namentlich findet dies bei den Bündeln der Blattstiele und denjenigen der Blattspreiten statt. Alle Bündel werden von den stark verdickten inneren Wandungen *w* der den Bündeln zunächst gelegenen Zellschicht des Grundparenchyms vor mechanisch schädlichen Einwirkungen geschützt.

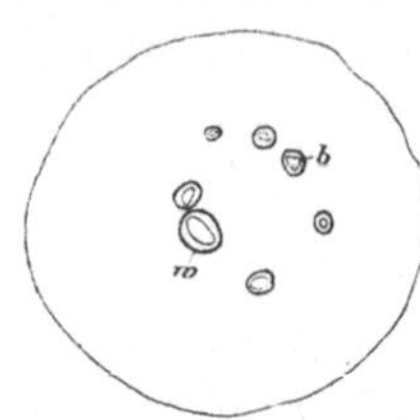

Fig. 59. Querschnitt durch den Stengel von Polypodium glaucophyllum, um die Verteilung der Bündel *b* zu zeigen; *w* wie in Fig. 60. — 8 mal vergr.

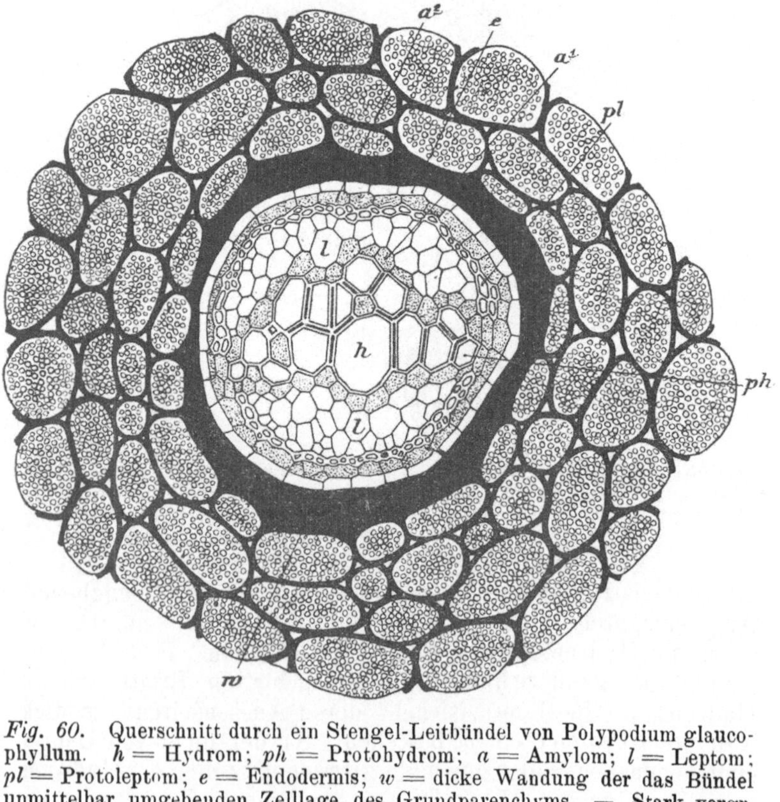

Fig. 60. Querschnitt durch ein Stengel-Leitbündel von Polypodium glaucophyllum. *h* = Hydrom; *ph* = Protohydrom; *a* = Amylom; *l* = Leptom; *pl* = Protoleptom; *e* = Endodermis; *w* = dicke Wandung der das Bündel unmittelbar umgebenden Zelllage des Grundparenchyms. — Stark vergr.

3. Bei radialen Bündeln ist das Leptom und Hadrom strahlig angeordnet.

a) Das das Zentrum einer Wurzel durchziehende Leitbündel zeigt auf dem Querschnitt im Kreise angeordnet die

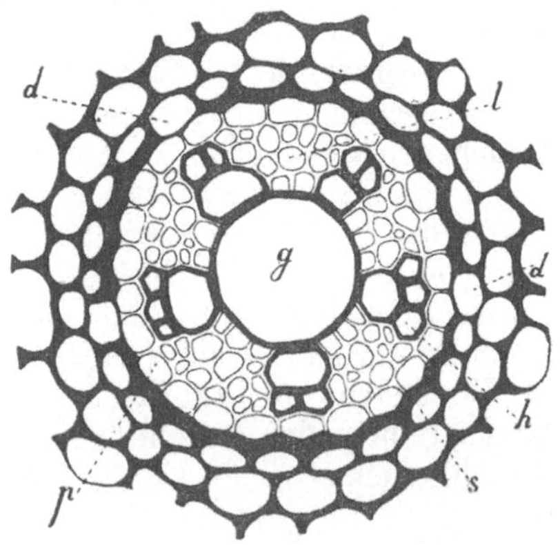

Fig. 61. Querschnitt durch das Leitbündel der Wurzel von Allium ascalonicum. *h* = Hydrom; *g* = zentrales grosses Gefäss; *l* = Leptom; *p* = Pericambium; *s* = Schutzscheide; *d* = Durchlasszellen der Endodermis. — Vergr. (Nach Haberlandt).

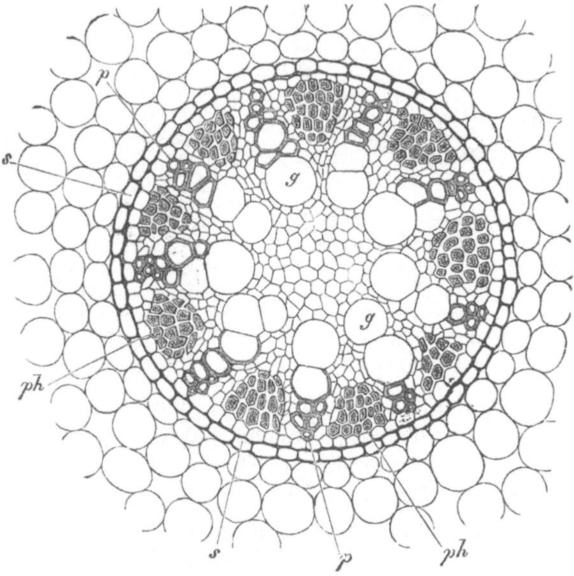

Fig. 62. Querschnitt durch das Leitbündel der Wurzel von Acorus Calamus. *p* bis *g* = Hydrom: *p* = engste und älteste, *g* = jüngste und weiteste Gefässe; *ph* = Leptom; *s* = Schutzscheide; der zartwandige Zellring zwischen der Schutzscheide einerseits und dem Leptom und Hydrom andererseits ist das Pericambium. — Stark vergr. (Aus Sachs' Lehrbuch).

Durchschnitte mehrerer Leptomstränge, welche mit Hydromsträngen abwechseln. Die Mitte des Bündels wird von einem Parenchym (Mark) oder von Skelettgewebe eingenommen; häufig treffen die Hadromstrahlen hier zusammen und bilden somit einen Stern, dessen Spitzen von den Protohydroïden eingenommen werden.

Der in Fig. 61 abgebildete Bündelquerschnitt aus der Wurzel von Allium ascalonicum zeigt ein fünfstrahliges Hydrom *h* mit zentralem grossem Gefäss *g*. Zwischen den Strahlen liegt Leptom *l*, und das Ganze wird zunächst von einer einzellschichtigen Scheide dünnwandigen Gewebes, dem Pericambium *p*, umgeben, von welchem die Bildung der Nebenwurzeln ausgeht. Zu äusserst endlich wird das Bündel durch eine zum Teil dickwandige Endodermis *s* mit einigen vor den Hydromstrahlen liegenden unverkorkten und unverdickten Zellen *d* zur Vermittelung der Zufuhr von Wasser und von Nährstoffen abgeschlossen.

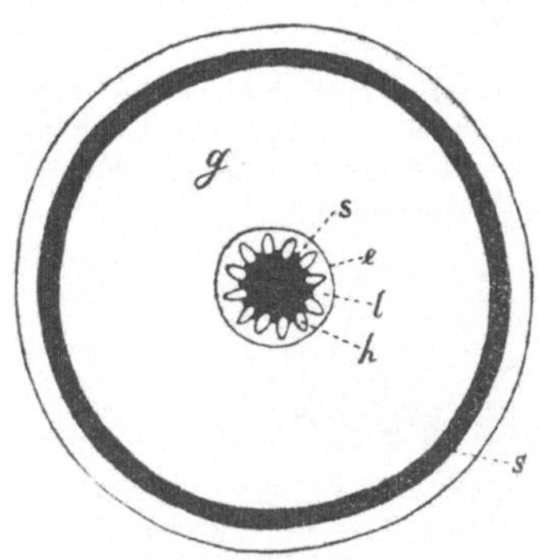

Fig. 63. Querschnitt durch eine junge Wurzel von Chamaedorea oblongata. *s* = Stereom; *h* = Hydrom; *l* = Leptom; *e* = Endodermis; *g* = Grundparenchym. — Etwa 30 mal vergr.

Fig. 64. Querschnitt durch den Stengel von Lycopodium inundatum. *l* = Leptom; *h* = Hydrom; *b* = Blattspuren. — Etwa 20 mal vergr.

Die Mitte radialer Wurzelbündel wird also entweder von Hydrom, Fig. 61, oder von einem parenchymatischen Markgewebe, Fig. 62, in manchen Fällen aber auch von einem (zugfesten) Stereomstrange, Fig. 63, eingenommen.

Die in die Dicke wachsenden Wurzeln erhalten einen Verdickungsring, der durch Teilungen des Gewebes innerhalb der Xylemgruppen, ausserhalb der Phloëmgruppen und in den Radialstreifen zwischen Xylem und Phloëm entsteht, wodurch der Verdickungsring zunächst wellig verläuft. Ausserhalb desselben liegt dann also das Phloëm und innerhalb desselben das Xylem.

b) Der Stengel von Lycopodium inundatum wird in seinem Zentrum $l + h$ in Fig. 64 ebenfalls von einem concentrischen Mestombündel, Fig. 65, durchzogen. Das Hydrom h desselben bildet auf dem Querschnitt einen unregelmässigen vier- bis fünfstrahligen Stern, zwischen dessen Strahlen sich Leptom-Gewebe l befindet, welches auch den ganzen Stern peripherisch umgiebt. Zwischen dem peripherischen Leptom und den Enden der Hydrom-Strahlen sieht man verdrückte und verzerrte

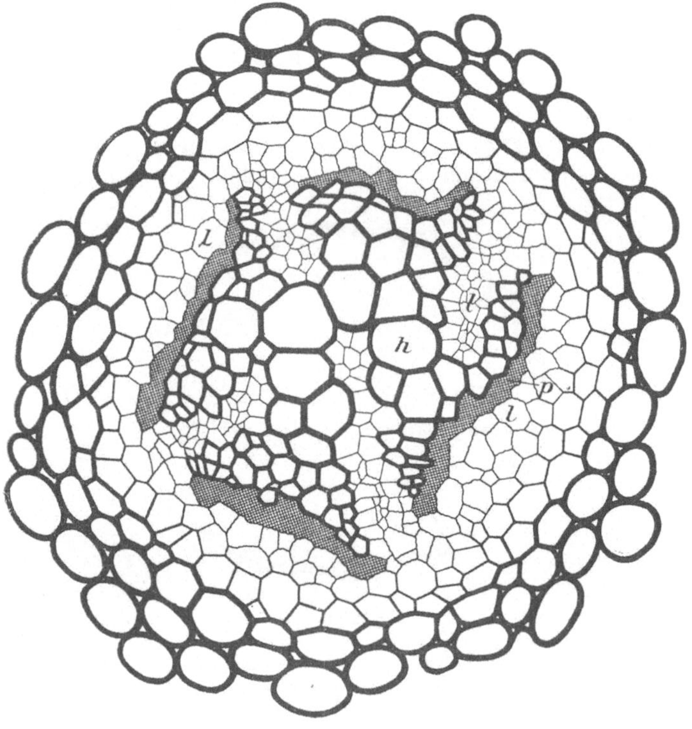

Fig. 65. Querschnitt durch das zentrale Leitbündel des Stengels von Lycopodium inundatum. h = Hydrom; l = Leptom; p = Protohydrom (verdrückte Zellen durch Kreuzschraffirung angedeutet). — Stark vergr.

Erstlingszellen p, die wir in unserer Fig. 65 durch Kreuzschraffirung angedeutet haben. Das Leptom lässt deutlich zwei Gewebe-Arten unterscheiden, nämlich auf dem Querschnitt inhaltsleere Zellen mit weichen, häufig verbogenen Wänden und zwischen diesen, vorzugsweise aber den Hydrom-Elementen unmittelbar anliegend, Zellen mit festeren Wandungen und ölig-protoplasmatischem Inhalt. Letztere stellen das „Cambiform“ dar und übernehmen hier wahrscheinlich auch die Rolle, welche in anderen Bündeln die Amylom-Elemente in bezug auf den Wassertransport in Gemeinschaft mit dem Hydrom spielen. Die Wandungen der das Bündel zu äusserst umgebenden ein bis drei Zelllagen sind verkorkt: sie lösen sich nicht in konzentrierter Schwefelsäure; vermutlich übernehmen sie die Funktion der Endodermis. — Das Speichergrundparenchym ist in der Nähe des Bündels etwas stereomatisch, nach aussen hin nimmt die Dickwandigkeit allmählich ab. Das Grundparenchym wird von kleinen in die Blätter eintretenden Bündeln, *b* in Fig. 64, durchzogen.

4. Collateral nennt man ein Leitbündel, in welchem Phloëm und Xylem nebeneinander verlaufen.

a) Der hohle oberirdische Stengel von Equisetum hiemale zeigt auf dem Querschnitt, Fig. 66, eine aus stereomatischen Zellen gebildete Epidermis, die unmittelbar an einen Stereom-Cylinder *s* angrenzt; von diesem gehen in das Innere des Stengels Leisten hinein und zwar immer abwechselnd, eine

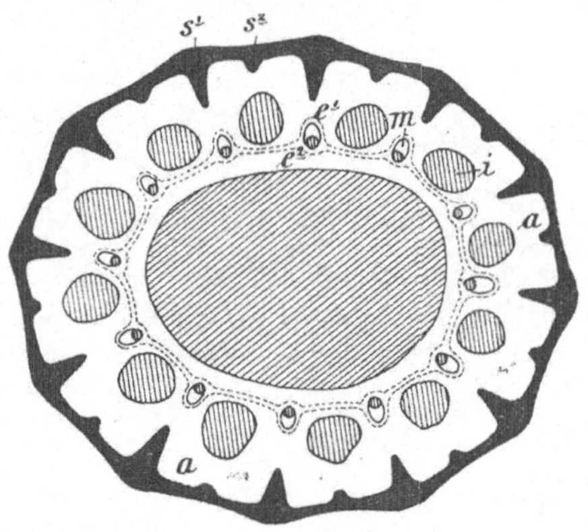

Fig. 66. Querschnitt durch den hohlen Stengel von Equisetum hiemale. s^1 und s^2 = Stereom; *m* = Mestombündel; *i* = Intercellularen; e^1 = äussere, e^2 = innere Endodermis; *a* = Assimilationsparenchym. — Etwa 20 mal vergr.

sehr kleine s^2 und eine grosse s^1. Zwischen diesen befindet sich Assimilations-Parenchym *a*. Vor jeder stärkeren Leiste, s^1 Fig. 66 und 67, liegt im Grundparenchym ein Mestombündel *m*, vor jeder schwächeren s^2 eine grosse Lacune *i*. Zwei gemeinsame Schutzscheiden, e^1 und e^2 Fig. 66, die an den Caspary'schen Punkten, *c* Fig. 67, zu erkennen sind, umschliessen die Mestom-Bündel wie in beiden Figuren angegeben, und grenzen sie einerseits von aussen, andererseits vom Zentrum ab.

Das collaterale Mestombündel der genannten Art, Fig. 67, zeigt an seiner peripherischen Seite Protoleptom *pl* und an seinen beiden Radialseiten je einige Hydrom-Elemente *h*, zwischen denen sich das Leptom *l* ausbreitet. Der nach dem Zentrum gewendete Teil wird von einer grossen Lacune

(Carinalhöhle) eingenommen, an derem Rande in unserer Figur die Querschnitte durch drei Erstlings-Hydroïden mit ringförmigen Verdickungen resp. die blossen Ringe von zum Teil aufgelösten Hydroïden bemerkbar sind. Die Leitbündel-Lacunen dienen als Wasser-Reservoir und dem Wassertransport. Die Lacune und die Hydroïden werden von Amylomzellen umgeben.

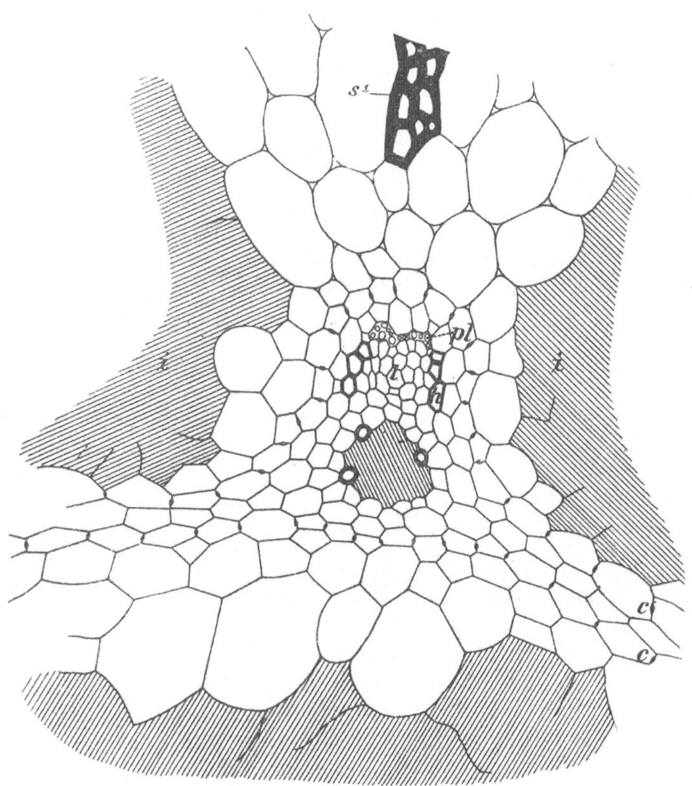

Fig. 67. Leitbündel aus dem Stengel von Equisetum hiemale nebst dem umgebenden Gewebe. s^l = Stereomleiste; i = Intercellularen; c = Caspary'sche Punkte der Endodermis; h = Hydrom; l = Leptom; pl = Protoleptom. — Stark vergr.

b) Das auf Seite 72 abgebildete Leitbündel von Saccharum officinarum besteht zur unteren grösseren Hälfte aus Hadrom, dessen Erstlingshydroïden die Ringgefässe *R. G.* sind, während sich die beiden grossen porösen Gefässe *P. G.* in der horizontalen Mittellinie des Bündels zuletzt ausgebildet haben. Oben, den beiden grossen Gefässen anliegend, erblicken wir Leptom. Das ganze Bündel wird von einem Stereom-Mantel umscheidet.

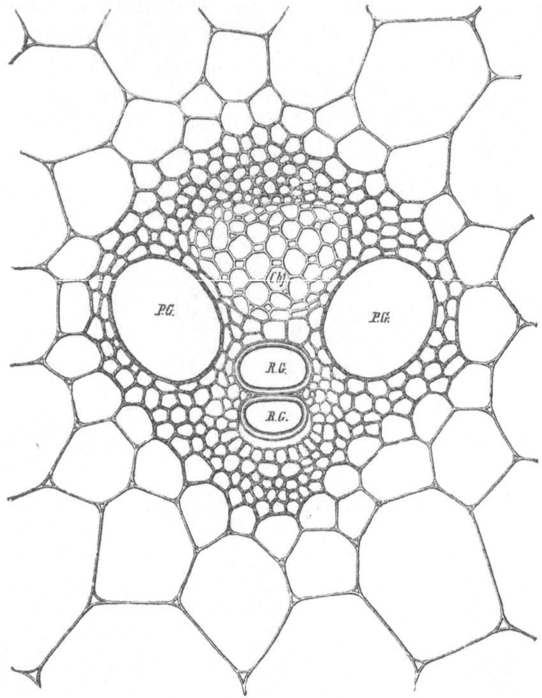

Fig. 68. Querschnitt durch ein Leitbündel des Stengels von Saccharum officinarum. — Im Hadrom sind zwei poröse, d. h. einfach getüpfelte Gefässe *P.G.* und zwei ringförmig verdickte Gefässe *R.G.* bemerkenswert; darüber das Leptom *Cbf.* Das Bündel wird von Stereom umgeben. Ganz aussen Grundparenchym. — Stark vergr. (Nach Kny).

c) Auch die Bündel unserer in die Dicke wachsenden Laub- und Nadelhölzer — welche Blattspuren sind — sind collaterale, *1* in Fig. 69. Ausserhalb des Verdickungsringes *c* der Stengelteile liegen die Phloëmteile *p,* innerhalb die Xylem- (Holz-) Teile *h* der Bündel, welche beide alljährlich neuen Zuwachs erhalten. Das Grundparenchym des Zentrums heisst Mark *m,* dasjenige zwischen den Bündeln Markverbindungen *mk.*

Zu den Erläuterungen über das Dickenwachstum der Stengel der Nadel- und Laub-Hölzer auf Seite 12—14 muss noch hinzugefügt werden, dass entweder die Zahl der ursprünglichen Blattspuren der primären Bündel auch fernerhin die gleiche bleibt, oder es wird der Bündelring durch neue Leitbündel vervollständigt, welche also in den Markverbindungen auftreten. Da diese „Zwischenstränge“ von einander und von den primären Bündeln nur durch sehr schmale (radial verlaufende) Bänder des Grundgewebes (die wir weiter unten als primäre Markstrahlen kennen lernen werden) getrennt sind, so kommt, namentlich im Verlauf des Dickenwachstums — wie *2* in Fig. 69 andeutet — ein ununterbrochener Holz-Cylinder zu stande.

Die ursprünglichen, nicht aus dem Cambiumring, sondern aus Procambium hervorgegangenen Holzteile unterscheidet man als primäres Holz h^1 Fig. 69, im Gegensatz zu dem durch die Thätigkeit des Verdickungsringes entstandenen sekundären Holz h^2. Das primäre Holz springt bei mehrjährigen Organen meistens etwas in das Mark vor, *2* in Fig. 69, und bildet die „Markkrone“, „Markscheide“.

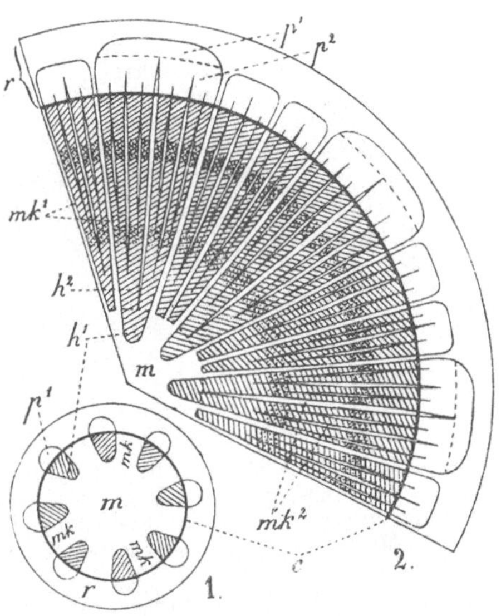

Fig. 69. 1. = schematischer Querschnitt durch einen nachträglich in die Dicke wachsenden einjährigen Stengel; es sind 8 Leitbündel (Blattspuren) angenommen. 2. = Stück des Querschnittes eines mehrjährigen — den gezeichneten Jahresringen nach dreijährigen — Stengels. c = Cambiumring; m = Mark; mk = Markverbindungen; mk^1 = primäre, mk^2 = sekundäre Markstrahlen; h^1 = primäres, h^2 = sekundäres Holz; p^1 = primäres, p^2 = sekundäres Phloëm; r = Rinde.

Die Zellen des primären Holzes liegen — auf dem Querschnitt betrachtet — unregelmässig angeordnet, während die Elemente des sekundären Holzes — aus früher, Seite 10, erörterten Gründen — mehr oder minder deutlich in radiale Reihen geordnet sind, *h* Fig. 70. Das primäre Holz, welches sich schon ausbildet während die Stengel noch in die Länge wachsen, besitzt in Folge dessen Ring- oder Spiral-Gefässe, *b* u. *c* in Fig. 71, die dem Längenwachstum folgen können, indem die ring- und spiralförmigen Verdickungen auseinanderrücken. Das sekundäre Holz birgt Hydroïden mit andersartig verdickten, oft gehöft-getüpfelten Wandungen, *d* u. *g* in Fig. 71,

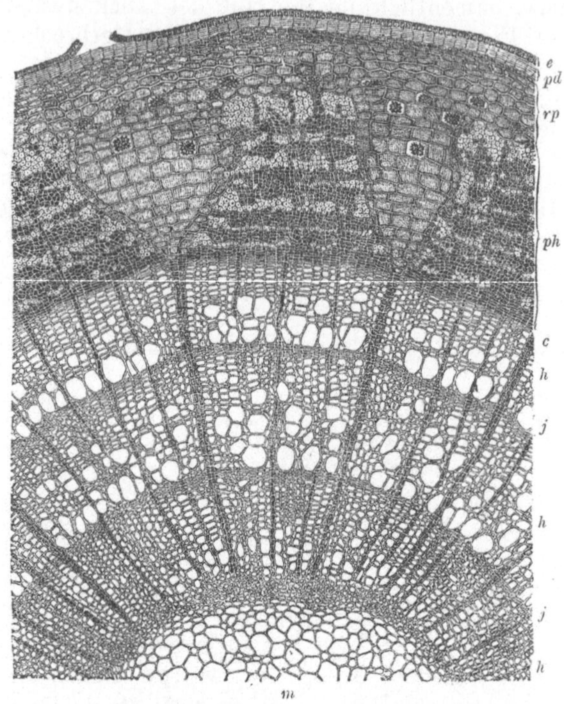

Fig. 70. Stück des Querschnittes durch einen dreijährigen Zweig von Tilia platyphyllos. *e* = Epidermis, *pd* = Periderm, *rp* = Rindenparenchym, *ph* = Phloëm, *c* = Cambiumring, *h* = Holz, *j* = Grenze der Jahresringe, *m* = Mark. — Vergr. (Nach Kny).

die bei den Laubhölzern Gefässe darstellen, bei den Nadelhölzern jedoch geschlossen bleiben und hier, wie wir schon sahen, auch die Funktion des Skelettes übernehmen. In diesem Falle fehlen dann auch typische Stereïden, Libriformfasern, im Holze, während dieselben im Laubholz vertreten sind. Das Amylom des Holzes, Holzparenchym, besitzt einfache grössere, meist kreisförmige Tüpfel und entwickelt sich erstens namentlich in unmittelbarer Nähe der Gefässe und durchzieht zweitens das Holz in Form radialer Bänder, Markstrahlen, Fig. 72, die man als primäre bezeichnet, mk^1 Fig. 69 und 72, wenn sie vom Mark bis zum Rindenparenchym verlaufen, und als sekundäre, mk^2, wenn sie einerseits im Holz, anderseits im Phloëm ihr Ende finden. Auch die Markverbindungen bezeichnet man als primäre Markstrahlen.

Das ältere zentrale Holz verändert sich oft mit der Zeit, indem es abstirbt, und giebt dies durch besondere, meist dunklere Färbung schon äusserlich zu erkennen. In diesem Falle bezeichnet man das ältere Holz als Kernholz, im Gegensatz zu dem jüngeren lebensfähigen Holz, dem Splint.

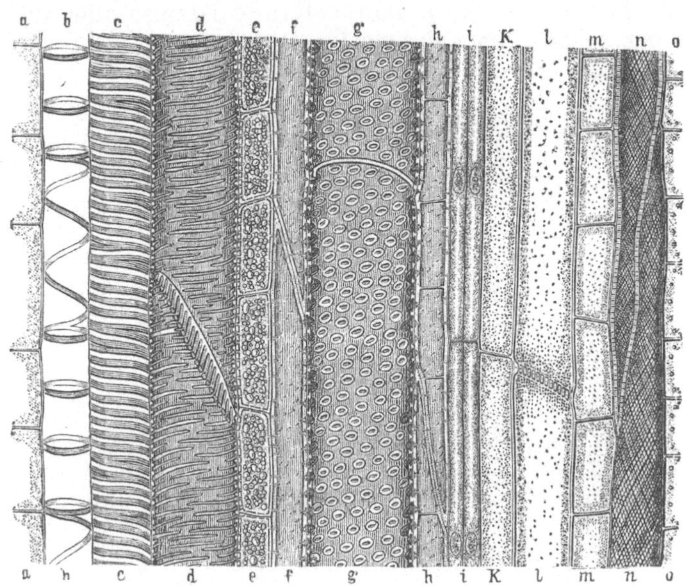

Fig. 71. Schematischer Radial-Längsschnitt durch das Leitbündel einer dicotylen Pflanze. *a* = Markzellen; *b* = innerstes, teils ring-, teils spiralförmig verdicktes Gefäss; *c* = Spiralgefäss; *d* = netzförmig verdicktes Gefäss; *e* = Holzparenchym (Amylom); *f* = Libriformzellen; *g* = Gefäss mit gehöften Tüpfeln; *h* = Holzparenchym (durch nachträgliche Teilungen aus Libriform hervorgegangen); *i* = Cambium; *k* = Cambiform; *l* = Siebröhren; *m* = Phloëmparenchym (Amylom); *n* = Bastfasern; *o* = Rindenparenchym. — Stark vergr. (Nach Kny).

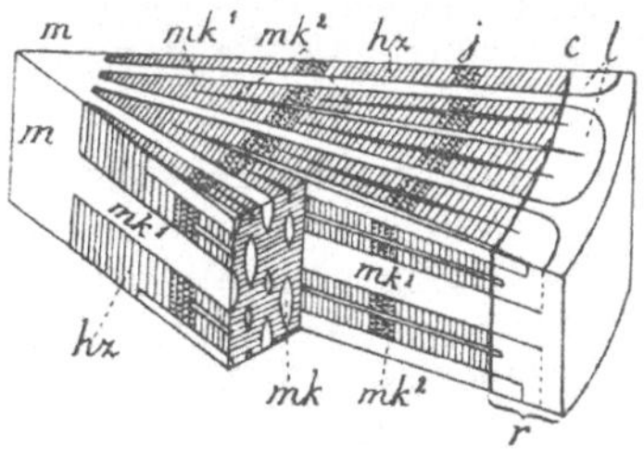

Fig. 72. Schematische Darstellung des Verlaufes der Markstrahlen im Holz. *m* = Mark; mk^1 = primäre, mk^2 = sekundäre Markstrahlen; *hz* = Holz; *j* = Grenze der Jahresringe; *c* = Cambiumring; *l* = Leptom; *r* = Rinde.

Der Phloëmteil, Fig. 69—73, erreicht nie die Mächtigkeit des Holzes; er besteht aus Sieb-Elementen *l* Fig. 71, *s* Fig. 73, Bastfasern *n* Fig. 71, *f* Fig. 73, und Amylomzellen *m* Fig. 71 u. 73.

Die ausserhalb des Verdickungsringes gelegenen Produkte desselben werden in ihrer Gesamtheit als s e k u n d ä r e

Rinde bezeichnet; die primäre Rinde ist also alles ausserhalb der sekundären gelegene Gewebe.

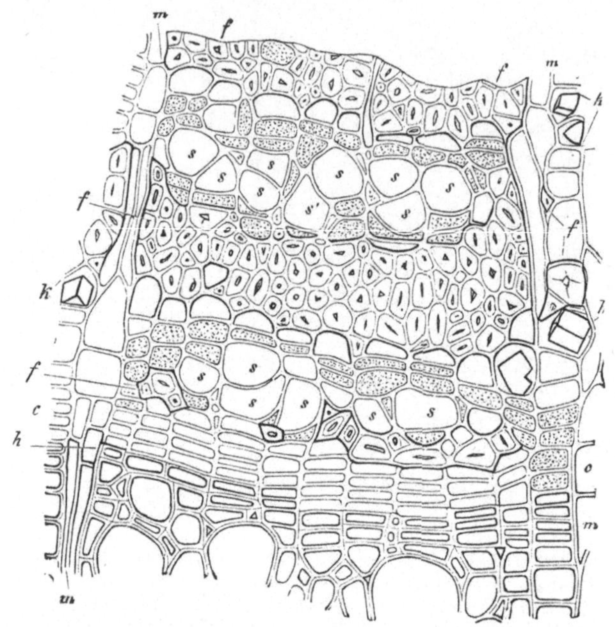

Fig. 73. Querschnitt durch das Phloëm, das Cambium und die Herbstholzgrenze eines siebenjährigen Zweiges von Tilia argentea. h = Aussengrenze des durch die dunklen Umrisse seiner tangential abgeplatteten Zellen scharf begrenzten Herbstholzes; c-c = Cambium; m-m = kleine Markstrahlen; k = Zellen mit Krystallen; f = Stereom, in drei Lagen entwickelt, zwischen diesen das Leptom mit den Siebröhren s und Cambiformzellen. — 220 mal vergr. (Aus De Bary's Vergl. Anat.).

4. Das Speichersystem.

Die gespeicherten Stoffe sind Wasser, sowie Kohlenhydrate, d. h. stickstofflose Produkte (Stärke, Cellulose in Form verdickter Wandungen, Zucker u. dergl.) und stickstoffhaltige Reservestoffe; die Speicherzellen sind parenchymatisch, oft einfach getüpfelt und meist dünnwandig.

1. Auf die Speicherung von Wasser in der Epidermis mussten wir schon bei der Besprechung des Hautsystemes Seite 32 aufmerksam machen, aber nicht immer ist es ein äusserer Wassergewebe-Mantel, der die Speicherung übernimmt: in manchen Fällen, z. B. bei Sedum- und Aloë-Arten findet sich das Wassergewebe im Innern der Organe; es wird in den Blättern der genannten Pflanzen vollständig von Assimilationsgewebe umschlossen. Auch die im folgenden erwähnten „Speisekammern“ bergen oftmals reichliche Mengen von Wasser.

2. Die Kohlenhydrate sowie die stickstoffhaltigen Baustoffe werden in den verschiedensten Organen gespeichert.

Die typischen Speicherapparate sind äusserlich deutlich abgegliederte Organe, aber auch das Grundparenchym in den Stengeln, welches von Leitbündeln und Skelettsträngen durchzogen wird, dient (auch das Holzparenchym mit den Markstrahlen) vielfach der Speicherung. Schon die Leitbündel in schwächeren Organen, namentlich in den Blättern, werden oft von parenchymatischen Scheiden umgeben, welche die Aufgabe haben, die von dem grünen Assimilationsgewebe bereiteten Kohlenhydrate in löslicher Form schnell abzuleiten. Dieses Ableitungsgewebe setzt sich anatomisch in das Grundparenchym der dickeren Organe besonders der Stengel- und Stammteile fort, und in diesem Grundparenchym werden die Produkte häufig zunächst als Stärke gespeichert, um für den Fall des Gebrauchs zum Weitertransport bereit zu sein. Eine besonders ausgiebige Speicherung in den Stämmen und Stengelteilen findet bei unseren laubabwerfenden Gewächsen im Herbste statt, wenn die Blätter sich von Nährstoffen entleeren (entfärben).

Besondere Speicherorgane besitzen schon manche Pilze. Hier verflechten sich Zellfäden zu dichten Körpern, Sklerotien, welche Reservestoffe enthalten und z. B. den Winter überdauernde Ruhezustände darstellen. Bei den Tracheen-Pflanzen sind es Rhizome, Stengelknollen (Kartoffel), Wurzeln, ferner — wie bei den Zwiebeln und Cotyledonen — Blätter, welche als Reservestoffbehälter auftreten. Auch in den Samen sind Speichergewebe häufig. Dem Keimling wird von der Mutterpflanze meist eine gewisse Menge von Nahrung mitgegeben, welche er in der allerersten Zeit seiner Entwickelung verbraucht. Diese Speicherung findet entweder in den Organen des Keimlings selbst statt, wie z. B. bei den Erbsen, Bohnen, Linsen u. dergl., wo die Keimblätter besonders fleischig entwickelt sind und als Speichergewebe des Keimlings vorgebildet erscheinen, oder aber die gespeicherte Nahrung findet sich in einem besonderen Gewebe, dem Eiweiss (Albumen), im Samen neben dem dann kleineren Keimling niedergelegt. In der Regel wird dann das Gewebe zwischen Integumenten und Embryosack vollständig aufgezehrt, und es entsteht im Embryosack (vergl. hierzu Fig. 22) ausser dem Keimling ein Speichergewebe, welches Endosperm genannt wird. Perisperm heisst das Speichergewebe, welches aus dem Gewebe zwischen Integumenten und Embryosack hervorgeht. Meistens ist das Eiweiss Endosperm; Perisperm und Endosperm zugleich findet sich bei den Piperaceen und vielen Nymphaeaceen, Perisperm allein bei den Scitamineen und Centrospermen.

Es ist erklärlich, dass Reservestoffbehälter ausser dem Speicher-Gewebe, welches allerdings die Hauptmasse ausmacht, noch andere Gewebe-Arten enthalten können, welche der Funktion der Speicherung untergeordnet sind. So besitzen die Stengelknollen der Kartoffel ein Periderm, und in ihnen verlaufen Leitbündel, welche die Füllung und Entleerung besorgen.

a) Die stickstofflosen Reservestoffe sind, wie schon erwähnt, vor allen Dingen Stärke, ferner Cellulose, Zuckerarten, kurz Kohlenhydrate, aber auch fette Öle.

Fig. 74. Stärkekörner aus der Kartoffel. — Sehr stark vergr.

Die Stärke tritt meistens in Form kleiner, oft rundlicher Körnchen auf, deren Schichtenbildung durch abwechselnd wasserreichere und wasserärmere Lagen zustande kommt. Die Stärkekörner vieler Leguminosen (Bohnen, Erbsen) haben eine ellipsoïdische Gestalt und concentrische Schichten, die des Weizen und Roggens sind linsenförmig, die der Kartoffel, Fig. 74, eiförmig und excentrisch geschichtet. Stärkekörner, die wie Schenkelknochen geformt sind, finden sich im Milchsaft der Euphorbiaceen. — Die Stärkekörner wachsen durch Spaltung ihrer Schichten.

Cellulose wird in Form ausserordentlich stark verdickter Zellwandungen im Endosperm mancher Monocotyledonen (z. B. bei der Dattelpalme) als Nahrung für den Keimling abgelagert. Letzterer nimmt hier den kleinsten Raum im Samen ein, sodass dieser so hart erscheint, dass z. B. aus dem Endosperm der Samen von Phytelephas macrocarpa, welche als „vegetabilisches Elfenbein“ in den Handel kommen, Knöpfe u. dergl. angefertigt werden. Der Keimling vermag die Wandungen in Lösung zu bringen und als erste Baumaterialien zu verwenden.

Vorwiegend Zucker wird in gelöster Form in der Runkelrübe und neben anderen Produkten auch in der Küchenzwiebel gespeichert.

b) Die stickstoffhaltigen Speicherstoffe (Eiweiss-Substanzen) treten auf als Plasma, häufiger jedoch in bestimmter Form wie 1. die krystallähnlichen und daher K r y s t a l l o ï d e genannten Eiweisskörper, die übrigens auch in Geweben, die keine spezifischen Speichergewebe sind — wenn auch nicht häufig — beobachtet werden, und 2. die P r o t e ï n- oder A l e u r o n k ö r n e r, die im Wasser löslich sind und häufig zwischen den Stärkekörnern auftreten. Die peripherische Endosperm-Partie der Gräser-Samen, die „Kleberschicht“, enthält nur Proteïnkörper, das übrige Endosperm jedoch Stärke.

5. Das Durchlüftungssystem.

Einerseits um dem Assimilationssystem und den Geweben aus der Luft Kohlensäure zur Ernährung und Sauerstoff zur Atmung (vergl. Begriffsbestimmung weiter hinten) zuzuführen, andererseits um das Atmungsprodukt (Kohlensäure), und den infolge der Verdunstung ausgeschiedenen Wasserdampf abzugeben, ist in der Pflanze das Durchlüftungssystem entwickelt, welches mit der Aussenwelt durch Öffnungen in direkter Verbindung steht. Das Durchlüftungssystem bildet intercellulare (schizogene), seltener lysigene, d. h. durch Desorganisation von Zellen oder Gewebe-Partieen entstandene Kanäle oder Lücken. Es macht sich als ein ausgebreitetes Netzwerk feiner Kanäle zwischen den Zellen, im Schwammparenchym der Blätter als grössere Lücken (Fig. 52) bei Wasserpflanzen (Fig. 75) als grosse Räume *i* bemerkbar.

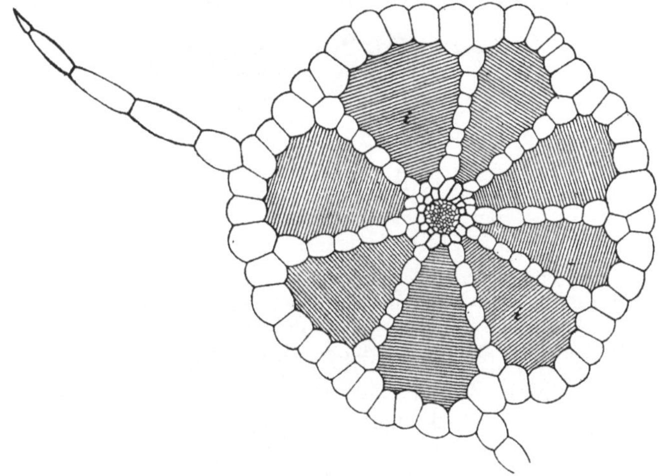

Fig. 75. Querschnitt durch den Stengel von Salvinia natans. *i* = Intercellularen. — Etwa 75 mal vergr.

Bei Sumpf- und Wasserpflanzen erscheinen sie so ausserordentlich entwickelt, um gewissermassen die äussere Atmosphäre zu ersetzen.

Die Ausgänge des Durchlüftungssystems sind die Spaltöffnungen (Stomata) und die Rindenporen oder Korkwarzen (Lenticellen).

Spaltöffnungen (Stomata) finden sich in der Epidermis ganz besonders zahlreich auf der Unterseite, *s* Fig. 52, bei Wasserpflanzen mit schwimmenden Blattflächen auf der Oberseite der Laubblätter.

Bei den Marchantiaceen werden die Spaltöffnungen durch mehrere übereinander liegende Ringe von Zellen gebildet. Es entstehen auf diese Weise kurze cylindrische Röhren, welche in grössere Luftkammern führen; in diese ragen assimilierende (chlorophyllhaltige) kurze Zellfäden hinein. Bei den Spaltöffnungen der anderen Pflanzen lassen jedoch nur zwei nebeneinander liegende gestreckt-nierenförmige, etwas gebogene chlorophyllhaltige Zellen, die „Schliesszellen", *s* Fig. 76, zwischen sich eine intercellulare Öffnung (*x*) frei. Strecken

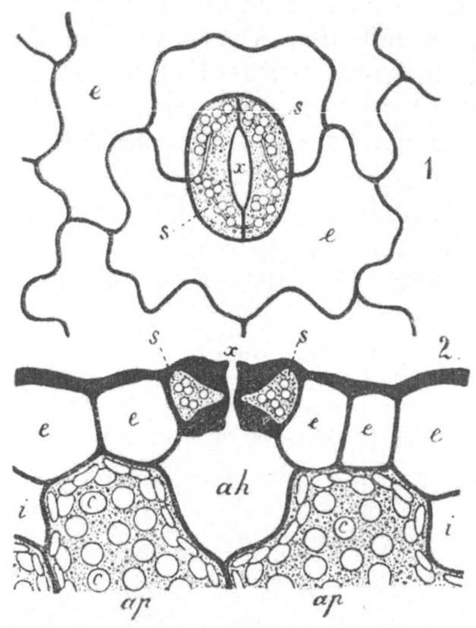

Fig 76. Spaltöffnung von Thymus Serpyllum. *1* in der Flächenansicht, *2* im Durchschnitt. *e* = Epidermiszellen; *s* = Schliesszellen; *x* = Eingangsöffnung zur Atemhöhle *ah*; *ap* = Assimilationsparenchym mit Chlorophyllkörnern *c*; *i* = Intercellularen. — Stark vergr. (Nach Kny).

sich diese beiden Zellen, so verengert sich der Spalt, bei einer Steigerung der Krümmung erweitert er sich: beides geschieht je nach Bedürfnis. Der Spalt führt in einen grösseren Intercellularraum, die „Atemhöhle" *ah*, in welche die intercellularen Kanäle des Assimilationsparenchyms *ap* einmünden.

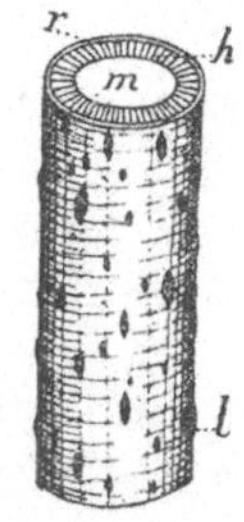

Fig. 77. Zweigstück von Sambucus nigra. *l* = Lenticellen; *m* = Mark; *h* = Holz; *r* = Rinde. — Natürl. Grösse.

Rindenporen (Lenticellen) treten im Periderm auf. Die noch jungen Stengelteile unserer Holzgewächse besitzen anfangs eine Epidermis und in derselben Spaltöffnungen; mit der Ausbildung des Periderms und dem Absterben der Epidermis entstehen unter den Spaltöffnungen Lenticellen, welche zuweilen zwar einen vorläufigen Abschluss bewirken, später aber die Funktion der ersteren übernehmen. Äusserlich betrachtet geben sich die Lenticellen als meist längliche Gebilde auf dem Periderm zu erkennen, Fig. 77. Ein Längs- oder Querschnitt durch dasselbe, Fig. 78, zeigt zu innerst ein meristematisches

Verjüngungsgewebe, welches sich dem Phellogen anschliesst, jedoch nicht wie dieses nach aussen hin Periderm, sondern ein intercellularreiches Gewebe, das Füllgewebe, erzeugt. Bei vielen Arten wird dieses, wenn es besonders locker ist, durch festere, aber ebenfalls Intercellularen führende „Zwischenstreifen“ zusammengehalten, welche periodisch von der Verjüngungsschicht gebildet werden.

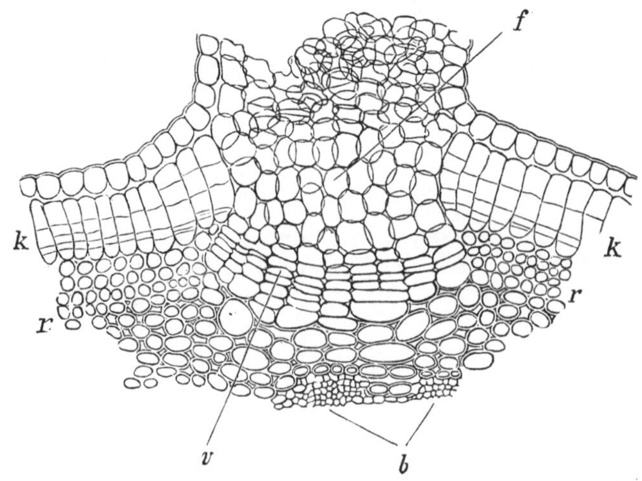

Fig. 78. Querschnitt durch eine Lenticelle von Sambucus nigra. *f* = Füllgewebe, *k* = Korkgewebe, *v* = Verjüngungsgewebe, *r* = Rindenparenchym, *b* = Phloëm. — Vergr. (Nach Stahl).

6. Sekretions- und Exkretions-Organe.

Zwischen den Exkreten, d. h. den nutzlosen End- und Nebenprodukten des Stoffwechsels, also den Auswurfsprodukten, und den Sekreten, d. h. den der Pflanze nützlichen Ausscheidungsprodukten lässt sich eine scharfe Grenze nicht ziehen. Beide finden sich häufig in besonderen Behältern resp. werden vermittelst besonderer Apparate ausgesondert.

Die Drüsen sind Sekrete abscheidende, lokal auftretende, ein- bis mehrzellige Apparate; sie können sein 1. Haargebilde, 2. haarförmige Gewebekörper, werden 3. von oberflächlich gelegenen Zellen gebildet (Drüsenflächen und Drüsenflecke) oder erscheinen 4. im Inneren der Organe. Ist letzteres der Fall, so haben wir die das Exkret oder Sekret ausscheidenden Zellen und den lysigen oder schizogen entstandenen Drüsenraum zu unterscheiden. Die Drüsen, welche die klebrigen Zonen unter den Stengelknoten mancher Sileneen erzeugen, dienen als Mittel „unberufene“, aufkriechende Insekten von den Blumen abzuhalten; die Schleim-, Gummi- und Harzüberzüge jugendlicher Blattorgane schützen vor zu starker

Verdunstung und die Harzüberzüge mancher Knospen vor dem Eindringen von Wasser während des Winters, um die Fäulnis zu verhindern; die Drüsen auf den Blättern der „insektenfressenden“ Pflanzen halten vermöge ihres klebrigen Sekretes die auf dieselben gelangenden Tierchen fest und bringen die verdaulichen Teile in lösliche aufnahmefähige Form; die Nektardrüsen in den Blumen endlich sind Anlockungsmittel für die zur Bestäubung notwendigen Insekten.

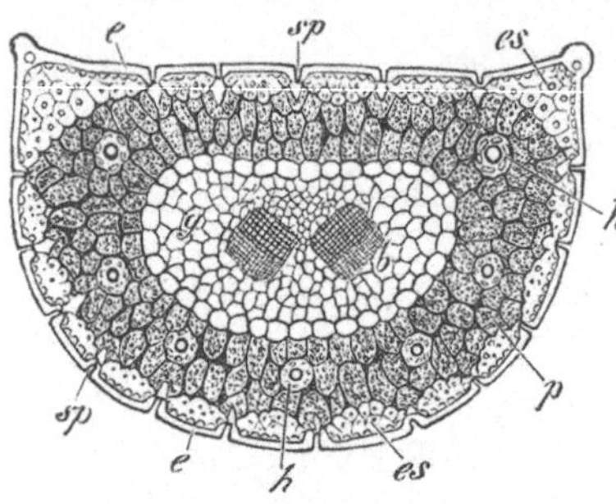

Fig. 79. Querschnitt durch das Laubblatt (die Nadel) von Pinus Pinaster. *h* = Harzgänge; *p* = Assimilationsparenchym; *es* = Stereom; *e* = Epidermis; *g* — *b* farbloses Parenchym mit zwei Leitbündeln. — Vergr. (Aus Sachs' Lehrbuch).

Harz-, Öl-, Schleim- und Gummigänge unterscheiden sich, wie der Name sagt, von den Drüsen durch ihre langgestreckte Gestalt; sie durchziehen oft weite Strecken im Pflanzenleibe und sind im übrigen den inneren Drüsen an die Seite zu stellen. Die Harzgänge im Rindenparenchym unserer Nadelhölzer haben die Aufgabe, vermittelst ihres Inhaltes etwaige Wunden luft- und wasserdicht abzuschliessen und so den Stamm vor Fäulnis zu wahren. (Vergl. weiter hinten: Pflanzenkrankheiten). In vielen Fällen begleiten übrigens solche Gänge die Leitbündel und mögen dann die Exkrete aufnehmen. Vergl. Fig. 79.

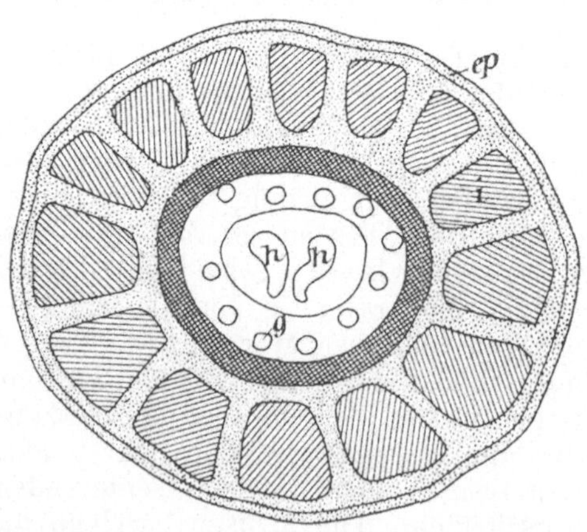

Fig. 80. Querschnitt durch den Blattstiel von Marsilia quadrifolia. *g* = Gerbstoffzellen; *h* = Hydrom; *i* = Intercellularen; *ep* = Epidermis; das kreuzweise schraffierte Gewebe = Speicher-Stereom; das punktierte Gewebe = Assimilations-Parenchym. — Etwa 50 mal vergr.

Findet eine Ansammlung von Exkreten in den Inhaltsräumen von Zellen statt, so spricht man von Exkret-Behältern resp. -Schläuchen, spezieller von Schleim-, Harz-, Öl-, Gerbstoff- und Krystallbehältern. In den beigegebenen Figuren 80 und 81, Querschnitte durch den Blattstiel von Marsilia quadrifolia darstellend, sind *g* Gerbstoffbehälter, die als längsverlaufende Zellenzüge das Mestombündel begleiten.

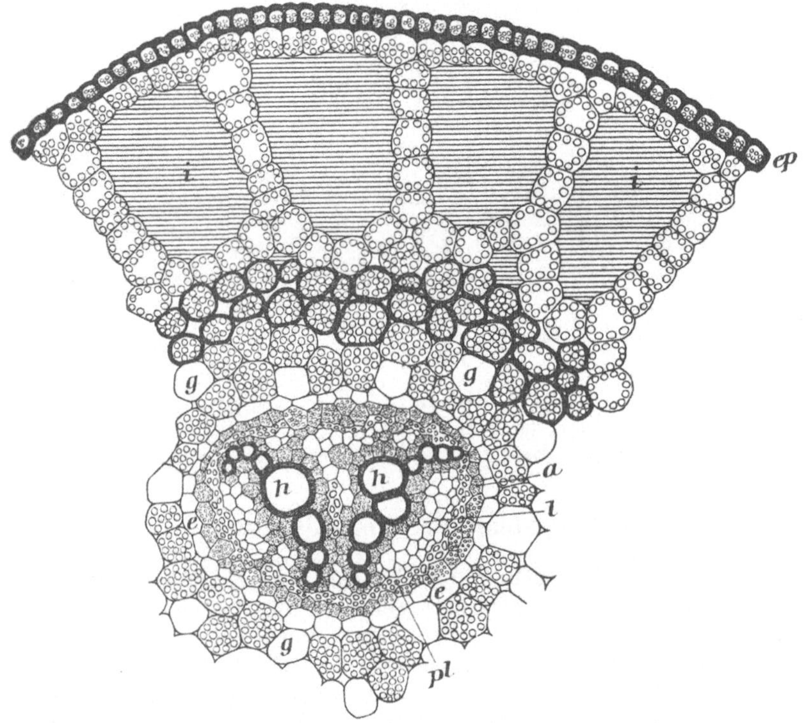

Fig. 81. Querschnitt durch ein Stück des Blattstieles von Marsilia quadrifolia. *g* = Gerbstoffzellen; *h* = Hydrom; *l* = Leptom; *pl* = Protoleptom; *a* = Amylom; *e* = Endodermis; *i* = Intercellularen; *ep* = Epidermis; ausserhalb *g* = Speicher-Stereom und Assimilationsparenchym. — Stark vergr.

Krystalle von oxalsaurem Kalk sind zwar häufig nur untergeordnete Inhaltsbestandteile, erfüllen jedoch in besonderen Fällen die Zellen vollständig, die dann als Krystallbehälter bezeichnet werden müssen. Sie treten vornehmlich im Grundparenchym in der Nähe des Leptoms auf.

Besonders merkwürdig sind die Cystolithen: keulige oder spindelförmige, ins Innere der Zellen ragende Membranverdickungen, die eine reichliche Imprägnation von kohlensaurem Kalk aufweisen. Sie finden sich bei den meisten Urticaceen und Acanthaceen meist in Epidermis-Zellen: Fig. 82.

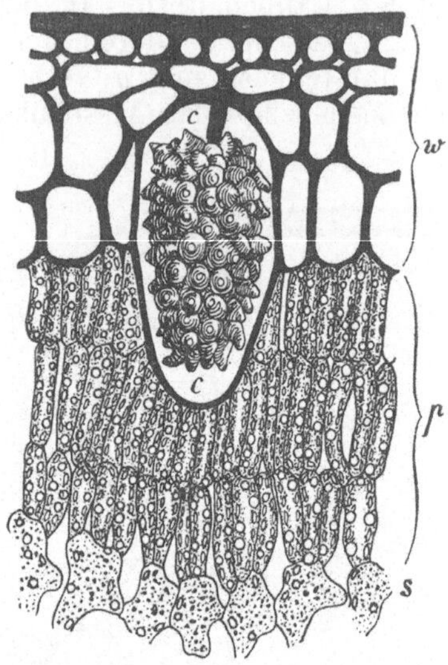

Fig. 82. Querschnitt durch ein Stückchen der Blattoberseite von Ficus elastica. c = Cystolith in einer Zelle des Wassergewebes w; p = Pallisaden-, s = Schwamm-Parenchym. — Stark vergr. (Nach Sachs, verändert).

C. Systeme der Fortpflanzung.

Die hohe Bedeutung der Systeme der Fortpflanzung ist ohne weiteres klar. Hierher gehören die bei den weniger differenzierten Pflanzen auftretenden Apparate, welche dazu dienen, Zellen „Sporen" abzustossen, die ohne weiteres befähigt sind, neue Pflanzenindividuen zu erzeugen. Bei den höheren Gewächsen stellen die Blüten und die Blumen diese Fortpflanzungsorgane dar, da es ihre Aufgabe ist, die Samen zu bereiten, um für eine Nachkommenschaft zu sorgen.

Da sich das System der Pflanzen besonders auf dem Bau der Fortpflanzungsorgane gründet, werden wir letztere in unserem Abschnitt „Systematik" näher zu betrachten Gelegenheit haben. Eine Erläuterung des Baues und der Funktion speziell der Blüten hat bereits auf Seite 22—28 stattgefunden.

Physiologie.[*]

Nachdem wir in der Morphologie den Bau der pflanzlichen Apparate kennen gelernt haben, wollen wir uns — soweit dies nicht aus praktischen Gründen schon vorher geschehen ist — nunmehr spezieller mit den Verrichtungen, Funktionen, der Organe während ihres Lebens bekannt machen und überhaupt die Lebenserscheinungen einer genaueren Betrachtung unterwerfen.

1. Die Ernährung.

Während im allgemeinen die höheren Gewächse von unorganischer Nahrung leben, indem sie erstens vermittelst ihrer Wurzeln aus dem Boden mineralische Stoffe und Wasser aufnehmen und sich zweitens durch Vermittelung ihrer grünen Laubblätter und der grünen Pflanzenteile überhaupt die Kohlensäure der Luft zu nutze zu machen wissen, von welcher sie den Kohlenstoff abspalten und zum Aufbau ihres Leibes gebrauchen, so giebt es doch unter ihnen auch Arten, welche organische Nahrung zu verwerten im stande sind. Es sind dies

- die Schmarotzer, Parasiten, welche sich auf dem Körper lebender Organismen festsetzen,
- die sogenannten insektenfressenden Pflanzen,
- die Humus- oder Fäulnisbewohner, Saprophyten, welche auf toten Organismen gedeihen oder doch von verwesenden organischen Substanzen leben.

Gedeihen die Pflanzen ganz oder fast ausschliesslich durch Aufnahme organischer Nahrung, so fehlen ihnen meist die

---

*) Ausführlicheres bieten A. B. Frank's Grundzüge der Pflanzenphysiologie (Hannover 1882). Für die Vornahme eigener Experimente giebt gute Ratschläge: W. Detmer, Das pflanzenphysiologische Practicum (Jena 1888).

grünen Assimilations-Organe, also, wenn es sich um höhere Pflanzen handelt, die Laubblätter, welche in erster Linie die unorganische Kohlensäure als Nahrung aufnehmen; mitunter jedoch besitzen sie einen in Gestalt grüner Laubblätter wohlentwickelten Kohlensäure-Assimilationsapparat.

A. Unter den chemischen Elementen bilden unentbehrliche unorganische Nährstoffe vor allen Dingen der Kohlenstoff, Wasserstoff, Sauerstoff, Stickstoff und Schwefel, welche der Quantität nach überwiegen und den verbrennlichen Teil der Trockensubstanz bilden, aber auch Kalium, Calcium, Magnesium, Eisen und Phosphor, welche zwar constant, aber in geringerer Menge vertreten sind und die Aschenbestandteile ausmachen. Es ist bemerkenswert, dass das im Kochsalz so verbreitete Natrium z. B. von Strandpflanzen zwar reichlich aufgenommen wird, jedoch der Pflanze nicht notwendig ist und das Kalium nicht zu vertreten vermag.

Die genannten Elemente werden in Form von Verbindungen aufgenommen. Die grösste Rolle spielen hierbei die Kohlensäure der Luft, das Wasser, ferner Ammoniak und salpetersaure Salze. Die beiden letzteren liefern den Stickstoff, der zwar in reichlichster Menge in der Luft vorkommt, aber aus dieser nicht verwertet werden kann. Fügt man auf 1000 Gewichtsteile Wasser, das öfter ersetzt werden muss, 2—5 Teile solcher Verbindungen (z. B. Kalknitrat, Kalinitrat, krystallisiertes Magnesiumsulfat, Monokalium-Phosphat, Eisenchlorid), welche die zur Ernährung notwendigen Elemente enthalten, die sonst dem Erdboden entnommen werden, so kann man in einer solchen „Wasserkultur“ eine Pflanze bis zur Samenreife in normaler Ausbildung erziehen.

Die Wurzelhaare nehmen die im Erdboden vorhandenen Lösungen auf oder bringen vorher durch Ausscheidung eines sauren Saftes Gesteinspartikelchen in Lösung. (Vergl. Seite 55). Die Wandungen vermögen die Flüssigkeit aufzunehmen: sie sind — wie wir Seite 9 schon sahen, wie alle Membranen — quellbar, imbibitionsfähig, und geben sie in den Zellraum ab, von wo aus der Transport durch die Wandungen von Zelle zu Zelle osmotisch weiter geht.

Bei der Wichtigkeit der Rolle, welche die Osmose bei der Absorption und Wanderung der Nährmaterialien und des Wassers in der Pflanze spielt, wollen wir diesen Vorgang — soweit er hier in Betracht kommt — kurz erläutern. — Scheidet man zwei wässerige Auflösungen etwa von Zucker verschiedener Concentration durch eine organische Membran, so sieht man, dass die Flüssigkeiten, durch die feinsten Poren der aufquellenden Membran dringend, sich miteinander vermischen, jedoch so, dass zunächst mehr Flüssigkeit von der weniger concentrierten nach der concentrierteren übertritt, und dies so lange, bis der Concentrations-Grad beider Flüssigkeiten der gleiche ist. Benutzt man zu dem Experiment zwei Flüssigkeiten verschiedenartiger chemischer Zusammensetzung, die aber miteinander mischbar sein müssen, so findet ebenfalls ein osmotischer Austausch statt, indem die eine Flüssigkeit in grösseren Quantitäten durch die Membran tritt als die andere. Es ist hierbei aber immer notwendig, dass die Membran in wenigstens der einen der beiden Flüssigkeiten zu quellen vermag.

Im ganzen Pflanzenleib spielen sich nun solche osmotischen Vorgänge ab, von Zelle zu Zelle und zwischen der Flüssigkeit des Erdbodens und dem Zellsaft der Wurzelhaare. Bei der Wasserbewegung im Hadrom kommt auch einfache Filtration hinzu, indem die Amylomzellen bei hohem hydrostatischem Druck in ihrem Innern Flüssigkeit durch die Tüpfel in die Hydroïden hineinpressen und diese die Flüssigkeit zum Weitertransport in andere Amylomzellen weiter filtrieren, in denen dieselbe nunmehr nur auf osmotischem Wege weiter zu wandern vermag.

Der Kohlenstoff wird, wie schon öfter angedeutet, durch den Assimilationsprozess in den grünen Organen, namentlich den Blättern, aus der Kohlensäure der Luft unter Einfluss des Sonnenlichtes gewonnen. (Vergl. Seite 39 u. 40). Hierbei erfährt die Kohlensäure eine Zerlegung, bei welcher ein Teil Sauerstoff abgeschieden und, weil für die Ernährung unbrauchbar, durch das Durchlüftungssystem nach aussen abgegeben wird. Das erste sichtbare Produkt der Assimilation ist die in den Chlorophyll-Körpern — jedenfalls immer in direkter Verbindung mit plasmatischen Bestandteilen — erzeugte Stärke.

Wo die organischen Stickstoffverbindungen in der Pflanze erzeugt werden, ist noch nicht ausgemacht.

B. Die Art und Weise der Aufnahme organischer Nahrung wollen wir an einigen heimischen Beispielen erläutern.

I. Parasiten resp. Saprophyten sind vor allem die Pilze, und ihnen fehlt daher das Chlorophyll vollständig, oder richtiger ausgedrückt, alle (und es sind deren sehr viele) chlorophyllfreien Thallophyten nennt man Pilze.

Beispiele für Parasiten aus den höheren Pflanzen, die allerdings des Chlorophylls nicht gänzlich entbehren, sind z. B. die Cuscuta-Arten, Fig. 83, welche auf vielen Pflanzen, wie z. B. auf Hanf, Nesseln, Flachs, Hopfen, Klee, Luzerne und Wiesenkräutern schmarotzen. Mit ihren dünnen Stengeln schlingen sie sich um ihre Nährpflanzen und treiben in das Gewebe derselben absorbierende Haustorien hinein, durch welche dem Schmarotzer die organische Nahrung zugeführt wird. Da die Aufnahme der Kohlensäure der Luft als Nahrung hier vollständig zurücktritt, entwickeln diese Pflanzen keine Laubblätter.

Das Fehlen typischer Laubblätter bei den Orobanchen, Fig. 84, deutet ebenfalls darauf hin, dass eine Aufnahme von Kohlensäure aus der Luft als Nahrung nicht oder doch

Fig. 83.
Cuscuta europaea, eine Wiesenpflanze umschlingend. Rechts eine Frucht.

Fig. 84.
Orobanche caryophyllacea, auf der Wurzel einer Rubiacee schmarotzend.

Fig. 85.
Thesium intermedium Links oben Blüte, darunter ein Perigonblatt nebst Staubgefäss. Rechts Frucht.

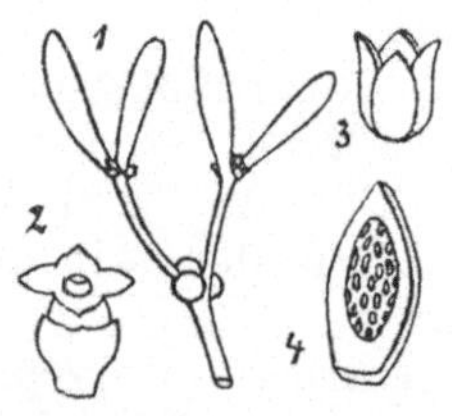

Fig. 86.
1. Zweigstück von Viscum album mit 4 Laubblättern und 3 reifen Beeren. — *2.* Weibliche, *3.* männliche Blüte, *4.* ein von innen gesehenes Perigonblatt der letzteren mit dem ansitzenden Staubbeutel.

nur in ganz untergeordneter Weise stattfindet. Der angeschwollene, im Boden steckende Grund ihres Stengels sitzt der Wurzel einer Nährpflanze auf und entzieht dieser organische Nahrung.

Die Thesium-Arten, Fig. 85, sind Schmarotzer, welche sich durch ihre Wurzeln gleichfalls in Zusammenhang mit den in ihrer Nähe wachsenden Pflanzen setzen. An ihren Wurzeln entstehen Haustorien, welche in die Nährpflanzen eindringen und ihnen Nährstoffe entziehen. Da diese Pflanzen wohlentwickelte grüne Laubblätter besitzen, machen sie sich gleichzeitig auch die Kohlensäure der Luft als Nahrung zu nutze.

Die Mistel, Viscum album, Fig. 86, ist eine auf Bäumen schmarotzende Pflanze, welche grüne Laubblätter besitzt, daher sie auch die Kohlensäure der Luft für den Aufbau ihres Leibes zu verwerten im stande ist.

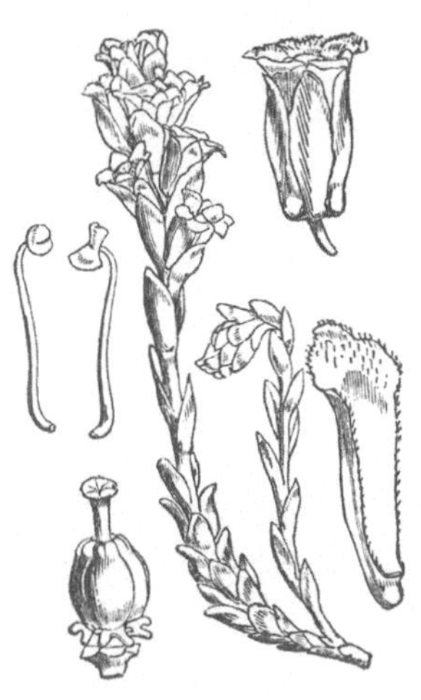

Fig. 87. Monotropa Hypopitys. Links Frucht, darüber zwei Staubblätter, rechts Blüte, darunter ein Perianthblatt.

Monotropa Hypopitys, der Fichtenspargel, Fig. 87, lebt sowohl parasitisch als auch saprophytisch in

Fig. 88. Coralliorrhiza innata. Links eine Blume.

Fig. 89. Lathraea squamaria. Links Gynoeceum, darüber Querschnitt durch den Fruchtkn., rechts Blume, darüber Längsschnitt durch dieselbe.

Kiefer- und Buchen-Waldungen, und die Fig. 88 abgebildete Coralliorrhiza innata ist ein ausschliesslicher Saprophyt. Die Schuppenwurz, Lathraea squamaria, Fig. 89, schmarotzt auf Wurzeln von Bäumen und besonders von Corylus.

II. Die insektenfressenden (fleischfressenden)

Fig. 90. Drosera intermedia. — Natürl. Gr.

Pflanzen haben es ebenso wie die Parasiten und Saprophyten vor allem auf den Stickstoff abgesehen.

Die Drosera-Arten, Fig. 90, besitzen kreisförmige bis spatelige Blätter, deren Rand und Oberseiten mit zahlreichen haarförmigen Gebilden, „Tentakeln", bekleidet ist, die an ihrer Spitze ein Köpfchen tragen, welches eine schleimige Flüssigkeit ausscheidet. Diese ist klebrig und hält daher kleine Insekten, die zufällig auf das Blatt gelangen, fest. Im Verlaufe einiger Stunden krümmen sich nun die Tentakeln des ganzen Blattes derartig über den Körper des Insektes, dass sämmtliche Köpfe das Tier womöglich berühren. Die Blätter vermögen durch Einwirkung der von den Tentakelköpfen ausgeschiedenen, nunmehr magensaftähnlich werdenden Flüssigkeit die Weichteile des Insekts zu verdauen und aufzunehmen.

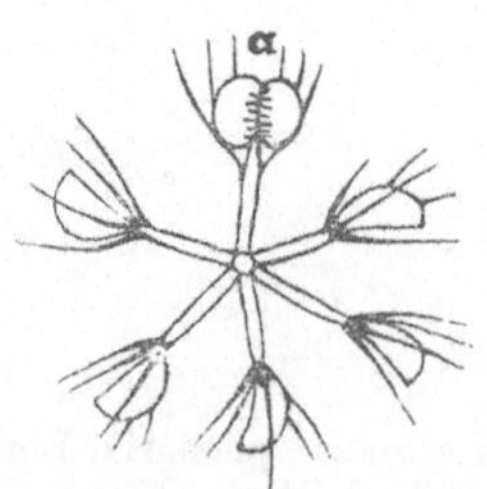

Fig. 91. Ein Blattquirl von Aldrovandia vesiculosa; bei *a* die beiden Blattspreitenhälften auseinandergeklappt. — Etwas vergr.

Bei Aldrovandia, Fig. 91, einer im Wasser lebenden Gattung schliessen die beiden gewölbten Blatt-Spreitenhälften gewöhnlich mit ihren Rändern zusammen und bilden so eine Blase, an deren Grunde Borsten stehen. Bei genügend hoher Temperatur klappen sich die Hälften etwa wie die Schalen einer geöffneten Muschel auseinander und schliessen sich schnell wieder, sobald kleine Wassertiere zwischen die Blattflächen gelangen und gewisse Teile derselben berühren. Die Tiere werden hierdurch eingeschlossen und müssen sterben. Wahrscheinlich vermag der beschriebene Fangapparat stickstoffhaltige Zersetzungsprodukte der in demselben verwesenden Tiere als Nahrung für die Pflanze zu verwerten.

Bei Pinguicula, Fig. 92, ist die ganze Blattoberfläche drüsig-klebrig und vermag daher kleine Tierchen, die unversehens darüber hinwegkriechen wollen, festzuhalten. Im Verlauf einiger Stunden wölbt sich der Blattrand über die Beute und bedeckt sie, indem gleichzeitig das Blatt an der Stelle, wo das Tierchen liegt, eine Flüssigkeit aussondert, welche verdauende Eigenschaften besitzt.

Die an dem im Wasser schwimmenden Zweigsystem sitzenden, blasenartigen Gebilde von Utricularia, Fig. 93, sind in ihrem Innern hohl und besitzen einen Eingang mit einer Reusen-Vorrichtung, die kleinen Wassertieren zwar den

Fig. 92. Pinguicula vulgaris.

Fig. 93. Utricularia minor. Zweigstückchen mit den tierfangenden Blasen, darüber Blütenstand.

Eingang gestattet, ihnen aber den Ausgang versperrt. Die Tiere kommen nach längerer oder kürzerer Zeit in diesen Fangapparaten um, und ihr verwesender Körper bietet den Pflanzen stickstoffhaltige Substanzen, welche als Nahrung aufgenommen werden.

2. Die Atmung.

Die Arbeiten, welche die pflanzlichen Apparate verrichten, bedingen eine Abnutzung derselben, die — durch Zuführung neuer Baustoffe wieder ausgeglichen — sich durch den Atmungsprozess bemerkbar macht. Dieser besteht in einer durch Vermittelung des Durchlüftungs-Systems stattfindenden Aufnahme von freiem Sauerstoff der Luft (resp. des Wassers, in welchem Sauerstoff aufgelöst ist, bei Wasserpflanzen), welcher der Pflanze Kohlenstoff entzieht, der als Kohlensäure nach aussen abgegeben wird. Jedoch steht die Menge der ausgegebenen Kohlensäure zur Menge des aufgenommenen Sauerstoffs in keinem bestimmten Verhältniss; meist wird mehr Sauerstoff aufgenommen als in dem ausgegebenen Quantum Kohlensäure steckt. Ueber die näheren Vorgänge wissen wir noch wenig. — Die nur im Lichte stattfindende Aufnahme der Kohlensäure als Nährstoff und die damit zusammenhängende Abgabe von Sauerstoff einerseits, die Sauerstoff-Ein- und Kohlensäure-Ausatmung andererseits, die zu allen Tageszeiten stattfindet, sind also auseinander zu halten: der Assimilations-Prozess vermehrt, der Atmungs-Prozess vermindert die Substanz des Pflanzenleibes. Letzterer bedingt eine in manchen Fällen — z. B. bei der Keimung von Samen, bei sich öffnenden Blumen der Victoria regia — auffallend bemerkliche Erhöhung der Temperatur der Organe. Die Temperaturerhöhung bei der Keimung der Samen beträgt z. B. 12 bis über 20^0 Celsius.

---

3. Wachstums- und Bewegungs-Erscheinungen.

A. Wachstums-Erscheinungen. Ueber die Mechanik des Wachstums wissen wir nur sehr wenig. Füllt sich eine Zelle dermassen mit Saft, dass auf die Wandungen ein bedeutender Druck, Turgor, ausgeübt wird, wie durch die Gasfüllung auf die Wandungen eines Luftballons, so wird unter Umständen eine Dehnung und dauernde Verlängerung der Membranen, Wachstum, eintreten. Durch die ungleiche Dehnbarkeit der Zellwände in Verbindung mit der verschiedenen Turgescenz der Gewebe entstehen Gewebespannungen.

Das Wachstum der Organe wird von äusseren Agentien beeinflusst, und zwar sind dies Einwirkungen von Zug und Druck, also auch der Schwerkraft, sowie ferner des Lichtes und endlich des Reizes durch direkte Berührung.

Die Schwerkraft veranlasst die Hauptwurzeln dem Erdmittelpunkt zu und den Hauptstengel in umgekehrter Richtung zu wachsen. Man nennt diese Eigenschaft Geotropismus, spezieller die Wurzeln positiv, die Stengel negativ geotropisch. Nebenwurzeln, Stengelzweige, Rhizome u. dergl. reagieren anders: sie nehmen mittlere Stellungen ein. Auch Hauptstengel kriechen zuweilen auf dem Erdboden. Organe, deren Wachstum durch das Licht beeinflusst wird, nennt man heliotropisch und zwar positiv heliotropisch, wenn sie wie die Stengel dem Licht entgegen, negativ heliotropisch, wenn sie wie die Wurzeln des Epheu vom Lichte hinweg wachsen.

Durch direkte Berührung wird ein Wachstum bei den Ranken veranlasst, indem die der Berührung gegenüberliegende Stelle sich in der Längsrichtung stärker als die berührte streckt, wodurch sich das Rankenstück dem berührenden Gegenstand anschmiegt und denselben eventuell umwindet.

Die Ranken sowohl wie die windenden Stengel wachsen in der Weise in die Länge, dass zu einer bestimmten Zeit immer nur eine Längskante des Organes wächst, jedoch nach kurzer Zeit ihr Wachstum einstellt, um der daneben befindlichen Kante die Rolle zu überlassen u. s. w. Hierdurch wird eine langsame kreisende Bewegung (revolutive Nutation) bedingt, durch welche die Organe in den Stand gesetzt sind, eine Stütze in ihrem Bereich zu suchen.

B. Bewegungs-Erscheinungen. Bewegungen, die ein Wachstum nicht in sich schliessen, kommen häufig vor; sie erfolgen immer auf besondere Reize von aussen her. Eine scharfe Grenze zwischen Wachstums- und Bewegungs-Erscheinungen lässt sich sonst nicht ziehen. Typische Erscheinungen der letzten Art bieten die nur auf Grund von Spannungs-Änderungen der Gewebe eintretenden Bewegungen z. B. der Blättchen von Oxalis, die in der Dunkelheit veranlasst werden, sich an den Blattstiel herabzuschlagen: eine besondere Nachtstellung einzunehmen, und die doppelt-gefiederten Blätter von Mimosa pudica, welche auch in Folge direkter Berührung oder von Erschütterung sich plötzlich in der Weise zusammenlegen, dass die Fiederblättchen sich nach oben hin bewegen, bis sich die gegenüberliegenden berühren, während der Blattstiel und die Stiele der Fiedern sich senken.

Ortsbewegungen werden wir bei der Betrachtung der Fortpflanzungs-Organe der Kryptogamen kennen lernen.

4. Licht- und Wärme-Wirkungen.

Das Licht beeinflusst, wie wir sahen, die Wachstumsrichtung vieler Organe und veranlasst gewisse Bewegungs-Erscheinungen. Dass der Assimilations - Prozess nur beim Licht vor sich geht, haben wir schon öfter erwähnt. — Stengelorgane strecken sich bei Lichtmangel übermässig, sie vergeilen, etiolieren. Es ist diese Eigentümlichkeit als Anpassung von tief im Boden befindlichen Stengelorganen aufzufassen, um schneller ans Licht zu kommen. Laubblätter erscheinen bei Lichtabschluss in ihrem Wachstum gehemmt und bleich, da die Bildung des grünen Farbstoffes im allgemeinen nur im Lichte stattfindet.

Wärme. Die Lebensthätigkeiten der Pflanzen sind an bestimmte Grenztemperaturen gebunden.

Die untere Temperatur-Grenze für das Pflanzenleben liegt für tropische Pflanzen bei 15 bis 16°, für Gewächse der gemässigten Zone bei 5°, in der kalten Zone und hoch oben im Gebirge unter 0° C. Die obere Grenze liegt im allgemeinen zwischen 35 und 46° C., während das lebhafteste Wachstum, das Optimum des Wachstums, von 22 bis 37° C. schwankt. Wir müssen hier also immer Minimum, Optimum und Maximum unterscheiden. Bei zu hoher oder zu niedriger Temperatur stellen die Organe zunächst ihre Funktionen ein, doch darf, wenn nicht Tod eintreten soll, dieselbe nicht zu weit von den Minimal- und Maximal-Temperaturen abliegen. Häufig sinkt die Temperatur im Freien bis zum Gefrieren des Pflanzensaftes, wobei jedoch viele Pflanzen nicht erfrieren, wenn nur das Wieder-Auftauen nicht zu rasch erfolgt. Pflanzen-Arten in den höchsten Alpen-Regionen gefrieren jede Nacht und tauen am Tage wieder auf.

---

5. Fortpflanzungs-Erscheinungen.

Viele niedere Gewächse pflanzen sich durch einfache Teilung fort, oder indem gewisse Teile ihres Leibes abgestossen werden, aus denen unter günstigen Bedingungen ohne weiteres neue Individuen erwachsen. Auch manche höhere Pflanzen können sich in gleicher Weise fortpflanzen, indem sich z. B. Rhizome (Kartoffel) und kriechende Stengel verzweigen, sich durch Absterben der verbindenden Partieen von der Mutterpflanze trennen und neue Individuen hervorbringen. Andere Pflanzen erzeugen in ihren Laubblattachseln (Dentaria bulbifera, Fig. 94, Feuerlilie) oder in ihren Blütenständen (Allium-Arten, Fig. 95) kleine zwiebelartige Sprösschen, Brutknospen, welche ebenfalls neue Individuen hervorbringen.

Nur die allereinfachsten Pflanzen begnügen sich mit dieser „vegetativen" Fortpflanzungs-Art, alle übrigen Gewächse besitzen noch eine andere, die „sexuelle", „geschlechtliche" Fortpflanzung, die sehr vielen höheren Gewächsen sogar ausschliesslich eigen ist. Hier werden zweierlei Sorten von Zellen erzeugt, die einzeln für sich nicht entwickelungsfähig sind und erst, nachdem der Inhalt zweier dieser Zellen sich materiell vereinigt hat, keimfähige Gebilde liefern. Diese

Fig. 94. Dentaria bulbifera. *Fig. 95.* Allium vineale.

beiden Zellen sind entweder in Form und Grösse durchaus gleich (z. B. bei der Conjugation), in der Mehrzahl der Fälle jedoch die eine kleiner: männlich, die andere grösser: weiblich. Beide können sich nach ihrer Entstehung sofort vom Mutterleibe trennen und ausserhalb desselben die Vereinigung eingehen. Bei den höheren Gewächsen jedoch sucht die sich allein vom Mutterleibe lösende männliche Zelle die weibliche auf, und nach erfolgter Vereinigung (Befruchtung) entwickelt sich die letztere auf dem Mutterstock weiter. Eine Trennung findet erst später statt, bei den höheren Pflanzen, nachdem aus der weiblichen Zelle (Eizelle) ein Gewebe-Körper (Samen) hervorgegangen ist. Die männlichen und weiblichen Zellen werden meistens in besonderen Organen erzeugt, die namentlich bei den höchsten Gewächsen oftmals Nebenapparate besitzen, deren Funktionen der Herbeiführung des Befruchtungsaktes dienen.

Dass man die aus Sprösschen gebildeten Geschlechts-Organe der höheren Pflanzen Blüten nennt, haben wir schon auf Seite 22 erwähnt. Wir hatten auch dort (Seite 24) bereits Gelegenheit anzudeuten, dass man Wind- und Wasserblüten, sowie Blumen (Insektenblüten) unterscheidet.

Fehlen in einem Geschlechts-Apparat die männlichen Organe, so bezeichnet man ihn als weiblich, umgekehrt als männlich. In diesen Fällen sind also die Blüten und überhaupt die Geschlechts-Apparate eingeschlechtig, zweibettig (diclinisch). Besitzt ein Geschlechts-Apparat sowohl männliche, als auch weibliche Organe, so ist er zweigeschlechtig, zwitterig (hermaphroditisch) oder einbettig (monoclinisch). Im ersten Falle können sich männliche und weibliche Apparate auf derselben Pflanze, auf demselben Stock, finden und dann ist die betreffende Art einhäusig (monöcisch). Besitzt jedoch der eine Pflanzenstock nur männliche, der andere nur weibliche Geschlechts-Apparate, so liegt eine zweihäusige (diöcische) Art vor. Monöcische oder diöcische Arten endlich, die sowohl männliche als auch weibliche und daneben auch zwitterige Apparate tragen, heissen vielehig (polygamisch). Zuweilen verkümmern die Geschlechts-Organe bei Blüten vollständig, sodass die letzteren geschlechtslos werden. Geschlechtslose Blüten haben meist prächtig entwickelte Blütendecken, während gewöhnlich die in ihrer unmittelbaren Nähe befindlichen geschlechtlichen Blüten eine mehr unscheinbare Blütendecke besitzen. In solchen Fällen liegt eine Teilung der Arbeit unter verschiedenen Blüten vor, indem die einen sich ausschliesslich auf die Anlockung der, wie wir ausführlicher sehen werden, vielen Pflanzen so notwendigen Insekten beschränken, während die anderen ausschliesslich für die Samenbereitung sorgen.

Die Befruchtung pflegt mit Ausnahmen nur dann einen in bezug auf die Entwickelung der Samen günstigen Effekt hervorzubringen, wenn Fremdbestäubung, Kreuzbefruchtung, stattfindet, d. h. wenn die Narbe mit Pollen aus der Blüte einer fremden Pflanze bestäubt wird. In vielen Fällen ist der Pollen einer und derselben Blüte als Bestäubungsmittel der weiblichen Organe, wenn also Selbstbefruchtung (Selbstbestäubung) stattfindet, fast unwirksam. Durch die Einrichtungen, welche die Blüten aufweisen, wird nun die Selbstbestäubung vermieden und die, sei es durch den Wind, sei es durch Tiere vermittelte Kreuzbefruchtung begünstigt. Wie dies im einzelnen geschieht, soll in bemerkenswerten Fällen kurz erläutert werden. Zunächst sei nur auf das Allgemeinste hingewiesen.

Häufig ist eine Selbstbestäubung (wenigstens der nämlichen Blüte) schon deshalb unmöglich, weil die Staub- und Fruchtblätter derselben Blüte zu verschiedenen Zeiten ihre Reife erlangen: in den befruchtungsfähigen Zustand eintreten. Solche Blüten werden im Gegensatz zu denjenigen, bei welchen Staub- und Fruchtblätter gleichzeitig funktionsfähig sind, als dichogam (getrennt-ehig) bezeichnet. Erlangen die Staubblätter vor den Fruchtblättern die Reife, so spricht man von protandrischen, im umgekehrten Falle von protogynischen, oder von „erstmännlichen“ resp. „erstweiblichen“ Blüten, welche letzteren Ausdrücke wir anwenden wollen. Werden die weiblichen Organe empfängnisfähig, so verwelken die Staubblätter bei den erstmännlichen Blüten, während bei den erstweiblichen die Staubbeutel sich erst dann zu öffnen beginnen, wenn die Narben ihre Empfängnisfähigkeit bereits verloren haben. Die dichogamen Windblütler pflegen erstweiblich, die dichogamen Insektenblütler erstmännlich zu sein. Bei zweihäusigen Pflanzen ist eine Selbstbefruchtung natürlich ebenfalls unmöglich.

Bei den niederen Gewächsen wird der Transport der männlichen Elemente zu den weiblichen, wenn erstere frei beweglich sind, meist durch Vermittelung des Wassers bewerkstelligt (vergl. bei den Algen z. B. Fucus, Vaucheria, ferner Moose, Farn), bei den höheren Pflanzen leistet das Wasser hingegen nur selten einen solchen Dienst. Als Beispiel beschreiben wir den Vorgang bei der in Fig. 96 abgebildeten Vallisneria. Die männlichen Blüten dieser Pflanze

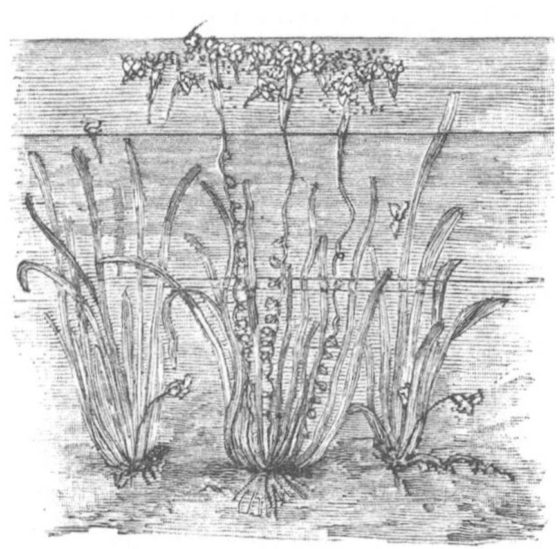

Fig. 96. Vallisneria spiralis. — Verkl.

lösen sich von ihrem Mutterstock und gelangen vermöge ihres geringeren spezifischen Gewichtes an die Oberfläche des Wassers, wo sie sich öffnen. Sie schwimmen von Wind und Wellen getrieben frei umher und bestäuben die weiblichen Blüten, die an langen, fadenförmigen, spiraligen Stielen ebenfalls die Wasseroberfläche erreichen. Nach erfolgter Befruchtung zieht sich die Spirale zusammen, sodass die Frucht unter Wasser reift.

Die Windblütler besitzen natürlich ebensowenig wie die Wasserblütler eine auffallende Blütendecke. Sie blühen meist zu einer Zeit, in der stetige Winde vorherrschen, oft im Frühlings-Anfang, einer Jahreszeit, die für diese Arten noch insofern von Vorteil ist, als dann die Pflanzen noch keine Belaubung besitzen, die leicht der Verbreitung des Pollens ein störendes Hindernis entgegensetzen würde. Die Windblütler zeichnen sich noch dadurch aus, dass namentlich diejenigen Teile, welche die männlichen Organe tragen, besonders beweglich mit dem übrigen Pflanzenkörper in Zusammenhang stehen; bei Rumex sind z. B. die Blütenstiele äusserst dünn, bei den Gräsern und Thalictrum-Arten die Staubfäden. Der Wind ist hierdurch in den Stand gesetzt, die leichten, trockenen, in ungeheurer Menge erzeugten Pollenkörner, die bei den Nadelhölzern sogar besondere Flugorgane in Gestalt kleiner Luftsäckchen aufweisen, leicht davonzuführen, wobei es höchst wahrscheinlich ist, dass ein Teil derselben von den grossen, oft federig ausgebreiteten Narben, oder bei den Nadelhölzern von einer ausgeschiedenen Flüssigkeit der weiblichen Organe aufgefangen wird.

Zuweilen wird auch der Pollen windblütiger Pflanzen durch eine aktive Thätigkeit in die Luft geschleudert. So sind die Staubblätter der Urticeen in der Knospenlage mit den Beuteln nach dem Blütenmittelpunkt hin eingekrümmt. In dieser Lage reifen die Beutel so weit, dass bei der Geradestreckung der Fäden, welche plötzlich, schleuderartig erfolgt, der Pollen als Staubwölkchen in die Luft geht. Durch eine leichte Berührung einer in dem richtigen Stadium befindlichen Blüte kann man den fraglichen Mechanismus leicht auslösen und wirken sehen.

Im Gegensatz zu den Windblütlern besitzen die Insektenblütler — mit Blumen — ein durch besondere Färbung auffallendes und grosses Perianth, durch das die Insekten angelockt werden.

Die Pflanzenarten erscheinen in ihrem Blumenbau bestimmten Insekten angepasst. Die letzteren finden an besonderen Stellen der Blumen (bei den „Honigblumen“) Nektarien, deren Ausscheidung sie zum Besuch der Blumen veranlasst; in anderen Fällen begnügen sich die Insekten jedoch mit dem Pollen und zwar besitzen solche „Pollenblumen“ im Gegensatz zu den Honigblumen gewöhnlich eine grosse Zahl pollenreicher Staubblätter, wie z. B. die Gattungen Adonis, Anemone, Clematis, Helianthemum, Hepatica, Hypericum, Papaver und Rosa zeigen.

Nicht selten leiten im Aussehen von der allgemeinen Blumenfarbe abweichende „Saftmale“, welche von den aussen leicht sichtbaren Teilen der Blütendecke bis zu den Nektarien reichen, die Insekten an die Honigquelle. Beim Sammeln des Nektars nun vermitteln diese Tierchen unbewusst die Kreuzbefruchtung, indem sie durch besondere Blüteneinrichtungen bei dem Aufsuchen der Nektarien genötigt werden, die Staubbeutel resp. Narben zu streifen, wobei sie an bestimmten, durch Behaarung u. s. w. besonders angepassten Körperstellen den mehr oder minder klebrigen Pollen aufnehmen, den sie beim Besuch einer anderen Blume unbewusst an die klebrige Narbe abgeben.

Ausser dem auffallenden Perianth, nach dem Gesagten gleichsam ein Wirtshausschild für die Insekten darstellend, bilden auch die Düfte der Blumen Anlockungsmittel für die Insekten, und zwar kann man oft wahrnehmen, dass unscheinbare oder mehr im Verborgenen befindliche Blumen, wie die der Reseda (Reseda odorata) und des Veilchens (Viola odorata) besonders stark duften. Namentlich machen sich auch die von Nachtinsekten (Nachtschmetterlingen) befruchteten Blumen durch starke Gerüche, neben bleichen und hellgefärbten, meist weisslichen — allerdings auch grünen und missfarbigen — Kronen bemerkbar, durch welche Mittel sie in der Nacht leichter aufzufinden sind. Saftmale, die in dem schwachen Licht nicht gut zu sehen wären, fehlen den Nachtblumen vollkommen.

Die Blumendecken schützen im ganzen, oder indem bestimmte Teile eine geeignete schirmartige und andere Ausbildung erfahren, oft einerseits die Staubbeutel und andererseits die Nektarien vor dem Nasswerden durch Regen und Tau: ein Schutz, der sehr geboten erscheint, da der Pollen und der Honigsaft durch Nässe und Feuchtigkeit leicht verderben. Solche Arten von Schutzvorrichtungen für die Nektarien nennt man Saftdecken, welche die Blumen übrigens oft auch vor einer Ausnutzung durch sogenannte unberufene Gäste unter den Insekten wirksam schützen. Die letzteren, wenigstens die aufkriechenden, werden nicht selten durch besondere Vorkehrungen ganz von den Blumen abgehalten.

Zu einer spezielleren Betrachtung des Gesagten übergehend, wollen wir, an das letzte anknüpfend, uns zunächst mit Pflanzen beschäftigen, die besonders leicht verständliche und augenfällige Schutzvorrichtungen gegen unberufene Gäste aufweisen, also gegen Insekten, welche zwar die Blumen behufs Einsammelns von Honig oder Blütenstaub besuchen, jedoch bei dem Befruchtungsakt keine Hilfe leisten, vielmehr die Blumen durch ihr Herumkriechen in denselben nicht selten zu schädigen im stande sind, weil sie ihnen nicht, wie die richtigen Befruchtungsvermittler, in ihrem Baue angepasst erscheinen.

Es ist leicht einzusehen, dass die mit ihren unteren Teilen im Wasser stehenden Gewächse besonderer Schutzmittel der angedeuteten Art — wenigstens gegen aufkriechende Tiere — nicht bedürfen, die sie in der That auch nicht besitzen, da das Wasser den nicht fliegenden Tieren meist ein unüberwindliches Hindernis entgegensetzt. Manche auf trockenem Boden wachsende Arten, wie ein Enzian (Gentiana lutea) und eine mit der Weberkarde nahe verwandte Pflanze (Dipsacus laciniatus) verschanzen ihre Blumen hinter eigenen Gräben, indem die gegenständigen Blätter mit ihrem Grunde derartig verwachsen, dass um den Stengel herum ein Becken gebildet wird, welches sich bei jedem Regen mit Wasser füllt. In diesen Behältern ertrinken viele ankriechende und auch anfliegende Insekten, welche sonst vielleicht in die Blumen zu gelangen suchen würden, um dort „unberufen" vom Honig oder Blütenstaub zu naschen.

Fig. 97. Viscaria vulgaris.

Bei der auf sonnigen Hügeln, trockenen Wiesen und in Laubwäldern nicht seltenen Pechnelke (Viscaria vulgaris), Fig. 97, schützen sich die Blumen durch die pechig-klebrige Beschaffenheit der oberen Stengelteile unter den Knoten, also den Ansatzstellen der Blätter, vor einer Beraubung durch alle den Pflanzen nicht nützlichen, ungeflügelten Gäste: gerade wie der Mensch seine Waldungen vor Raupenfrass zu bewahren sucht, indem er die unteren Stammteile der Bäume mit Pechringen versieht, welche das Hinaufkriechen der auf dem Erdboden befindlichen Raupen verhindert. Häufig sind es eng zusammenstehende, einen klebrigen Stoff ausscheidende Drüsen oder auch rückwärts gerichtete Stacheln, welche ungeflügelten Besuchern den Zutritt verwehren. Eigentümlich verhält sich eine Lattichart (Lactuca virosa), deren in der Blütenregion befindliche Hochblätter während der Blütezeit bei der leisesten Berührung Tröpfchen eines dicken, milchigen Saftes ausspritzen, wodurch kleine Tiere, wenn sie beim Emporkriechen die Hochblätter berühren, vermittelst des ausgeschiedenen, schnell zu einer festen Substanz eintrocknenden Milchsaftes festgeklebt, vielleicht auch vergiftet werden.

Fig. 98. Vicia sepium. Die schwarzen Flecken auf den Nebenblättern sind Nektarien.

Allein nicht immer sind die Pflanzen so grausam; denn bei manchen Arten sind nicht nur die Blumen, sondern auch die Laubblätter mit Nektarien ausgestattet, welche die Insekten von den Blumen ablenken. Dies ist vorzüglich bei manchen Wicken (Vicia-Arten), Fig. 98, der Fall, deren Nebenblätter Honigbehälter tragen, welche etwa Ameisen, die beim Befruchtungsvorgang keine Rolle zu spielen vermögen, von den Blumen abziehen. Die zu den Blumen hinaufkriechenden Insekten müssen an den dicht am Stengel befindlichen Nebenblatt-Nektarien vorbei, wo sie schon unterwegs Honig in reichlicher Menge vorfinden. Die Insekten beuten die so leicht gefundene Nahrungsquelle aus, ohne sich weiter zu den Blumen zu bemühen. Neuerdings hat man jedoch die Ansicht zu begründen versucht, dass die ausserhalb der Blumen befindlichen Nektarien die Ameisen anlockten, damit letztere die Pflanze als Verteidiger gegen schädliche Tiere schützten. Die Ameisen seien die Hauptfeinde der Pflanzenfeinde und leisteten somit den Gewächsen positive Dienste.

Im Gegensatz zu den erwähnten Abhaltungs-Vorrichtungen von den Blumen sind nun also die Anlockungsmittel zu erwähnen. Nicht immer sind es Insekten, auch andere Tiere können den Gewächsen nützlich werden. So scheint das z. B. in Waldsümpfen vorkommende erstweibliche Schweinekraut (Calla palustris), bei welchem ein den kolbigen Blütenstand unten bekleidendes grosses, eiförmiges, weisses Hochblatt das Wirtshausschild darstellt, vornehmlich durch Vermittelung von Schnecken („Schneckenblütler“) befruchtet zu werden, welche über die kleinen, dichtgedrängten Blüten an der dicken Achse des Blütenstandes hinwegkriechen. Hierbei gelangt der möglicherweise von einer bereits in den männlichen Reifezustand getretenen Pflanze mitgebrachte, dem schleimigen Schneckenkörper anhaftende Blütenstaub auf die Narben.

Treten wir nun den Insektenblütlern näher und versuchen wir, uns einen genaueren Einblick in den Bau und in die Wirkungsweise der die Blumen bildenden Organe, besonders ihrer Geschlechtswerkzeuge zu verschaffen. Wir wollen mit den einfacheren Beispielen den Anfang machen, deren Kenntnis uns eine Einsicht auch in die verwickelteren, zum Schluss zu besprechenden Blumen-Einrichtungen erleichtern wird.

Wir beginnen mit der Betrachtung der Weiden, Fig. 99, welche, obschon sie keine besonderen Wirtshausschilder tragen, nichtsdestoweniger Insektenblütler sind. Aber als Ersatz hierfür blühen die Weiden sehr frühzeitig, oft schon vor der Entwickelung des Laubes, wenn eine Konkurrenz von Seiten anderer Pflanzen noch wenig zu befürchten ist, und also die Insekten, vornehmlich Hummeln und Bienen, noch keine grosse Auswahl haben. Es kommt noch hinzu, dass wegen des Laubmangels während des Blühens und bei der intensiv gelben Farbe des Blütenstaubes und den lebhaften Farben auch der weiblichen Blütenstände, ein Ersatz für das fehlende Wirtshausschild geboten wird. Überdies sondern die Weiden in ihren Nektarien reichlich Honig ab, sodass sie immer von zahlreichen Insekten besucht werden. Die Blüten der Weiden sind eingeschlechtig; sie sitzen in den Winkeln von „Deckschuppen“, welche die steife Achse des Blütenstandes („Kätzchen“) bekleiden. Die weiblichen Blüten bestehen aus einem oft gestielten Fruchtknoten, der am Grunde des Stieles eine, in anderen Fällen zwei Nektardrüsen aufweist; die männlichen Blüten besitzen an Stelle des Fruchtknotens zwei, bei anderen eine andere Zahl von Staubblättern. Die Kätzchen tragen immer nur einerlei Blüten und die ganze Pflanze besitzt immer nur einerlei Kätzchen, sie ist also dioecisch, sodass eine Kreuzbestäubung zur Notwendigkeit wird. Die Hummeln und Bienen kriechen lebhaft auf den Kätzchen herum, nach dem reichlichen Honig suchend, und behaften sich hierbei auf ihrer Bauchseite mit Blütenstaub, den sie beim Besuch weiblicher Kätzchen unbewusst an die klebrigfeuchten Narben abgeben.

Fig. 99. Salix Caprea — Männliches Exemplar. — Links weibl., unten männl. Blüte im Winkel je einer Deckschuppe.

Ist bei zweihäusigen Pflanzen, wie den Weiden, eine Kreuzbestäubung unvermeidlich, so erreichen andere Arten dasselbe Ergebnis, indem sie auf verschiedenen Stöcken zwar zweigeschlechtige, aber dabei verschieden gestaltete Blumen entwickeln. Wenn wir z. B. verschiedene Exemplare der Schlüsselblume (Primula officinalis und elatior), Fig. 100, untersuchen, so wird uns bald auffallen, dass, wie *1* in Fig. 100 zeigt, die einen kurzgriffllige, die andern, *2* in Fig. 100, langgriffllige, Fruchtknoten besitzen, und dass in den Blumen erster Art die Staubblätter an der Spitze der Kronenröhre, im anderen Falle die Staubblätter in der Mitte der Röhre eingefügt sind. Das Eigentümliche ist nun, dass der Blütenstaub der höher stehenden Staubblätter, auf die Narben kurz-

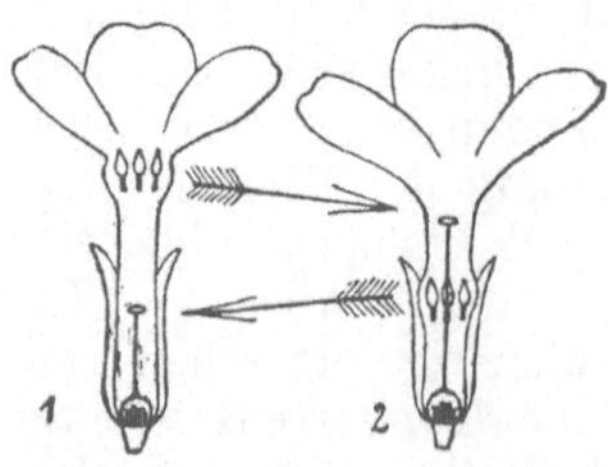

Fig. 100. Längsschnitt durch zwei etwas vergr. Blumen von Primula elatior. Erklärung im Text.

griffliger Blumen gebracht, nicht fruchtbar wirkt oder doch kein sehr günstiges Ergebnis liefert: illegitime Befruchtung, während die langgriffligen Blumen durch solchen Blütenstaub vollkommen befruchtet werden: legitime Befruchtung. Ebenso bleibt der Blütenstaub der tiefer stehenden Staubblätter auf die Narben langgriffliger Blumen gebracht, mehr oder minder unwirksam, befruchtet hingegen kurzgrifflige Blumen vollkommen. Selbstbestäubung oder Bestäubung von Blumen desselben Stockes untereinander ist daher resultatlos oder fast resultatlos, während Kreuzbefruchtung von den besten Folgen in Hinsicht auf die Ausbildung und Anzahl der Samen begleitet ist. Es kommt bei der Übertragung des Blütenstaubes von einem Stock zum andern in Betracht, dass ein Insekt in allen Blumen derselben Art dieselbe Stellung einzunehmen pflegt. Es wird hierdurch ganz wesentlich die legitime Befruchtung begünstigt, indem dieselbe Körperstelle des Tieres, welche vorher mit Blütenstaub in Berührung kam, beim Besuch einer anders gestaltigen Blume derselben Art notwendig mit der fraglichen Körperstelle die ebenfalls an demselben Ort befindliche Narbe berühren wird. Überdies kommt noch hinzu, dass die Körner des Blütenstaubes der verschiedenen Blumenformen sich durch ihre Grösse unterscheiden und dass die Narben in ihrem Bau den Blütenstaubkörnern in der Weise angepasst erscheinen, als sie diejenigen Körner besser festzuhalten im stande sind,

Fig. 101. Lythrum Salicaria.

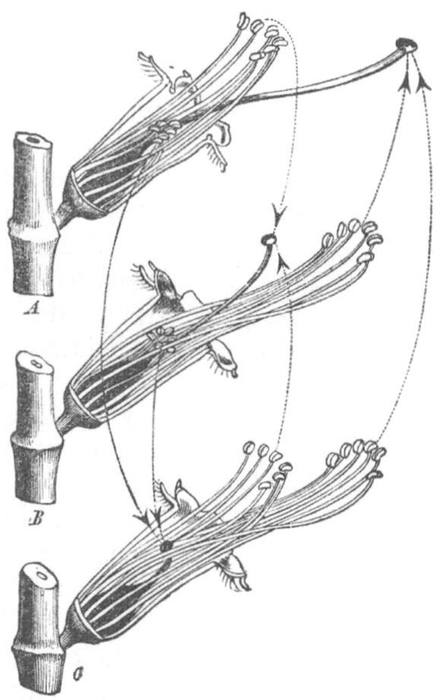

Fig 102. Drei Blumen von Lythrum Salicaria (die vordere Hälfte vom Kelch und die ganze Krone sind entfernt). *A* = langgrifflige, *B* = mittelgrifflige, *C* = kurzgrifflige Blume. Die Punktlinien mit den Pfeilen verbinden die Staubbeutel mit denjenigen Narben, auf welchen der Pollen der ersteren volle Fruchtbarkeit bewirkt.

welche eine legitime Befruchtung herbeiführen. Durch diese ganze Vorkehrung ist, wie man sieht, die Fremdbestäubung gesichert.

Ausser Arten mit zweigestaltigen (dimorphen) gibt es nun auch solche mit dreigestaltigen (trimorphen) Blumenformen, und gerade eine unserer häufigsten Pflanzen an Gräben und in feuchten Gebüschen, nämlich der Weiderich, Lythrum Salicaria, Fig. 101, ist in dieser Beziehung bemerkenswert.

Was zunächst die Griffel angeht, so kommen diese hier auf den verschiedenen Stöcken in dreierlei verschiedenen Längen vor, nämlich kurz, mittellang und lang. Vergl. Fig. 102. Die Staubblätter, von denen sechs länger und sechs kürzer sind, treten in folgender Ausbildung auf. Mit den längsten Griffeln kombinieren sich sechs mittellange Staubblätter und sechs kurze (*A*), mit den mittellangen Griffeln sechs lange und sechs kurze Staubblätter (*B*), und endlich mit den kurzen Griffeln sechs lange und sechs mittellange Staubblätter (*C*). Es hat nun die Bestäubung der Narben nur dann einen günstigen Erfolg für die Samenbildung, wenn gleichlange Geschlechtswerkzeuge sich miteinander paaren (wie die punktierten Pfeillinien in der Figur andeuten); alle übrigen Möglichkeiten der Paarung, also vor allen Dingen der Staubblätter und Fruchtblätter desselben Stockes haben, wenn sie ausgeführt werden, verhältnismässig schwachen Erfolg, da die Samen klein und mehr oder minder unvollkommen bleiben und daher auch nur schwächliche Nachkommen zu erzeugen im stande sind.

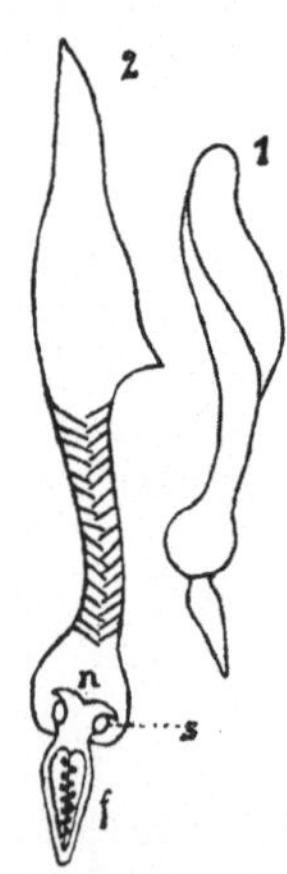

Fig. 103. 1 Blume von Aristolochia Clematitis (natürl. Gr.), 2. Längsschnitt durch dieselbe; *n* = Narbe, *s* = Staubbeutel, *f* = Fruchtknoten.

Gehen wir nunmehr zur Besprechung von Arten über, die nur einerlei Blumen besitzen oder bei denen doch (wenn auch einmal Blumen von verschiedenem Bau vorkommen, vergl. weiter hinten Viola tricolor und Salvia pratensis) die Bestäubung im allgemeinen zwischen Blumen derselben Bauart erfolgt.

Eine der am leichtesten verständlichen Einrichtungen zeigt die nicht selten, namentlich in der Nähe von Ortschaften anzutreffende Osterluzei (Aristolochia Clematitis), von der wir in Fig. 103[1] eine Blüte von aussen, und in Fig. 103[2] eine solche im Längenschnitt dargestellt finden. An der Spitze des Fruchtknotens *f* erblickt man die Narbe *n*, unter dieser die den Blütenstaub enthaltenden Staubbeutel *s* und darunter die Anheftungsstelle der einfachen, röhrigen Blütendecke, des Perigons, welches in seinem unteren Teil kesselartig erweitert ist, sich weiter oben verengt und hier nach dem Blütengrund gerichtete

Haarborsten trägt, um endlich am Gipfel wieder an Weite zuzunehmen. Durch diese Blumeneinrichtung wird zwar — wie man leicht erkennt — den Insekten der Eintritt in den Kessel des Perigons gestattet, der Austritt aber durch die sich spreizenden Haare unmöglich gemacht, also in derselben Weise, wie der Maus in der Falle und den Fischen in der Reuse der Ausgang versperrt wird. Das Insekt kriecht, vergeblich einen Ausgang suchend, in dem erweiterten Blumengrunde umher. Bringt dasselbe nun von einer anderen Blume Blütenstaub mit, so tritt die erstweibliche Blume, nachdem die wegen des Herumkriechens in dem engen Raume unvermeidliche Befruchtung stattgefunden hat, in den männlichen Zustand, was sich durch das Aufbrechen der Staubbeutel kundgiebt, und es beginnt das Perigon zu welken. Letzteres wird durch das Schwinden der absperrenden Haare eingeleitet, sodass das Insekt nunmehr beladen mit neuem Blütenstaub die Blume wieder verlassen und eine neue Befruchtung vermitteln kann. — Nicht selten findet man in dem Blumenkessel tote Insekten, die vor Eintritt des männlichen Zustandes der Blüten in ihrem Gefängnis gestorben sind.

Eine ähnliche Einrichtung, wie die eben erörterte, findet sich beim Aronstab (Arum maculatum), nur dass wir es hier nicht mit Einzelblüten, sondern, wie Fig. 104 zeigt, mit dem ganzen Blütenstande zu thun haben. Die Achse desselben trägt zu unterst weibliche Blüten *w*, darüber männliche *m* und darüber nach abwärts gerichtete starre Fäden *f*, welche die gerade an dieser Stelle enge Hochblattscheide *h* wieder derartig abschliessen, dass zwar Insekten — die teils durch die Aushängefahne *h*, teils durch den urinösen Geruch angezogen werden — durch die oben schwarzrote Leitstange *l* hinabgeführt, in den die Blüten enthaltenden Kesselteil des Hochblattes hinein, aber nicht wieder hinaus können. Haben die Insekten Blütenstaub mitgebracht, so vermögen sie die weiblichen Blüten während des Herumkriechens zu befruchten. Von den weiblichen Blüten wird dann je ein Honigtröpfchen als Nahrung für die Tierchen ausgesondert: die männlichen Blüten beginnen nunmehr zu reifen und lassen ihren Blütenstaub in den Kesselgrund fallen, sodass sich die Insekten mit neuem Pollenstaub beladen und, nachdem in einem weiteren Stadium die abschliessenden Fäden *f* erschlafft sind, ihr Gefängnis aufgeben können, um eine neue Arumpflanze aufzusuchen

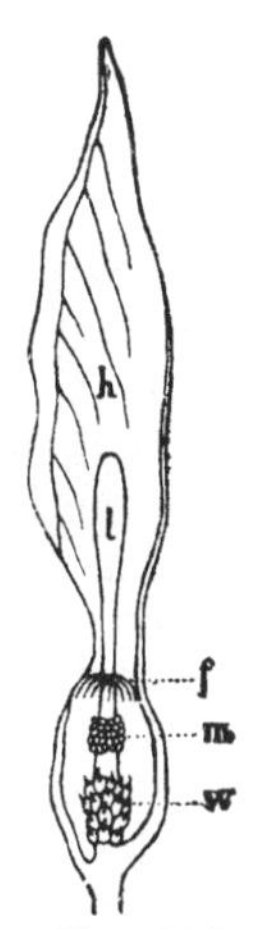

Fig. 104. Längsschnitt durch den Blütenstand von Arum maculatum. Erkl. im Text — Verkl.

Bei dem Aronstab dient also die „Leitstange“, die auffallend gefärbte und über die Blütenregion hinausgewachsene

Blütenstands-Achse, als Saftmal. Gewöhnlich werden die Saftmale durch einfache Zeichnungen auf den Wirthshausschildern der Blumen dargestellt. So sind bei dem grossblumigen, wilden (Acker-) Stiefmütterchen Fig. 105 (Viola tricolor Varietät vulgaris) und den Stiefmütterchen-Arten überhaupt die dunkelen, nach dem Mittelpunkt der Blume verlaufenden Strichzeichnungen, namentlich auf den unteren Blumenkronenblättern als Wegweiser zur Honigquelle aufzufassen. Der Bestäubungsvorgang bei unserem fast überall

Fig. 105. Viola tricolor.

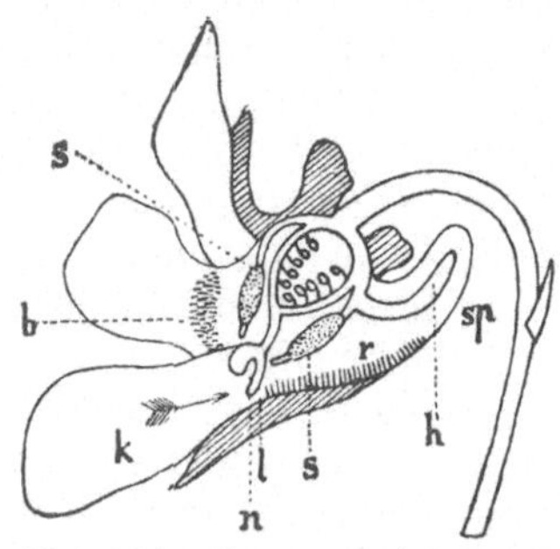

Fig. 106. Längsschnitt durch eine Blume von Viola tricolor (vulgaris). — Erkl. im Text.

anzutreffenden wilden Stiefmütterchen, von welchem Fig. 106 einen Längenschnitt durch die Blume bietet, ist folgender:

Das besuchende Insekt setzt sich auf den von einem Kronenblatt dargebotenen Sitz *k*, indem es sich an den Bärten *b* der beiden seitlichen Kronenblätter festhält, und versucht — in Richtung des Pfeiles — geleitet durch die Saftmale, mit seinen Mundwerkzeugen in den von demselben Blatt gebildeten Sporn *sp* zu gelangen, in welchem zwei am Grunde zweier Staubblätter befindliche Honigdrüsen *h* hineinragen. Auf dem Wege, den der Insektenrüssel beschreibt, wird der an demselben etwa haftende Blütenstaub an die empfängnisfähige Stelle *n* des Narbenkopfes abgegeben, da dieselbe als lippenartige Klappe *l* den Zugang zum Sporn verschliesst und daher vom Insekt einwärts geschoben, jedenfalls also berührt werden muss. Beim Zurückziehen nimmt der Rüssel unwillkürlich aus der von Haaren umrahmten Rinne *r* Blütenstaub mit, der aus den Staubbeuteln *s* dort niedergefallen ist, und es muss sich jetzt durch die angedeutete Rüsselbewegung die Klappe *l* derartig nach aussen — dem Pfeil entgegen — bewegen, dass die empfängnisfähige Höhlung *n* des Narbenkopfes nunmehr geschlossen und somit eine Selbstbefruchtung unmöglich gemacht wird.

Die unscheinbaren, gelblich-weissen Blüten der Viola tricolor Var. arvensis befruchten sich regelmässig mit gutem

Erfolge selbst; sie werden auch nur spärlich von Insekten besucht.

Die beschriebenen Fälle von Blüteneinrichtungen sind noch verhältnismässig einfache, es sollen nun aber zwei verwickeltere Beispiele folgen. Das erste betrifft die Wiesensalbei (Salvia pratensis) Fig. 107. Die Abbildungen 108 und 109 zeigen die Blumen der in Rede stehenden Pflanzenart, und zwar die erstere von der Seite gesehen, die zweite mit der der Länge nach aufgeschnittenen und ausgebreiteten Kelch- und Kronenröhre. Die Kronenoberlippe überdeckt die beiden eigentümlich gestalteten in *2* Fig. 108 besonders abgebildeten Staubblätter, welche in *1* Fig. 108 punktiert in ihrer gewöhnlichen Lage unter ihrem Schutzdach angedeutet wurden. Zwei weitere Staubblätter sind, wie Fig. 109 zeigt, im Innern der Krone nur als verkümmerte Organe vorhanden. Jedes fruchtbare Staubblatt besitzt (siehe *2* Fig. 108) nur einen sehr kurzen Faden *f*, welcher gelenkig mit einem langen Balken verbunden ist. Der letztere kann sich wippschaukelartig auf dem Faden bewegen und trägt an dem einen Ende einen Behälter mit Blütenstaub *b* und am anderen eine Platte *p*, die mit derjenigen des anderen Staubblattes verbunden ist und den Eingang zur Kronenröhre verschliesst. Wenn sich nun ein Insekt behufs Einsammlung des im Grunde der Kronenröhre befindlichen Honigs auf der Unterlippe *l* der erstmännlichen Blume niederlässt, so findet es die Kronenröhre durch die erwähnte Doppelplatte verschlossen. Vermittelst seiner Mundwerkzeuge und des Kopfes drückt es — in Richtung des Pfeiles auf unserer Abbildung 108 — um zur Beute zu gelangen, die Platte in das Innere der Röhre, wobei — zufolge des beschriebenen Baues — die am anderen Ende des Balkens unter der Oberlippe versteckten Staubbehälter, in der Art wie dies *1* Fig. 108 bei *b* zeigt, heraustreten und notwendig mit dem behaarten oberen Teil des Körpers des bienenartigen Insekts in Berührung kommen, um diesem Blütenstaub mitzuteilen. Nach Entfernung des Insekts federt der Apparat in seine frühere Lage zurück. Wie beschrieben verhält sich also eine im männlichen Zustand befindliche Blume;

Fig. 107. Salvia pratensis.

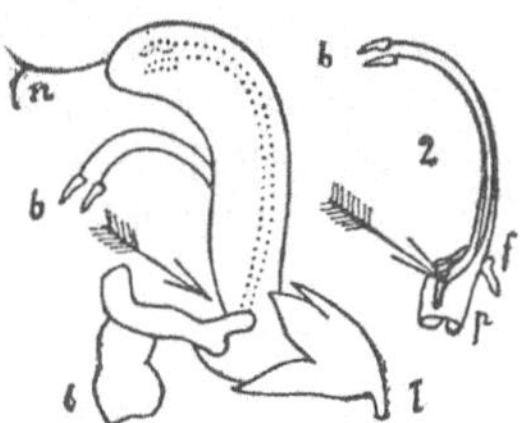

Fig. 108. 1. Eine etwas vergrösserte Blume von Salvia pratensis; 2. das Androeceum. — Erklärung im Text.

tritt dieselbe in den weiblichen Reifezustand ein, so verlieren die Staubblätter ihre Funktion, und die Spitze des Griffels senkt sich so weit im Bogen hinab, dass die nunmehr auseinander klaffenden beiden klebrigen Narbenschenkel *n* bei einem nunmehr erfolgenden Insektenbesuch ihrerseits den Rücken des Tierchens berühren müssen und so den mitgebrachten Blütenstaub aufnehmen können.

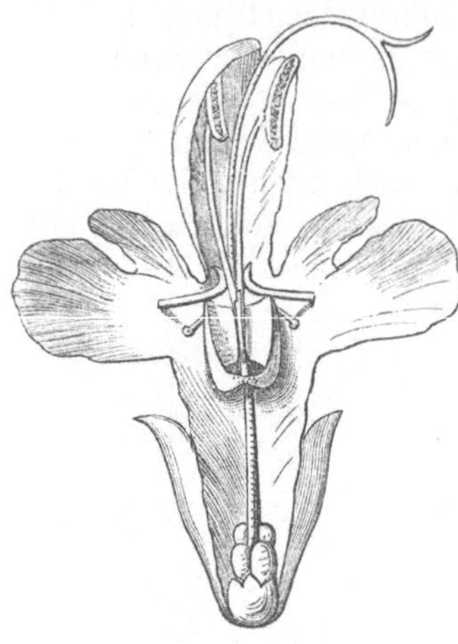

Fig. 109. Vergrösserte hermaphrodite Blume von Salvia pratensis, deren Kelch und Krone vorn der Länge nach aufgeschnitten und ausgebreitet dargestellt sind. Im Grunde der Krone das Nektarium, darüber die vier Früchtchen etc.

Zum Schluss folge ein Beispiel aus der Orchideen-Familie: eine Knabenkraut- oder Kuckucksblumen-Art, die auf Wiesen nicht selten ist. Zunächst erörtern wir den Bau der Blumen. Der Fruchtknoten *f*, Fig. 110, trägt an seinem Gipfel die Blütendecke *a*, *b*, *l* und den einzig vorhandenen zweifächerigen Staubbeutel *s*. Die Blütendecke, ein Perigon, wird von sechs Blättern zusammengesetzt, von denen das eine *l*, die „Lippe," durch besondere Grösse auffällt und den beutesuchenden Insekten als Sitz dient. Am Grunde trägt die Lippe ein Nektarium in Form eines hohlen Spornes *sp*. In der Nähe der Eingangsöffnung zum Schlunde *e* liegt die Narbe des Fruchtknotens *n*. Der Staubbeutel ist mit seinem Grunde vollständig mit einem an der Spitze des Fruchtknotens, oberhalb der

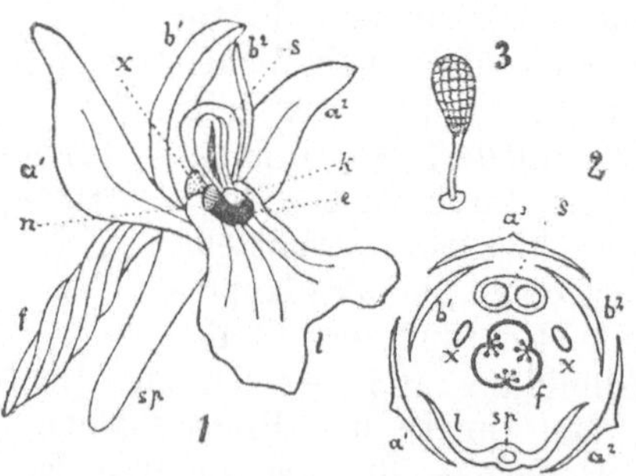

Fig. 110. 1. Eine vergrösserte Blume von Orchis maculata; 2. der Grundriss derselben. 3. Eine Pollinie. — Erklärung im Text.

Narbe befindlichen Fortsatz, dem Säulchen *s*, verschmolzen. Der Blütenstaub jedes Beutelfaches ist zusammenhängend und bildet ein Päckchen, *3* in Fig. 110, welches mit einem elastischen Stielchen versehen ist, das am Grunde eine kleine klebrige Scheibe aufweist. Die beiden Klebscheibchen sind dicht oberhalb der klebrig-feuchten Narbe zu suchen und werden von einem Schüppchen *k* bedeckt. Die in der Abbildung angegebenen Gebilde *x* sind verkümmerte Staubblätter, wie wir solche schon bei der Salbei kennen gelernt haben.

Setzt sich nun ein für die Befruchtung geeignetes Insekt auf die Lippe *l* und versucht es durch den Eingang *e* mit seinen Mundwerkzeugen in den Sporngrund zu gelangen, so ist es — bei der eigentümlichen gegenseitigen Stellung der Organe — genötigt, das gerade über dem Spornschlunde befindliche Schüppchen *k*, welches die Klebscheibchen bedeckt, zu berühren. Das Schüppchen schlägt sich hierbei zurück, und die Klebscheibchen heften sich an den Kopf des Insekts. Dieses zieht daher, wenn es davonfliegt, die Blütenstaubpäckchen aus ihren Fächern und trägt sie wie zwei Hörner oder Fühler davon. Sogleich beginnen sich die Stiele der Päckchen so weit herabzubiegen, dass ihre Köpfe beim Besuch einer zweiten Blume grade auf die klebrig-feuchte Narbe *n* treffen, und es kann nun eine Befruchtung stattfinden.

Wie aus den angeführten Beispielen ersichtlich ist, wird eine Selbstbefruchtung meist vollständig unmöglich, in anderen Fällen so gut wie unmöglich gemacht, und man möchte hiernach glauben, dass die vermiedene Selbstbestäubung ausnahmelos, also ein Gesetz sei. Dem ist aber nicht so. Denn es giebt Arten, bei denen gerade Selbstbestäubung durch besondere Vorkehrung herbeigeführt wird, die auch eine ausgiebige Befruchtung zur Folge hat. So finden sich bei einer häufigen Bienensaug-Art (Lamium amplexicaule) neben Blumen mit offenen Kronen, bei welchen eine Befruchtungsvermittelung durch Insekten erwünscht erscheint (chasmogamen Blüten) — namentlich bei ungünstigerem, kälterem Wetter — auch solche vor, deren Kronen verkümmert sind und sich niemals öffnen (cleistogame Blüten) und sich daher mit ihrem eigenen Blütenstaub befruchten.

Nichtsdestoweniger bildet die Selbstbestäubung bei den Gewächsen nicht die Regel, sondern tritt nur vorübergehend, meist als Ersatz für Kreuzbestäubung auf, etwa bei ausbleibendem Insektenbesuche, oder wenn sonst die Umstände der Ausführung der Kreuzbestäubung hinderlich sind.

Die Verbreitung der Fortpflanzungs-Produkte, namentlich der Samen, wird entweder direkt von der Mutterpflanze übernommen oder — je nach der Ausbildung des Samens oder der Früchte — durch den Wind, das Wasser oder durch Tiere bewerkstelligt. Bei der Selbstaussaat werden zuweilen die Samen durch eigene Vorrichtungen der Frucht weit fortgeschleudert, wie bei den Balsaminaceen. Die durch Wasseraussaat verbreiteten Samen oder Früchte sind gewöhnlich leichter als Wasser, also schwimmfähig, und besitzen sogar in manchen Fällen besondere Schwimmapparate. Die durch den Wind transportierten Samen und Früchte sind mit Flugorganen und Fallschirmen ausgestattet, und diejenigen endlich, welche durch Tiere fortgeführt werden, besitzen Haftorgane, vermittelst welcher sie sich z. B. in den Haaren der Tiere festzusetzen vermögen, wie die Klette, bei der sogar der ganze Fruchtstand davongeführt wird. Auch die saftigen, fleischigen Früchte und Samen werden meist von den Tieren verbreitet. Sie werden als Nahrung gesucht und wegen der mit der Verbreitung in Beziehung stehenden oft auffallenden (Appetit-)Färbung auch leicht gefunden. Was die spezielle Art der Verbreitung dieser letzten anbetrifft, so ist zu unterscheiden, ob die Beute von den Tieren, z. B. von Vögeln, nur anderswohin getragen wird, um dort ungestört verzehrt werden zu können, indem die hartschaligen, grossen und daher ungeniessbaren Samen liegen bleiben, oder ob sie — wegen ihrer Kleinheit — mit hinabgeschluckt und unverdaut mit dem Auswurf, der für die Keimpflanze zugleich Dünger liefert, wieder abgegeben werden. Die äusserste Oberfläche der hier in Rede stehenden Samen kann bei dem Durchgange durch den Darm zwar etwas angegriffen werden, allein ihre widerstandsfähige, feste Hülle schützt den Keimling in der ausgiebigsten Weise. Manche Früchte, wie z. B. die von Castanea, Corylus, Fagus, Juglans, Quercus u. s. w. werden zwar ebenfalls gern von Tieren verspeist, ohne dass jedoch ein Vorteil für die Pflanze hierbei in Betracht käme, da in diesen Fällen der Keimling selbst das Opfer wird. Diese Früchte zeigen dann auch keine Appetit-, sondern zeichnen sich vielmehr durch eine Schutzfärbung aus. Am Mutterstock sind sie grün und im reifen Zustande, wenn sie auf dem Boden liegen, meist bräunlich. Überdies sind sie zuweilen noch durch Stacheln (z. B. bei Castanea) oder eine unangenehm schmeckende äussere Bedeckung (wie bei Juglans) geschützt.

---

6. Lebensdauer der Pflanzen.

Die aus dem Samen erwachsenden Pflanzen gebrauchen häufig nur wenige Monate vom Frühling bis zum Herbst, um zur Fruchtreife zu gelangen: Sommerpflanzen, oder die Keimung beginnt im Herbst, die Pflanzen überwintern und erlangen im nächsten Herbst Früchte: Winterpflanzen. Solche Gewächse nennt man einjährige, obgleich sie meist nicht 12 Monate zu ihrer Entwickelung bis zur Fruchtreife gebrauchen. Sie sind immer leicht an ihrer senkrecht in den

Boden hinabsteigenden einfachen Hauptwurzel mit mehr oder minder zahlreichen Nebenwurzeln zu erkennen, die sich leicht aus dem Boden ziehen lässt. Sind bis zur Fruchtreife mehr als 12 Monate erforderlich, und zwar so, dass die Keimung im Frühling vor sich geht, im ersten Sommer jedoch nur Laub- und Stengelteile gebildet werden, welche für die erst im zweiten Jahre erblühende Pflanze Nahrung sammeln und unterirdisch aufspeichern: dann ist die Pflanze zweijährig. Manche Arten brauchen mehrere Jahre, ehe sie blühreif werden: mehrjährige Pflanzen, und zwar blühen dieselben entweder in ihrem ganzen Leben nur einmal: eine verhältnismässig seltene Erscheinung (z. B. Orobanche), oder sie blühen alle Jahre: sie sind ausdauernd (perennierend). Die ausdauernden Arten sind entweder krautig und dauern nur mit unterirdischen Teilen aus: Stauden (z. B. Convallaria, Orchis, Primula, Solanum tuberosum), oder es bleiben daneben im Winter auch die holzigen, oberirdischen Teile am Leben: Holzgewächse (Bäume und Sträucher).

Systematik.*)

Descendenz-Lehre.

Woher kommen die organischen Wesen? Diese Frage nach dem Ursprung der Arten hat schon die mannigfaltigsten Lösungen gefunden. Die heutigen Naturforscher nehmen an, dass die Lebewesen leiblich von einander abstammen, also alle miteinander „blutsverwandt“ sind. Während diese in die neuere Naturwissenschaft besonders durch Lamarck (1801, 1809, 1815) eingeführte Abstammungs-Lehre (Descendenz-Theorie) 1859 eine umsichtige Begründung durch C. Darwin erfahren hat, der dieselbe daher zur allgemeinen Anerkennung brachte, ist der Ursprung des ersten oder der ersten Organismen, der Urerzeuger der übrigen, bisher unerklärt geblieben, und wir müssen diese daher bei einer descendenz-theoretischen Betrachtung als gegeben annehmen. Über die Bedingungen zur Entstehung erster Organismen wissen wir nichts. Der Inhalt der „Darwin'schen Theorie“ speziell ist kurz der Folgende:

Es ist eine Erfahrungs-Thatsache, dass das Kind den Eltern niemals in allen Punkten vollkommen gleicht, d. h., dass die organischen Wesen die Fähigkeit besitzen, in ihrer Gestaltung von der ihrer Erzeuger abzuweichen, zu variiren; es ist jedoch ebenso bemerkbar, dass gewisse Merkmale von den Eltern auf die Kinder vererben. Die Lebewesen ändern in dieser Weise nach allen möglichen Richtungen hin ab, aber nur solche bleiben am Leben und vermögen die neu ge-

*) Für ein weiteres Studium sei empfohlen: A. Engler und K. Prantl, Die natürlichen Pflanzenfamilien (Leipzig, seit 1887 im Erscheinen begriffen). Speziell für das heimische Gebiet: H. Potonié, Illustrierte Flora von Nord- und Mitteldeutschland mit einer Einführung in die Botanik. 3. Aufl. (Berlin 1887).

wonnenen Merkmale zu vererben, welche mit der Aussenwelt in keinen Widerstreit gekommen sind. Diejenigen Organismen, welche unzweckmässige, d. h. mit den Aussenbedingungen nicht in Einklang stehende Abänderungen aufweisen, gehen zu Grunde. Um so vorteilhafter die einzelnen Arten gebaut sind, d. h. je angepasster sie den Verhältnissen erscheinen, um so mehr Aussicht werden dieselben auch haben, in dem Wettstreit um das Leben den Sieg zu erringen. Dass ein solcher Kampf um das Dasein zwischen den Wesen notwendig ist, geht schon daraus hervor, dass immer mehr Einzelwesen erzeugt werden, als auf der Erde bestehen bleiben können. So ist berechnet worden, dass z. B. ein Bilsenkrautstock von mittlerer Grösse bereits nach fünf Jahren eine Nachkommenschaft besitzen kann, welche die ganze Erde derart bedecken würde, dass auf jedem Quadratfuss festen Bodens etwas über sieben Stöcke Platz nehmen müssten. Da nun jeder Stock im Durchschnitt 10000 Samen erzeugt, so ist ersichtlich, dass von nun ab die meisten Samen zu grunde gehen müssen, da nun je einer von 10000 hinreicht, um die Erde in gleicher Weise zu besetzen. Es überleben die den Umständen am besten angepassten, d. h. die mit nützlichen Abänderungen versehenen Individuen. Durch diesen Kampf wird eine Auswahl unter den Organismen getroffen und somit eine natürliche Zuchtwahl (Selection) eingeleitet.

Homologieen-Lehre.

Wir haben schon gesehen, dass man unter Morphologie diejenige Lehre versteht, die sich mit der Betrachtung des Baues der Organismen und ihrer Apparate zu jeder Zeit ihrer Entwickelung befasst. Die Morphologie sondert sich

1. in die Organographie und
2. in die Wissenschaft von den Homologieen: Morphologie im engeren Sinne, theoretische Morphologie.

Die Organographie, die im morphologischen Abschnitt dieses Buches bereits eine ausführlichere Behandlung gefunden hat, beschäftigt sich ausschliesslich mit dem Bau und dem Werden (der Entwickelung) der einzelnen Pflanzenteile; sie stellt nur Betrachtungen am Individuum an.

Die in der Organographie in Anwendung kommenden Ausdrücke beziehen sich ausschliesslich auf Thatsachen.

Die Wissenschaft von den Homologieen hingegen hat Betrachtungen an den Generationen zum Gegenstande. Bei der Umbildung der Organismen haben auch die Organe ihre Gestalt und oft auch ihre Funktion geändert. Die Betrachtung solcher Formenänderungen im Laufe der Generationen bildet den Inhalt der Wissenschaft von den Homologieen oder der Morphologie im engeren Sinne, und wir können diese Disciplin auch — wenn wir von den Fällen einer Formänderung ohne Funktionswechsel absehen — als die Lehre von den Wechselbeziehungen zwischen den Gestaltsänderungen der Organe und dem Funktionswechsel derselben bei den aufeinanderfolgenden Generationen bezeichnen.

In der Homologieenlehre wird also mit den Hauptbegriffen ein theoretischer Inhalt zu verbinden sein.

Hier ist nun folgendes ganz nachdrücklich zu beachten.

Nach der erwähnten Abstammungslehre haben sich die höher organisierten Pflanzen, d. h. diejenigen, welche am kompliziertesten gebaut sind, bei denen die Verteilung der zum Leben notwendigen, mannigfaltigen Arbeiten auf viele verschiedene Organe stattgefunden hat, am meisten in ihrem Baue geändert. Da eine Veränderung natürlich immer im Anschluss an das bereits bei den Vorfahren Vorhandene geschieht, so wird sich oftmals wahrscheinlich machen lassen, dass ein bestimmtes Organ durch Umbildung aus einem anderen bestimmten Organ hervorgegangen ist, d. h. eine Metamorphose erlitten hat. Man nennt in diesem Falle die beiden Organe homolog, und mit dem Aufsuchen solcher Homologieen beschäftigt sich die theoretische Morphologie. Wenn wir also sagen: die bei einer bestimmten Art vorhandenen Ranken, welche schwächlich gebaute Gewächse an widerstandsfähige Teile zu befestigen vermögen, sind in theoretisch-morphologischem Sinne Blätter resp. Teile von Blättern, oder, was dasselbe heisst, sind metamorphosierte Blätter, und bei einer anderen Art wie beim Weinstock u. s. w. metamorphosierte Sprosse, so soll das nach dem Gesagten ein kurzer Ausdruck für die Meinung sein, dass die Vorfahren der fraglichen Pflanzen an Stelle der Ranken Blätter resp. Sprosse getragen haben, sodass also die Ranken im Laufe der Generationen aus diesen Organen hervorgegangen wären. Sage ich jedoch, Ranke und Blatt oder Ranke und Spross sind einander homolog, so bleibt es ungewiss, welches von den beiden Organen aus dem anderen hervorgegangen ist. In diesem Falle kann man jedoch Gründe für die ersterwähnte Auffassung beibringen, indem Ranken den Pflanzen nicht allgemein zukommen und die am kompliziertesten gebauten Arten vorwiegend später entstanden sind als weniger hoch organisierte. Den Rankenbesitzern ist in den Ranken ein Organ mehr gegeben als ihren rankenlosen Verwandten, und sie werden dasselbe erst später erworben haben. — Jedenfalls ist bei den theoretisch-morphologischen Fragen immer zu beachten, welches von den homologen Organen aus dem anderen hervorgegangen sein wird.

Es kann vorkommen, dass ein bei den Vorfahren nützliches Organ später zum Leben unnötig wird, wenn die Lebensbedingungen andere werden, und es kann dann allmählich seine charakteristische Ausbildung und seine Grösse verlieren oder auch ganz verschwinden. Von diesen Gesichtspunkten aus spricht man im ersten Falle von verkümmerten (rudimentären), im zweiten Falle von fehlgeschlagenen, verschwundenen (abortierten) Organen.

Das System.

Fällt es schon schwer, zwischen lebenden und leblosen Wesen eine knappe und begrifflich bestimmt fassbare Unterscheidung herzustellen, so ist dies in noch höherem Masse in bezug auf Pflanzen und Tiere der Fall, weil wir hier unzweifelhaft Formen kennen, die man in keiner Weise mit Sicherheit auf die eine oder andere Seite der Lebewesen verweisen könnte (vergl. Seite 2).

Wir sind daher genötigt — wie in allen Fällen, wo die Natur einer scharfen, unserm begrifflichen Verlangen genügenden Trennung widerstrebt — für die deutlich verschiedenen Wesen durchgreifende Unterschiede aufzustellen und sie zur Erklärung und Bestimmung zweier Abteilungen zu verwenden, während alle Formen, welche sich der hierdurch gewonnenen Bestimmung nicht fügen, als Übergangs- oder Zwischenformen zu betrachten sind. Die letzteren hat Haeckel in eine besondere Gruppe gebracht, die er das Protistenreich nennt.

Da man aber bei der Behandlung der Lebewesen gewöhnlich noch immer zwischen Pflanzen und Tieren allein unterscheidet und die Protisten oder Urwesen auf die beiden durch jene dargestellten Reiche verteilt, so sollen auch im folgenden diejenigen Urwesen ausführlicher mit behandelt werden, welche üblicher Weise zu den Pflanzen gestellt werden.

Will man nun einen möglichst durchgreifenden Unterschied zwischen Pflanzen und Tieren aufstellen, so kann man denselben darin erblicken, dass die Tiere ein Nerven- und Muskelsystem besitzen; d. h. es sind bei ihnen eigene Organe vorhanden, welche die Wahrnehmung äusserer Einwirkungen und die Auslösung einer Gegenwirkung zum Amte haben. Hierdurch wird es ermöglicht, dass — je ausgesprochener das

Nervensystem entwickelt ist — die Tiere in ihren Lebensäusserungen um so selbständiger auftreten können.

Ein anderer Unterschied zwischen Pflanzen und Tieren liegt in der Art ihrer Ernährung. Denn während die Tiere auf andere Lebewesen angewiesen sind, von denen sie ihre Nahrung beziehen, bauen die Pflanzen im allgemeinen ihren Leib aus unorganischen Stoffen auf; diese sind, wie wir gesehen haben, im wesentlichen Kohlensäure und Wasser und werden durch äussere Organe: die Blätter und die Wurzeln aufgenommen, während die flüssige oder feste Nahrung der Tiere ihre Umwandlung in einem tief im Innern des Körpers vorhandenen Magenraume erfährt.

Man wird in Berücksichtigung der Descendenz-Lehre begreifen, dass sich scharfe Grenzen auch zwischen den einzelnen Abteilungen des Pflanzenreichs nicht ziehen lassen und dass also die für irgend eine Abteilung gegebene Beschreibung sich immer nur auf die Eigentümlichkeiten beziehen, die den zu der betreffenden Abteilung gehörigen Arten zwar im allgemeinen zukommen, in einem speziellen Falle jedoch einmal fehlen können.

Die sich gleichenden Pflanzen-Individuen fasst man zu Arten, Species, zusammen und die Arten, welche einander am ähnlichsten, also auch verwandtesten sind, werden in Gattungen zusammengefasst, denen ein wissenschaftlicher, meist der lateinischen, aber auch griechischen Sprache entlehnter Name gegeben wird. Um eine bestimmte Art einer Gattung zu kennzeichnen, wird dem Gattungsnamen noch ein Artname beigefügt. Die Gattung Veilchen, mit wissenschaftlichem Namen Viola, besteht aus mehreren Arten, z. B. dem Sumpfveilchen, V. palustris, dem Ackerveilchen, V. tricolor u. s. w. Hinter dem Namen der Art pflegt man in abgekürzter Form den Autor anzugeben, welcher sie benannt hat. Es ist das letztere unter anderem deshalb wesentlich, weil es nicht selten vorgekommen ist, dass verschiedene Autoren verschiedenen Arten denselben Namen gegeben haben.

Die allermeisten Arten führen mehr als eine Benennung, zuweilen dadurch, dass mehrere Systematiker unabhängig von einander arbeiteten, meistens jedoch durch Versetzung von Arten in andere Gattungen. Bestehen mehrere Artnamen, so ist man bestrebt, den der Zeit nach zuerst veröffentlichten als den eigentlichen gelten zu lassen. Natürlich können auch andere systematische Einheiten, wie Familien u. dergl., mehrere Benennungen (Synonyme) erhalten haben.

Erzeugt eine Art Nachkommen, welche von den Eltern in der Gestaltung mehr oder minder abweichen, so nennt man diese Nachkommen Abarten, Unterarten, Subspecies, Varietäten, Spielarten, Rassen oder auch wohl Formen der Stammart. Diese werden nicht selten von den Autoren wie Arten („kleine“ oder „schlechte Arten“) behandelt. Man kann überhaupt die Arten weiter oder enger umgrenzen. Aus rein praktischen Gründen ist eine nicht zu enge Fassung der Arten vorzuziehen; man kann ja dann immer — will man alle Formen berücksichtigen — eine solche Art in Varietäten zerteilen. Man sieht, dass die Umgrenzung der Arten zum guten Teil dem Takte des Autors überlassen bleibt und von seinen Kenntnissen und seinem Standpunkte abhängt.

Unter einem Bastard resp. Mischling versteht man eine Pflanze, welche durch geschlechtliche Vermischung zweier verschiedenen Arten derselben oder auch verschiedener Gattungen resp. Varietäten entstanden ist. — Im allgemeinen wird es zwei Formen von Bastarden zwischen zwei Species geben:

1. solche, die durch Befruchtung der ersten Art mittelst des Pollens der zweiten und
2. solche, die durch Befruchtung der zweiten Art mittelst des Pollens der ersten entstehen.

Man giebt eine Pflanze als Bastard zu erkennen, indem die beiden Elternarten durch das Zeichen × verbunden werden: also z. B. Senecio vulgaris × vernalis. Gewöhnlich halten die Bastarde in ihrem Ansehen die Mitte zwischen den Merkmalen der Eltern, doch finden sich auch mehr oder minder grosse Annäherungen an eine der Stammarten. Selbstverständlich wachsen unter normalen Verhältnissen die Bastarde immer in der Nähe der Eltern und zwar meist in geringerer Anzahl als diese.

Die ähnlichsten, also nächst-verwandten Gattungen werden zu Familien vereinigt und die ähnlichsten Familien in Ordnungen oder Reihen. Darauf folgen als höhere Gruppen die Klassen und dann noch weitere Hauptabteilungen. Jede einzelne Gruppe kann wieder je nach Bedürfnis in mehrere Untergruppen, also Unterfamilien, Untergattungen u. s. w. zerlegt werden.

Um eine Übersicht über den ausserordentlichen Artenreichtum, den die Erde bietet, gewinnen zu können, muss das vorhandene Material irgendwie geordnet, d. h. in ein System gebracht werden. Während nun die Pflanzensysteme früher „künstliche“ waren, indem beliebig herausgegriffene, besonders geeignet erscheinende Merkmale der ganzen Einteilung zu Grunde gelegt wurden, ohne dass man sich hierbei um die übrigen Merkmale kümmerte, sind die neueren Systematiker bestrebt, das Pflanzensystem zu einem „natürlichen“ zu gestalten, indem bei der Aufstellung desselben möglichst alle Organe berücksichtigt werden, und man die in ihrem ganzen Aufbau ähnlichen Arten zusammenbringt. Freilich steht auch bei den heutigen natürlichen Systemen, ebenso wie z. B. bei dem künstlichen des Linné, die Betrachtung der

Geschlechtsorgane im Vordergrunde, und insofern haftet auch den jetzt gebräuchlichen natürlichen Systemen immer etwas künstliches an.

Es ist nach dem Gesagten klar, dass eine Darstellung des Systemes nach Art eines weitverzweigten Baumes zu geschehen hat, weshalb man auch von einem „Stammbaum" redet. Denn wenn ein Urahne *a* Fig. 111 die Nachkommen *b c d*

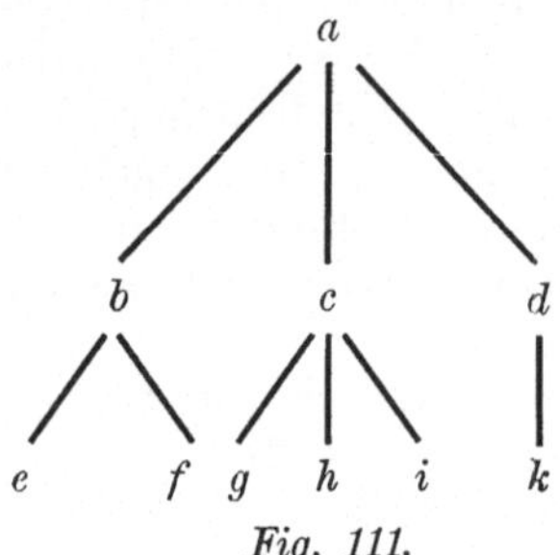

Fig. 111.

hat und diese ihrerseits die Nachkommen *e f g h i k* u. s. w. besitzen, so müssen bei Betrachtung der Geschlechter (Abteilungen) auch die gleichen Generationen an der gleichen Stelle ihre Erörterung finden. Man hat sich daher immer zu vergegenwärtigen, dass die in den Systemen linear angeordneten Gruppen vielfach nicht hintereinander, sondern — einem Stammbaum entsprechend — auch teilweise nebeneinander aufgeführt werden sollten.

I. Das künstliche System von Linné.

Als Beispiel einer ganz künstlichen Pflanzeneinteilung möge diejenige von Linné in dahin abgekürzter Weise nachstehend folgen, dass wir — um nicht zu weitläufig zu werden — von ihren Ordnungen nur diejenigen anführen, die in Deutschland Vertreter besitzen. Linné teilte das Pflanzenreich in 24 Klassen mit Unterabteilungen, Ordnungen, wie folgt, ein:

I. Klasse **Monandria** mit Zwitterblüten, die nur 1 freies Staubblatt besitzen, also 1 männig sind.
- 1. Ordnung Monogynia mit nur einem Griffel resp. einer Narbe in jeder Blüte.
- 2. „ Digynia mit 2 Griffeln.

II. Klasse **Diandria** mit zwitterigen, 2 freie Staubblätter enthaltenden, also 2 männigen Blüten.
- 1. Ordnung Monogynia.
- 2. „ Digynia.

III. Klasse **Triandria** mit Zwitterblüten, die 3 freie Staubblätter besitzen, also 3 männig sind.
- 1. Ordnung Monogynia mit einem Griffel.
- 2. „ Digynia mit 2 Griffeln.
- 3. „ Trigynia mit 3 Griffeln.

IV. Klasse **Tetrandria** mit Zwitterblüten mit 4 freien, untereinander gleich langen Staubblättern.
- 1. Ordnung Monogynia.

2. Ordnung Digynia.
4. „ Tetragynia mit 4 Griffeln.

V. Klasse **Pentandria** mit Zwitterblüten, die 5 gleich lange Staubblätter enthalten.
1. Ordnung Monogynia.
2. „ Digynia.
3. „ Trigynia.
4. „ Tetragynia.
5. „ Pentagynia mit 5 Griffeln.
6. „ Polygynia mit vielen Griffeln.

VI. Klasse **Hexandria**. Blüten zwitterig, mit 6 freien, unter einander gleich langen Staubblättern.
1. Ordnung Monogynia.
3. „ Trigynia.
5. „ Polygynia.

VII. Klasse **Heptandria**. Zwitterblüten mit 7 freien Staubblättern.
1. Ordnung Monogynia.

VIII. Klasse **Octandria**. Zwitterblüten mit 8 freien Staubblättern.
1. Ordnung Monogynia.
2. „ Digynia.
3. „ Trigynia.
4. „ Tetragynia.

IX. Klasse **Enneandria**. Zwitterblüten mit 9 freien Staubblättern.
3. Ordnung Hexagynia mit 6 Griffeln.

X. Klasse **Decandria**. Zwitterblüten mit 10 freien Staubblättern.
1. Ordnung Monogynia.
2. „ Digynia.
3. „ Trigynia.
4. „ Tetragynia.
5. „ Pentagynia.

XI. Klasse **Dodecandria**. Zwitterblüten mit 12—20 freien Staubblättern.
1. Ordnung Monogynia.
2. „ Digynia.
3. „ Trigynia.
4. „ Dodecagynia mit 12 Griffeln.

XII. Klasse **Icosandria**. Zwitterblüten mit 20 oder mehr freien, oberständigen, oder — wie Linné sich ausdrückte — auf dem Kelchrande stehenden Staubblättern.
1. Ordnung Monogynia.
2. „ Di-Pentagynia mit 2—5 Griffeln.
3. „ Polygynia mit 6 oder mehr Griffeln.

XIII. Klasse **Polyandria**. Zwitterblüten mit 20 und mehr freien, unterständigen Staubblättern.
1. Ordnung Monogynia.
2. „ Di-Pentagynia.
3. „ Polygynia mit vielen Griffeln.

XIV. Klasse **Didynamia**. Zwitterblüten mit 4 freien Staubblättern, von denen 2 länger als die anderen sind.
1. Ordnung Gymnospermia mit 4 Schliessfrüchtchen und einem Griffel, der aus der Mitte der 4 Früchtchen hervortritt.
2. „ Angiospermia mit Kapselfrüchten.

XV. Klasse **Tetradynamia**. Zwitterblüten mit 6 freien Staubblättern, von den 4 länger als die beiden anderen sind.
1. Ordnung Siliculosa. Kapseln wenig oder nicht länger als breit.
2. „ Siliquosa. Kapseln mehrmal länger als breit.

XVI. Klasse **Monadelphia**. Zwitterblüten, deren Staubfäden miteinander zu einem Bündel verschmolzen sind.
1. Ordnung Pentandria mit 5 Staubblättern.
2. „ Decandria mit 10 „ .
5. „ Polyandria mit vielen Staubblättern.

XVII. Klasse **Diadelphia.** Zwitterblüten, deren Staubfäden in 2 Bündel verwachsen sind.

2. Ordnung Hexandria mit 6 Staubblättern.
3. „ Octandria mit 8 „
4. „ Decandria mit 10 „

XVIII. Klasse **Polyadelphia.** Zwitterblüten mit 3 oder mehr Bündeln verwachsener Staubblätter.

1. Ordnung Polyandria mit vielen in 3, 5 oder 6 Bündeln vorhandenen Staubblättern.

XIX. Klasse **Syngenesia.** Staubbeutel zu einer Röhre verwachsen, während die Staubfäden frei sind. Blütenstand meist kopfig, mit gemeinsamer Hochblatthülle.

1. Ordnung Polygamia aequalis. Alle Blüten des Kopfes sind zwitterig.
2. „ Polygamia superflua. Die randständigen Blüten des kopfigen Blütenstandes sind weiblich, die übrigen zwitterig.
3. „ Polygamia frustranea. Randblüten des Kopfes unfruchtbar, die übrigen zwitterig.
4. „ Polygamia necessaria. Randblüten weiblich, die übrigen männlich.
5. „ Polygamia segregata. Die ein- bis mehrblütigen Köpfchen sind zu Köpfen vereinigt.
6. „ Monogamia. Blüten einzeln, ohne gemeinschaftliche Hochblatthülle, jede besonders gestielt und mit besonderem, deutlichem Kelch.

XX. Klasse **Gynandria.** Staubblätter und Griffel miteinander verwachsen.

1. Ordnung Monandria mit 1 Staubblatt.
2. „ Diandria mit 2 Staubblättern.
5. „ Hexandria mit 6 Staubblättern, die rings um die Spitze des Fruchtknotens stehen.

XXI. Klasse **Monoecia.** Männliche und weibliche Blüten finden sich auf derselben Pflanze.

1. Ordnung Monandria mit 1 Staubblatt.
3. „ Triandria mit 3 Staubblättern.
4. „ Tetrandria mit 4 Staubblättern.
5. „ Pentandria-Polyandria mit 5 bis vielen Staubblättern.
9. „ Monadelphia. Staubfäden und auch zuweilen die Staubbeutel miteinander verwachsen.

XXII. Klasse **Dioecia** Männliche und weibliche Blüten auf verschiedenen Pflanzen.

1. Ordnung Monandria mit 1 Staubblatt.
2. „ Diandria „ 2 Staubblättern.
3. „ Triandria „ 3 „
4. „ Tetrandria „ 4 „
5. „ Pentandria „ 5 „
6. „ Hexandria „ 6 „
7. „ Octandria „ 8 „
8. „ Enneandria „ 9 „
9. „ Decandria „ 10 „
10. „ Dodecandria „ 12—20 „
11. „ Polyandria mit vielen „
12. „ Monadelphia. Staubfäden einbündelig verwachsen.
13. „ Syngenesia. Staubbeutel verwachsen.

XXIII. Klasse **Polygamia.** Pflanzen, die sowohl zwitterige als daneben auch männliche und weibliche Blüten tragen.

1. Ordnung Monoecia Alle 3 Blütenformen auf demselben Stock.
2. „ Dioecia. Zwitterige und eingeschlechtige Blüten auf verschiedenen Stöcken.

3. Ordnung Trioecia. Jede Blütenform auf einem besonderen Stock.

XXIV. Klasse **Kryptogamia.** Pflanzen, deren Befruchtungsorgane mit blossem Auge nicht sichtbar sind.

1. Ordnung Filices.
2. „ Musci.
3. „ Algae.
4. „ Fungi.

---

2. Das natürliche System von Eichler.

Das Eichler'sche System, welches als eine Fortbildung des Brongniart'schen anzusehen ist, folgt hier in einer übersichtlichen Zusammenstellung.

A. Kryptogamae.

I. Abt. Thallophyta.
I. Klasse Algae.
I. Gruppe Cyanophyceae.
Fam. Chroococcaceae.
„ Oscillariaceae.
„ Nostocaceae.
II. Gruppe Diatomeae.
III. „ Chlorophyceae.
Reihe Conjugatae.
Fam. Zygnemaceae.
„ Desmidiaceae.
Reihe Zoosporeae.
Fam. Palmellaceae.
„ Confervaceae.
„ Siphonaceae.
„ Oedogoniaceae.
Reihe Characeae.
IV. Gruppe Phaeophyceae.
Fam. Phaeosporaceae.
„ Fucaceae.
V. Gruppe Rhodophyceae.
Untergruppe Gymnosporeae.
„ Angiosporeae.
II. Klasse Fungi.
I. Gruppe Schizomycetes.
II. „ Eumycetes.
Reihe Phycomycetes.
Unterreihe Zygosporeae.
Fam. Mucoraceae.
„ Chytridiaceae.
„ Entomophthoreae.
Unterreihe Oosporeae.
Fam. Peronosporaceae.
„ Saprolegniaceae.
Reihe Ustilagineae.
„ Aecidiomycetes.
„ Ascomycetes
Fam. Saccharomycetes.
„ Gymnoasci.
„ Perisporiaceae.
„ Pyrenomycetes.
„ Discomycetes.
Reihe Basidiomycetes.
Fam. Tremellineae.
„ Hymenomycetes.
„ Gastromycetes.
III. Gruppe Lichenes.
I. Ascolichenes.
A. Homoeomerici.
B. Heteromerici.
II. Basidiolichenes.

II. Abt. Bryophyta.
I. Gruppe Hepaticae.
Fam. Marchantiaceae.
„ Anthocerotaceae.
„ Jungermanniaceae.
II. Gruppe Musci.
Fam. Sphagnaceae.
„ Andreaeaceae.
„ Phascaceae.
„ Bryaceae.

III. Abt. Pteridophyta.
I. Klasse Equisetinae.
Fam. Equisetaceae.
II. Klasse Lycopodinae.
Fam. Lycopodiaceae.
„ Psilotaceae.
„ Selaginellaceae.
„ Isoëtaceae.
III. Klasse Filicinae.
Filices.
A. Filices leptosporangiatae.
Fam. Hymenophyllaceae.
„ Polypodiaceae.
„ Cyatheaceae.
„ Gleicheniaceae.
„ Schizaeaceae.
„ Osmundaceae.
B. Filices eusporangiatae.
Fam. Marattiaceae.
„ Ophioglossaceae.
Hydropterides.
Fam. Marsiliaceae.
„ Salviniaceae.

B. Phanerogamae.

I. Abt. Gymnospermae.
Fam. Cycadaceae.
„ Coniferae.
„ Gnetaceae.

II. Abt. Angiospermae.

I. Klasse Monocotyleae.

Reihe Liliiflorae.
Fam. Liliaceae.
„ Amaryllidaceae.
„ Juncaceae.
„ Iridaceae.
„ Haemodoraceae.
„ Dioscoreaceae.
„ Bromeliaceae.

Reihe Enantioblastae.
Fam. Centrolepidaceae.
„ Restiaceae.
„ Eriocaulaceae.
„ Xyridaceae.
„ Commelinaceae.

Reihe Spadiciflorae.
Fam. Palmae.
„ Cyclanthaceae
„ Pandanaceae.
„ Typhaceae.
„ Araceae.
„ Najadaceae.

Reihe Glumiflorae.
Fam. Cyperaceae.
„ Gramineae.

Reihe Scitamineae
Fam. Musaceae.
„ Zingiberaceae.
„ Cannaceae.
„ Marantaceae.

Reihe Gynandrae.
Fam. Orchidaceae.

Reihe Helobiae.
Fam. Juncaginaceae.
„ Alismaceae.
„ Hydrocharitaceae.

II. Klasse Dicotyleae.

Unterklasse Choripetalae (incl. Apetalae).

Reihe Amentaceae.
Fam. Cupuliferae.
„ Juglandaceae.
„ Myricaceae.
„ Salicaceae.
? „ Casuarinaceae.

Reihe Urticinae.
Fam. Urticaceae.
„ Ulmaceae.
„ Ceratophyllaceae.

Reihe Polygoninae
Fam. Piperaceae.
„ Polygonaceae.

Reihe Centrospermae.
Fam. Chenopodiaceae.
„ Amarantaceae.
„ Phytolaccaceae.
„ Nyctaginaceae.
„ Caryophyllaceae.
„ Aizoaceae.
„ Portulacaceae.

Reihe Polycarpicae.
Fam. Lauraceae.
„ Berberidaceae.
„ Menispermaceae.
„ Myristicaceae.
„ Monimiaceae.
„ Calycanthaceae.
„ Magnoliaceae.
„ Anonaceae.
„ Ranunculaceae.
„ Nymphaeaceae.

Reihe Rhoeadinae.
Fam. Papaveraceae.
„ Fumariaceae.
„ Cruciferae.
„ Capparidaceae.

Reihe Cistiflorae.
Fam. Resedaceae.
„ Violaceae.
„ Droseraceae.
„ Sarraceniaceae.
„ Nepenthaceae.
„ Cistaceae.
„ Bixaceae.
„ Hypericaceae.
„ Frankeniaceae.
„ Elatinaceae.
„ Tamaricaceae.
„ Ternstroemiaceae.
„ Dilleniaceae.
„ Clusiaceae.
„ Ochnaceae.
„ Dipterocarpaceae.

Reihe Columniferae.
Fam. Tiliaceae.
„ Sterculiaceae.
„ Malvaceae.

Reihe Gruinales.
Fam. Geraniaceae.
„ Tropaeolaceae.
„ Limnanthaceae.
„ Oxalidaceae.
„ Linaceae.
„ Balsaminaceae.

Reihe Terebinthinae.
Fam. Rutaceae.
„ Zygophyllaceae.
„ Meliaceae.
„ Simarubaceae.

Fam. Burseraceae.
„ Anacardiaceae.
Reihe Aesculinae.
Fam. Sapindaceae.
„ Aceraceae.
„ Malpighiaceae.
„ Erythroxylaceae.
„ Polygalaceae.
„ Vochysiaceae.
Reihe Frangulinae.
Fam. Celastraceae.
„ Hippocrateaceae.
„ Pittosporaceae
„ Aquifoliaceae.
„ Vitaceae.
„ Rhamnaceae.
Reihe Tricoccae.
Fam. Euphorbiaceae.
„ Callitrichaceae.
„ Buxaceae.
„ Empetraceae.
Reihe Umbelliflorae.
Fam. Umbelliferae.
„ Araliaceae.
„ Cornaceae.
Reihe Saxifraginae.
Fam. Crassulaceae.
„ Saxifragaceae.
„ Hamamelidaceae.
„ Platanaceae.
„ Podostemaceae.
Reihe Opuntinae.
Fam. Cactaceae.
Reihe Passiflorinae.
Fam. Samydaceae.
„ Passifloraceae.
„ Turneraceae.
„ Loasaceae.
„ Datiscaceae.
„ Begoniaceae.
Reihe Myrtiflorae.
Fam. Onagraceae.
„ Halorhagidaceae.
„ Combretaceae.
„ Rhizophoraceae.
„ Lythraceae.
„ Melastomaceae.
„ Myrtaceae.
Reihe Thymelinae.
Fam. Thymelaeaceae.
„ Elaeagnaceae.
? „ Proteaceae.
Reihe Rosiflorae.
Fam. Rosaceae.
Reihe Leguminosae.
Fam. Papilionaceae.
Fam. Caesalpiniaceae.
„ Mimosaceae.
Anhang zu den Choripetalen: Hysterophyta.
Fam. Aristolochiaceae.
„ Rafflesiaceae.
„ Santalaceae.
„ Loranthaceae.
„ Balanophoraceae.
Unterklasse Sympetalae.
Reihe Bicornes.
Fam. Ericaceae.
„ Epacridaceae.
Reihe Primulinae.
Fam. Primulaceae.
„ Plumbaginaceae.
„ Myrsinaceae.
Reihe Diospyrinae.
Fam. Sapotaceae.
„ Ebenaceae.
„ Styracaceae.
Reihe Contortae.
Fam. Oleaceae.
„ Gentianaceae.
„ Loganiaceae.
„ Apocynaceae.
„ Asclepiadaceae.
Reihe Tubiflorae.
Fam. Convolvulaceae.
„ Polemoniaceae.
„ Hydrophyllaceae.
„ Asperifoliaceae.
„ Solanaceae.
Reihe Labiatiflorae.
Fam. Scrophulariaceae.
„ Labiatae.
„ Lentibulariaceae.
„ Gesneraceae.
„ Bignoniaceae.
„ Acanthaceae.
„ Selaginaceae.
„ Verbenaceae.
„ Plantaginaceae.
Reihe Campanulinae.
Fam. Campanulaceae.
„ Lobeliaceae.
„ Stylidiaceae.
„ Goodeniaceae.
„ Cucurbitaceae.
Reihe Rubiinae.
Fam. Rubiaceae.
„ Caprifoliaceae.
Reihe Aggregatae.
Fam. Valerianaceae.
„ Dipsacaceae.
„ Compositae.

Wir können im folgenden nur die wichtigeren Familien betrachten. — Die medizinisch-pharmaceutischen Pflanzen sind überall in Klammern beigefügt.

Aufzählung und Beschreibung

der wichtigsten Pflanzen-Abteilungen und -Arten.

Viele von den niedrigen Organismen werden, wie wir schon Seite 115—116 gezeigt haben, rein konventionell bei den Tieren oder Pflanzen abgehandelt, da es kein stichhaltiges Merkmal giebt, welches Tiere und Pflanzen trennt. Manche der im folgenden aufgeführten Abteilungen zeigen Eigentümlichkeiten, welche sonst nur typischen Tieren zukommen und daher ebensowohl bei einer systematischen Betrachtung dieser erwähnt werden müssen. Namentlich gilt dies von den Schleimpilzen (Myxomyceten), die daher neuerdings auch mit dem Namen Pilztiere (Mycetozoa) belegt und dem zoologischen System eingereiht werden. Wir senden eine Betrachtung derselben voraus.

Myxomycetes.

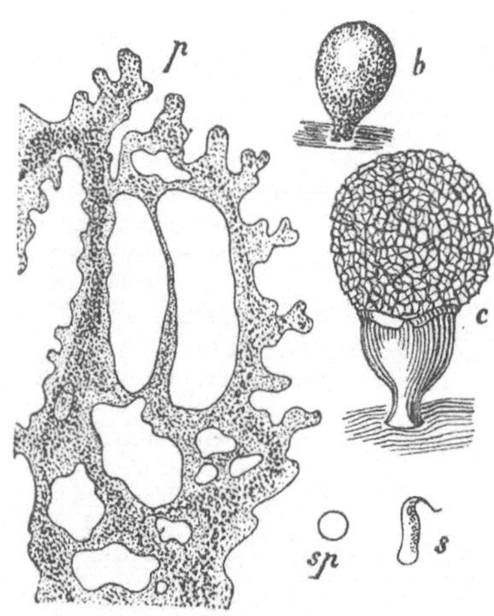

Fig. 112. Ein Myxomycet. *p* ein Stück eines Plasmodiums; *b* = Sporenbehälter; *c* derselbe im geöffneten Zustande, das herausgetretene Capillitium zeigend; *sp* = Spore; *s* = Schwärmer. — *p*, *sp* und *s* stark, *b* und *c* mehreremale vergr.

Die Schleimpilze sind meist Saprophyten, seltener Parasiten; ihr Leib, *p* Fig. 112, stellt eine membranlose, mit Gestalts- und Ortsveränderung begabte, feste Nährstoffe aufnehmende Plasmamasse, Plasmodie, mit vielen Kernen dar. Zur Zeit der Fortpflanzung bildet sich das Plasmodium in einen kugeligen oder keuligen Behälter *b* um, der aus einer Haut besteht, welche eine grosse Anzahl von fortpflanzungsfähigen Zellen, Sporen *sp*, umschliesst. Letztere entstehen durch Zerfallen des Plasmas. Die Behälter werden ausserdem oft von einem aus erhärtendem Plasma hervorgehenden Fasergebälk, Capillitium *c*, durchzogen, zwischen welchem die Sporen gebettet liegen. Bei der Keimung entlässt die Spore ihren plasmatischen Inhalt als frei beweglichen, mit einer schwingenden Wimper versehenen, kugeligen bis eiförmigen „Schwärmer“ *s*, der durch Teilung in mehrere Individuen zerfällt. Mehrere derselben vereinigen sich später wieder und bilden das Plasmodium. — Am bekanntesten ist der Lohpilz *(Aethalium septicum)* auf Pflanzenteilen in Wäldern und in der Gerberlohe.

A. Kryptogamae.

„Verborgen-ehige“ Pflanzen, d. h. Pflanzen mit mikroskopisch-kleinen Geschlechtsorganen.

I. Abteilung. Thallophyta.

Lagerpflanzen, ohne Leitbündel, wenn auch bei einigen höheren Algen mit leitenden Gewebesträngen aus ganz einfachen, gestreckten Zellen.

I. Klasse. Algae, Algen.

Die Algen sind meist im Wasser lebende Thallophyten mit Chlorophyllkörpern oder homogenem gefärbtem Plasma, deren grüner Farbstoff oftmals durch eine andere Farbe verdeckt erscheint.

I. Gruppe. Cyanophyceae (Phycochromaceae, Schizophyceae).

Einzellige Algen mit homogenem, zellkernlosem, span- oder blaugrünem Plasma, oftmals mit gallertiger Hülle, welche durch Aufquellen der äusseren Membranschichten entsteht. Die Zellen oft zu körper-, flächen- oder fadenförmigen Kolonieen verbunden. Die Fortpflanzung findet durch Teilung statt; bei einigen Arten entwickeln sich Zellen mit festeren Wandungen, die ungünstige Zeiten (Trockenheit, Winter) überdauern. Einzelne, daher meist mikroskopisch-kleine Zellen, welche in dieser Weise ausschliesslich der Fortpflanzung dienen, also fähig sind, neue Individuen zu entwickeln, nennt man also Sporen, Keimkörner; in unserem Spezialfalle würde man von Dauersporen reden, im Gegensatz zu solchen Sporen, welche gleich nach ihrer Trennung von der Mutterpflanze keimfähig sind.

Die Cyanophyceen leben meist im Süss- oder Meereswasser, aber auch in der Luft, wo sie Überzüge von oben erwähnter Färbung bilden.

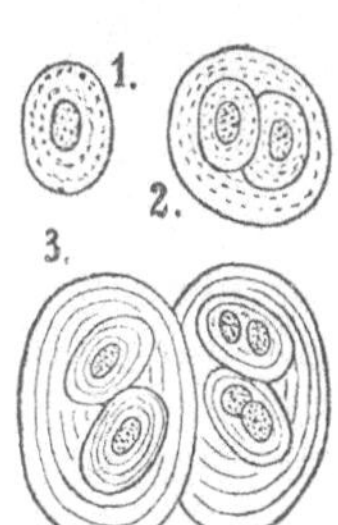

Fig. 113. Gloeocapsa, *1.* Einzelzelle mit Gallerthülle, *2.* dieselbe nach der Zweiteilung, *3.* sechszellige Kolonie. — Stark vergr.

Fam. Chroococcaceae.

Die Kolonieen stellen Zell-Flächen oder -Körper dar, die gewöhnlich durch Teilungen der Zellen nach zwei resp. nach drei Richtungen hin entstehen. — Als Beispiele nennen wir die Gattungen *Chroococcus* und *Gloeocapsa*, Fig. 113.

Fam. Oscillariaceae.

Die Zellen teilen sich nur in einer Richtung und bilden einfach-zellfädige Kolonieen. Die Fäden vieler Arten zeigen eine Vorwärts- und Rückwärts-Bewegung mit Hin- und Herschwingen der Enden. — Fig. 114. giebt eine Anschauung von dem Aussehen eines Fadens der Gattung *Oscillaria.*

Fam. Nostocaceae.

Zuweilen verzweigte Zellfäden, in denen einzelne, nicht mehr teilungsfähige Zellen sich durch grösseren Durchmesser und andere Eigentümlichkeiten im Bau auszeichnen: sie werden Grenzzellen oder Heterocysten genannt. Die Fortpflanzung geschieht durch Zerfallen der Fäden zu Fadenstücken: Hormogonien, welche aus der Gallerte auskriechen

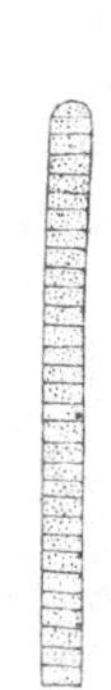

Fig. 114. Stück eines Oscillaria-Fadens. — Stark vergr.

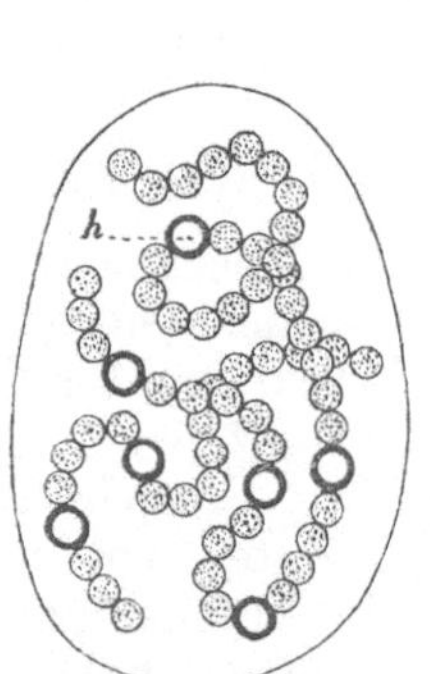

Fig. 115. Nostoc-Kolonie von einer Gallert-Hülle umgeben. *h* = Heterocysten. — Stark vergr.

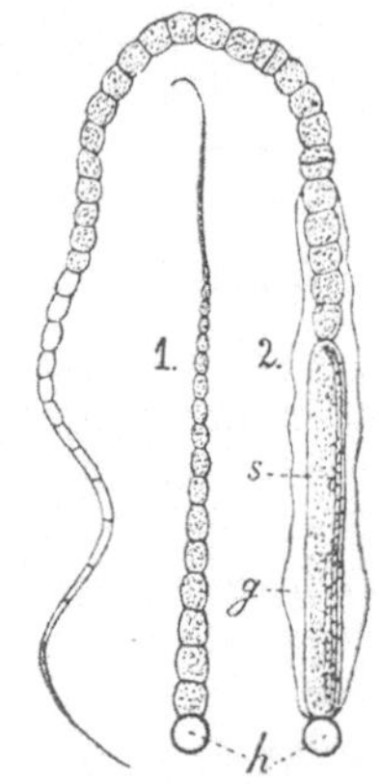

Fig. 116. Fäden zweier Arten der Gattung Rivularia. *h* = Heterocysten, *s* = Spore, *g* = Gallerte. — Stark vergr.

und neue Kolonieen bilden. — Bei *Nostoc* Fig. 115, finden sich die Grenzzellen in gewissen Abständen im Faden, bei *Rivularia* Fig. 116, am unteren Ende jedes Fadens, der nach oben hin allmählig kleinzelliger wird und schliesslich in eine feine Spitze ausläuft.

II. Gruppe. Diatomeae (Bacillariaceae).

Einzellige, oft in Kolonieen lebende, zuweilen mit Gallertstielen an Gegenständen befestigte Individuen von mannigfacher Form, Fig. 117, mit gelbem oder braunem Farbstoffkörper. Die Membran mit verschiedenartigster Skulptur erscheint durch starke Kieseleinlagerung gehärtet und besteht aus zwei Stücken, Schalen, welche wie die beiden Teile einer Schachtel übereinander greifen P^2. Die Zone einer solchen Schachtelzelle, in der das Übereinandergreifen stattfindet, heisst Gürtel- oder Nebenseite *g*, im Gegensatz zu der

Schalen- oder Hauptseite *s*. Fortpflanzung durch einfache Teilung, indem nach Auseinanderrücken der beiden Schalen der protoplasmatische Inhalt in zwei Partieen zerfällt, welche durch eine parallel den Hauptseiten sich bildende Membran geschieden werden. Diese Scheidewand spaltet sich in zwei Lamellen und erhält Gürtelseiten, welche von den Gürtelseiten der Mutterzellschalen übergriffen werden P^3. Da das neue Gürtelband stets in das von der Mutterzelle mit übernommene Schalenstück eingeschoben erscheint, ist ersichtlich, dass der grössere Teil der Individuen immer kleiner werden muss. Hat jedoch dieses Kleinerwerden eine bestimmte

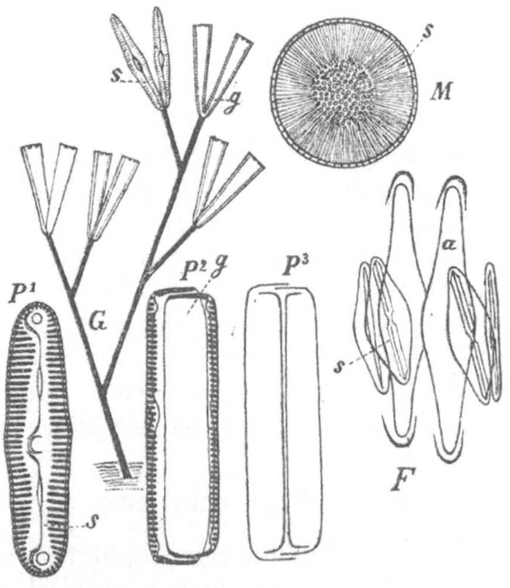

Fig. 117. *G* = 10 Zellindividuen von Gomphonema auf verzweigtem Gallertstiel; *M* = Melosira; *P* = Pinnularia, P^3 eine Pinnularia-Zelle in Teilung begriffen; *F* = Auxosporenbildung von Frustulia, *a* = Auxosporen, die an ihren Enden vor der vollständigen Ausreifung Kappenstücke abwerfen. In allen Figuren bedeutet *s* Schalen-, *g* Gürtelseite. — Alles stark vergr. (P^1, P^2, *F* nach Pfitzer.)

Grenze erreicht, so wird die einfache Teilung durch eine andere Art der Fortpflanzung abgelöst. Die Schalen fallen dann im einfachsten Falle auseinander, der Inhalt tritt aus und vergrössert sich oft bis zu seiner doppelten Länge, wird zur „Auxospore“, und versieht sich mit neuen Schalen; bei anderen Arten zerfällt der plasmatische Inhalt zunächst in zwei Partieen und erzeugt zwei Auxosporen. Auch auf geschlechtlichem Wege können Auxosporen entstehen, indem nach Sprengung der Schalen von zwei zusammengetretenen Zellen die Inhalte sich vereinigen und zu einer Auxospore werden. Bei gewissen Arten legen sich die Zellen ebenfalls aneinander und scheiden eine gemeinsame Gallerte aus, aber die ausgetretenen Inhalte vereinigen sich nicht, sondern ein jeder bildet eine neue Auxospore *F*. Viele frei lebende Diatomeen besitzen Eigenbewegung. — Sie kommen im süssen Wasser und im Meere oft in grosser Anhäufung vor und haben in früheren geologischen Epochen zur Bildung ganzer Gesteinsschichten (Kieselguhr) beigetragen, die aus Diatomeen-Panzern bestehen. Einige bemerkenswertere Gattungen sind: *Melosira* (Fig. 117: *M*), *Navicula*, *Pleurosigma*, *Gomphonema* (*G*), *Frustulia* (*F*), *Pinnularia* (*P*).

III. Gruppe. Chlorophyceae (Chlorophyllophyceae).

Die assimilierenden Farbstoffkörper sind chlorophyllgrün.

Reihe Conjugatae.

Die allein lebenden oder zu einfachen Fäden verbundenen Zellen teilen sich nur in einer Richtung; daneben geschlechtliche Fortpflanzung durch Vereinigung des Plasmas zweier ruhender Zellen, d. h. durch Conjugation oder Copulation (vergl. Seite 8). Man bezeichnet behufs Sporenbildung zur Vereinigung bestimmte gleichartige Protoplasmakörper als Gameten und das Vereinigungs-Produkt als Zygote oder Zygospore. Chlorophyllkörper meist in Form einzelner Platten, Bänder, Sterne u. s. w. — Süsswasseralgen.

Fam. Zygnemaceae.

Schicken sich die Zellfäden zur Copulation an, so treiben mehrere, bisweilen alle Zellen zweier parallel nebeneinander liegender Fäden Aussackungen *1* in Fig. 118, die gegeneinander gerichtet sind, mit ihren Spitzen verwachsen und hier durch Lösung der trennenden Membranen eine offene Kommunikation, den Copulationsschlauch, zwischen den Inhaltsräumen der beiden Zellen der benachbarten Fäden herstellen. Die Inhaltsbestandteile ziehen sich zusammen und der Inhalt der einen Zelle wandert in die andere, um dort durch Verschmelzung eine Zygote zu bilden, *2* u. *3*. So ist es bei *Spirogyra*, Fig. 118. Bei anderen Gattungen erhält der Copulationsschlauch in seiner Mitte eine bauchige Erweiterung, einen besonderen Copulationsraum, in welchem der Inhalt beider Zellen zusammentritt.

Fam. Desmidiaceae.

Zellen einzeln oder zu Reihen verbunden, meist wie *m* Fig. 119, durch eine Einschnürung oder durch Anordnung des Inhalts in symmetrische Hälften geteilt. Conjugation findet zwischen isolierten Zellen ausserhalb derselben statt, wobei sich dieselben kreuzweise aneinanderlegen, *d* Fig. 119. — *Cosmarium, Closterium, Micrasterias* (*m* Fig. 119).

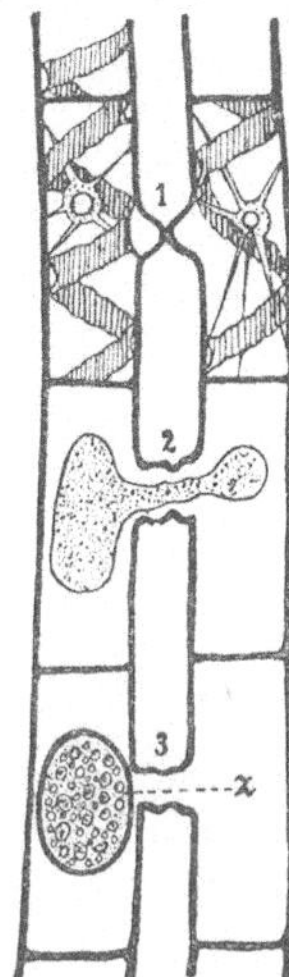

Fig. 118. Zwei Fadenstücke von Spirogyra; die Zellen *1* zeigen das spiralförmige Chlorophyllband, im Zentrum den Zellkern umgeben von Plasma; den Verlauf der Conjugation stellen die Zellen bei *1*, *2* und *3* dar; *z* = Zygote. — Stark vergr.

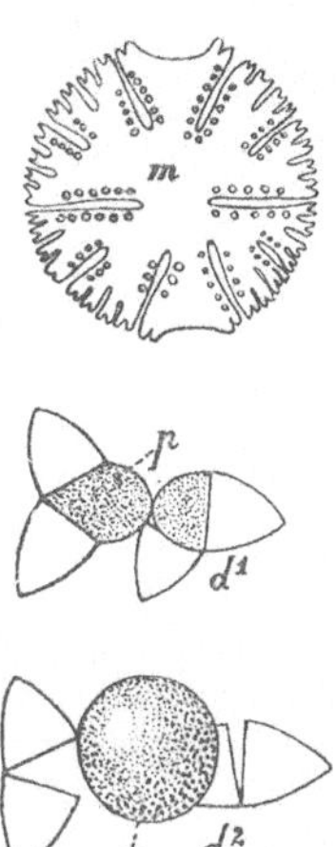

Fig. 119. *m* = Micrasterias papillifera; *d* = zwei conjugierende Desmidiaceen-Zellen (schematisch); bei d^1 bilden die Membranen der beiden Zellen einen Spalt, aus dem das Plasma *p* heraustritt; durch Verschmelzung der Plasmakörper ist in d^2 die Zygote *z* entstanden. — Stark vergr.

Reihe Zoosporeae.

Ein- oder vielzellige Algen; in letztem Falle die Zellen zu Fäden, Flächen oder Körpern angeordnet. Fortpflanzung 1. durch Teilung, 2. vermittelst frei beweglicher kleiner Zellen (Schwärmsporen oder Zoosporen), die als Bewegungsorgan an ihrer Spitze zwei, seltener vier oder viele Wimpern, Cilien, tragen, 3. auf geschlechtlichem Wege und zwar a) isogam, d. h. durch Verschmelzung, Paarung, von zwei schwärmenden geschlechtlichen Zellen (Planogameten) oder b) oogam, d. h. durch Befruchtung ruhender Zellen (Eizellen) seitens frei beweglicher kleinerer Zellen (Spermatozoïden). Die zuweilen nur einfache Zellen darstellenden Behälter, in denen die Eizellen entstehen, heissen Oogonien, die ebenfalls oft nur einzelligen Behälter der Spermatozoïden Antheridien. Nach der Befruchtung geht aus der Eizelle eine Spore hervor, die sich nach einiger Ruhe direkt zur neuen Pflanze entwickelt oder Schwärmzellen erzeugt, welche erst zu neuen Individuen auswachsen.

Fam. Palmellaceae.

Zellen einzeln oder zu Kolonieen vereinigt lebend. Die Kolonie-Bildung findet bei vielen Palmellaceen in besonderer

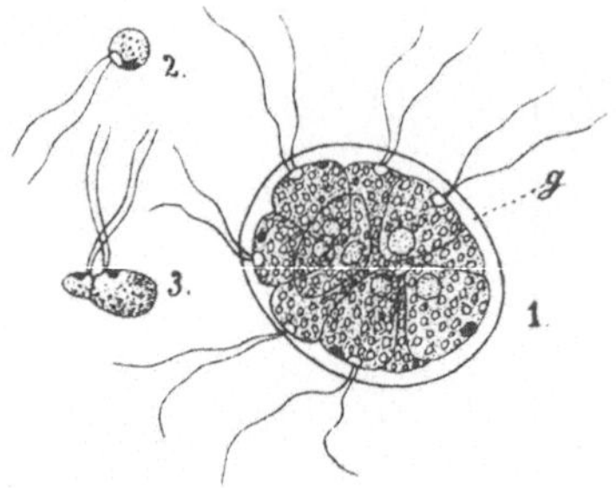

Fig. 120. Pandorina Morum. *1* Eine schwärmende Familie mit der sich deutlich abhebenden Gallerthülle *g*; *2.* Planogamete; *3.* Zwei Planogameten in Paarung begriffen. — Stark vergrössert. (Nach Pringsheim).

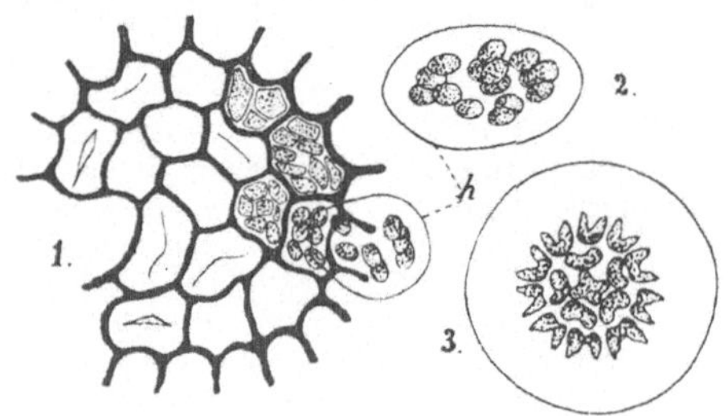

Fig. 121. *1.* = Pediastrum granulatum; rechts zerfallen die Zellen in Schwärmer, welche aus einer Zelle austreten, umgeben von einer gemeinsamen inneren gallertigen Schicht *h* der Mutterzellmembran; *2.* die mit ihrer Mutterzellmembran ausgetretenen Schwärmer, die sich in *3.* zu einer Familie zusammenordnen. — Stark vergr. (Nach A. Braun).

Weise statt. Der Inhalt einer Mutterzelle zerfällt durch fortschreitende Zweiteilung in viele Schwärmzellen, die entweder innerhalb einer gemeinsamen, jedoch bald hinfälligen Membran herumschwärmen und sich dann in irgend einer Weise zu einer „Familie“ zusammenordnen, Fig. 121, oder solche Vereinigungen bilden sich durch das Zusammentreten frei schwärmender Zellen. — Süsswasser- auch Luftalgen.

Die *Pandorineen* besitzen eine Gallerthülle, bewegen sich vermittelst Cilien und pflanzen sich isogam (*Pandorina*, Fig. 120), seltener oogam (*Volvox*) fort.

Protococcaceen: ohne Gallerthülle und unbeweglich. Fortpflanzung durch vegetative Schwärmzellen und isogam. — *Pediastrum*, Fig. 121.

Pleurococcaceae: mit Gallerthülle und ebenfalls unbeweglich. Vermehrung durch Teilung; geschlechtliche Fortpflanzung unbekannt.

Fam. Confervaceae.

Confervoideae: oft verzweigte Zellfäden; *Ulvoideae:* blatt- oder sackartige Zellflächen oder -Körper mit Wachstum an der Spitze oder am Rande. Fortpflanzung durch vegetative, meist vierwimperige Schwärmzellen oder isogam. — Im Süsswasser (*Cladophora, Ulothrix* Fig. 122), im Meere (*Ulva*), selten an der Luft (*Chroolepus*).

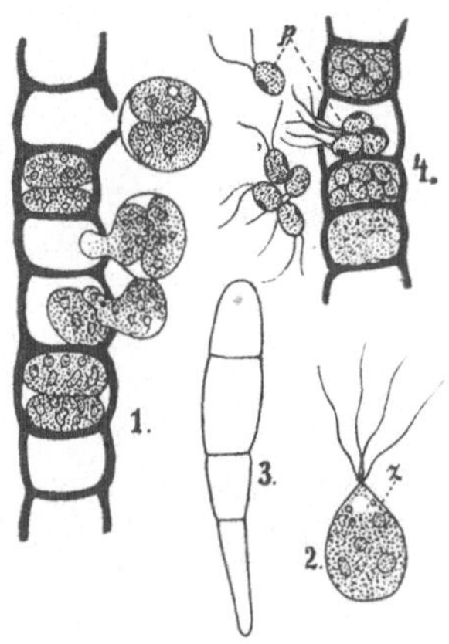

Fig. 122. Ulothrix zonata. *1.* = Stück eines Fadens mit austretenden Schwärmzellen, bei *2.* eine solche einzeln dargestellt; *3.* = junges aus einer Schwärmzelle erwachsenes Pflänzchen; *4.* = Fadenstück Planogameten *p* erzeugend, die aus der einen Zelle austreten. — Stark vergr. (Meist nach Dodel-Port).

Fam. Siphonaceae.

Zwar einzellige aber oft über fussgrosse Algen, die äusserlich betrachtet gegliedert erscheinen. Der Hohlraum ist vielkernig und wird zur Befestigung des Ganzen zuweilen von Zellstoffbalken durchzogen, die aber niemals zu trennenden Scheidewänden werden. *Gamosporeae:* Fortpflanzung isogam (*Botrydium* Fig. 123, *Caulerpa*); bei den *Oosporeen* sowohl geschlechtlich: oogam, als daneben auch durch vielwimperige Zoosporen (*Vaucheria*. Fig. 124).

Fam. Oedogoniaceae.

Oft rasig zusammenstehende Zellfäden des Süsswassers mit oogamer Fortpflanzung. Bei den *Sphaeropleen* enthält das Oogon mehrere, bei den *Coleochaeteen* nur e i n e Eizelle, die zu einer zellig umrindeten Spore wird, indem unter dem Oogon hervorwachsende Zellfäden die Spore umwachsen. Die *Oedogonieen* erzeugen neben vielwimperigen Zoosporen ebenfalls nur eineiige Oogonien, aber unberindete Sporen. Bei manchen Arten der Oedogonieen werden die Spermatozoïden erst aus schwärmenden, sich später festsetzenden Zellen (A n d r o s p o r e n) gebildet. Zur Erläuterung dieser Eigentümlichkeit geben wir im folgenden und in Fig. 125

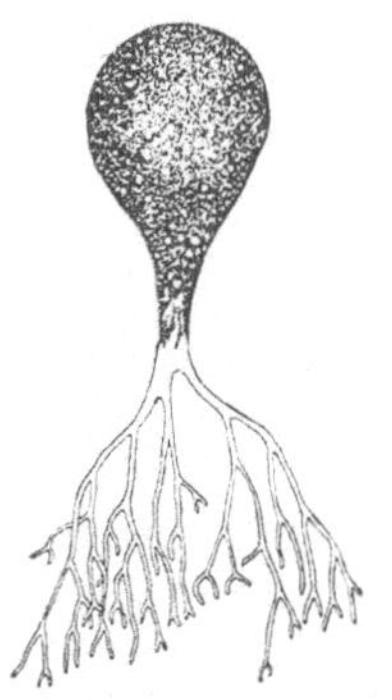

Fig. 123. Botrydium granulatum. — Etwa 15 mal vergr. (Nach Woronin).

ein Beispiel. In gewissen kugelig anschwellenden Zellen des Fadens, den Oogonien *o*, entsteht je eine Eizelle, in anderen, den Antheridienzellen, je eine Androspore *a*, welche sich auf oder neben den Oogonien festsetzt und zu einem wenig-

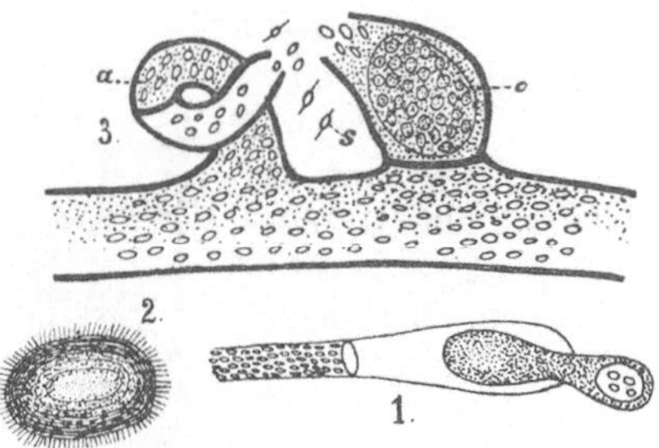

Fig. 124. Vaucheria sessilis. *1.* = Thallus-Ende mit austretender Zoospore. bei *2.* die letztere frei; *3.* = Thallusstück mit Oogon *o* und Antheridium *a*, aus welchem die Spermatozoïden *s* frei werden. — Vergr. (Nach Pringsheim).

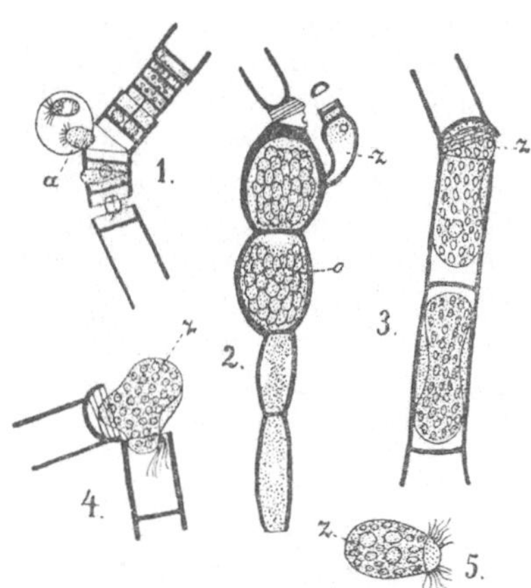

Fig. 125. *1.* = Fadenstück einer Oedogonium-Art mit Antheridienzellen, aus einer derselben treten bei *a* Spermatozoïden aus; *2.* = eine andere Oedogonium-Art mit Oogonien *o* und einem Zwergmännchen *z*; *3.* = Faden mit Zoosporen-Bildung, bei *z* ist eine solche im Begriff auszutreten, in *4.* im letzten Stadium des Austretens und in *5.* frei schwärmend. — Stark vergr. (Nach Pringsheim).

zelligen, die Spermatozoïden erzeugenden Gebilde, dem Zwergmännchen, auswächst. Die Oogonien öffnen sich durch eine Membranspalte, um den Spermatozoïden den Eintritt zu gestatten. Nach erfolgter Befruchtung wird aus der Eizelle eine „Oospore“, die nach längerer Ruhe direkt oder durch Vermittelung von Zoosporen zu neuen Pflanzen-Individuen auswachsen.

Reihe Characeae.

Im Süss- und Salzwasser vorkommende, verzweigte, oft stark durch kohlensauren Kalk inkrustierte, grüne Chlorophyllkörner führende Zellfäden mit Spitzenwachstum, deren Zellen abwechselnd kurz: Knotenzellen und lang: Gliederzellen sind. Die Knotenzellen erzeugen kürzere, „begrenzte", quirlig angeordnete Zweige: „Blätter," in deren Winkeln längere, der Hauptaxe gleichende, „unbegrenzte" Zweige entstehen, jedoch in jedem Quirl immer nur einer, *1* Fig. 126. Bei *Chara* werden die Gliederzellen durch Auswüchse des Grundes der begrenzten Zweige berindet; bei *Nitella* bleiben die Gliederzellen unberindet. Fortpflanzung durch Spermatozoïden *5* und Eizellen, welche in besonderen mehrzelligen Antheridienbehältern *a* und berindeten Oogonien *o* an den begrenzten Zweigen mono- oder dioecisch entstehen. Die Antheridien werden aussen von acht zackig ineinandergreifenden Zellen umgeben, deren jede nach innen in ihrer Mitte eine gestreckte Zelle, das Manubrium *m* in *3* trägt, welches an seinem freien Ende in viele Zellfäden ausgeht; in jeder Zelle dieser Fäden entwickelt sich ein korkzieherartig gewundenes Spermatozoïd mit zwei Cilien *s* und *5*, welches nach Öffnung des Antheridiums entlassen wird. Die Oogonien besitzen eine eineiige Centralzelle *c*, welche umrindet wird, indem fünf schlauchförmige Zellen von einer unter der Centralzelle gelegenen Zelle entspringen, die, in eine Schraubenlinie aufsteigend, eine Hülle bilden; diese erzeugt am Gipfel der Centralzelle ein fünf- (bei Chara) oder zehn- (bei Nitella) zelliges „Krönchen" *k*. Kleine bei der Empfängnisfähigkeit entstehende intercellulare Lücken *l* in den Schlauchzellen unter dem Krönchen sind die

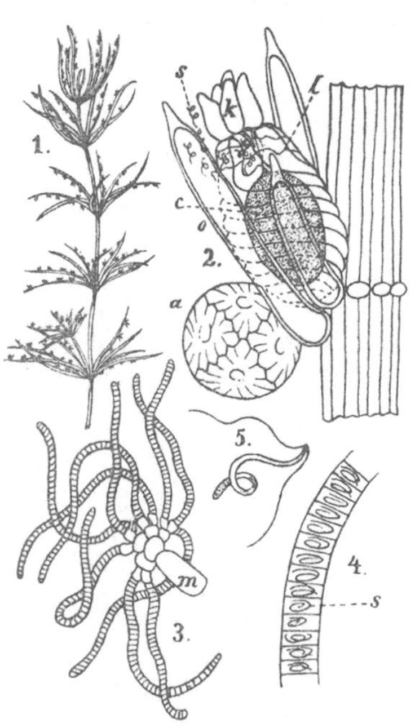

Fig. 126. Chara fragilis. *1.* = Zweigstück mit Blättern, an denen die Fortpflanzungswerkzeuge sitzen; *2.* = Fortpflanzungswerkzeuge. *o* Oogon mit Centralzelle *c* und Krönchen *k*, unter demselben bei *l* Lücke zum Eintreten der Spermatozoïden *s*. *a* Antheridium; *3.* = Manubrium *m* mit den die Spermatozoïden enthaltenden Zellfäden; *4* = Stück eines Fadens mit Spermatozoïden *s*; *5* = Spermatozoïd. — *1.* natürliche Grösse, *2—5* vergr.

Eingangsöffnungen für die Spermatozoïden. Die Oosporen entwickeln einen einfachen Zellfaden, „Vorkeim“, aus dem als Seitenspross die vollkommene Pflanze hervorgeht.

IV. Gruppe. Phaeophyceae (Fucoideae, Melanophyceae).

Zellfäden, -Flächen oder -Körper bildende Meeres-, seltener Süsswasser-Algen mit olivengrünen bis braunen Farbstoffkörpern. Die Schwärmzellen immer nur mit zwei entgegengesetzt gerichteten Cilien. Blasenartige Lücken *b* in *1* Fig. 127, die oft im Gewebe namentlich der Fucaceen vorkommen, dienen als Schwimmapparate.

Fam. Phaeosporeae.

Fortpflanzung durch Zoosporen oder (wo bekannt) isogam: durch Paarung von Planogameten, die sich bei den *Cutlerieen* — mit band- bis flächenförmigem Thallus — in grössere, also weibliche, vor der Befruchtung zur Ruhe gelangende und in kleinere, also männliche Gameten unterscheiden. Intercallar

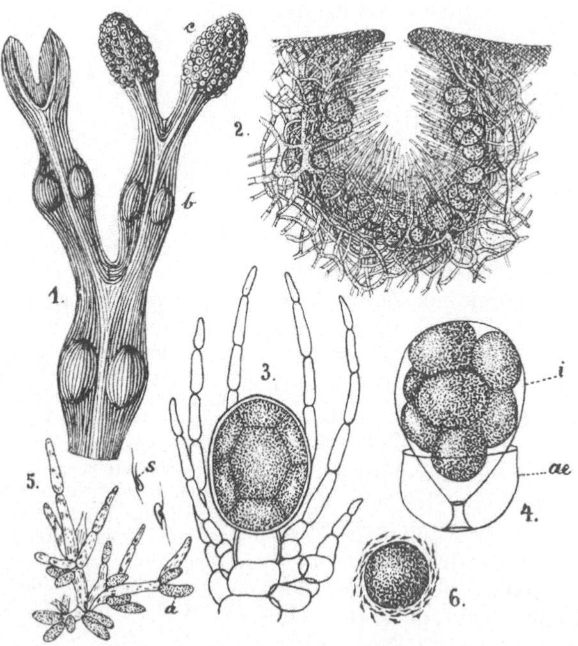

Fig. 127. Fucus vesiculosus. *1.* = Stück des Thallus mit Schwimmblasen *b* und Conceptakeln *c*; *2.* ein Conceptaculum im Durchschnitt; *3.* Oogonium; *4.* Oogonium im Begriff die Eizellen zu entleeren, die äussere Haut *ae* ist geplatzt und die innere *i* bereit zu platzen, beide Häute stellen die innere Lage der Oogon-Wandung dar; *5.* Verzweigtes Haar mit Antheridien *a*, daneben bei *s* zwei Spermatozoïden; *6.* Eizelle von Spermatozoïden umschwärmt. — *1* Natürl. Grösse, *2—6* stark vergrössert. (*2—6* nach Thuret).

wachsen die *Ectocarpeen* mit verzweigt-fädigem und die *Laminarieen* mit oft blattförmigem, meist sehr grossem Thallus. Die *Sphacelarieen* sind strauchförmig.

(Officinell: *Laminaria Cloustoni*).

Fam. Fucaceae.

Fortpflanzung oogam durch Befruchtung ausgestossener, nicht selbstbeweglicher Eizellen. Als Beispiel sei im folgenden *Fucus* beschrieben. Der flache, gabelig verzweigte Thallus, *1* Fig. 127, besitzt hier und da Schwimmblasen *b* und erzeugt an seinen Astenden *c* die Geschlechtsorgane. Ein solches Astende wird aus vielen kleinen, sich nach aussen hin öffnenden Behältern, Conceptacula *2*, zusammengesetzt, welche mit gegliederten Haaren gefüllt erscheinen, die zwischen sich die Oogonien und Antheridien bergen. Ein Oogonium *3* stellt eine einer kurzen Stielzelle aufsitzende Kugel dar, deren Inhalt in mehrere Eizellen zerfällt, die aus dem Oogon ausgestossen (*4*) und passiv vom Wasser fortgetragen werden. Die Antheridien stehen an verzweigten Haaren *5*; jedes Antheridium *a* ist eine längliche Zelle, aus der viele Spermatozoïden *s* entlassen werden. Die freie Eizelle *6* wird von den dieselbe umschwärmenden Spermatozoïden befruchtet.

Das sogenannte Sargasso - Meer im atlantischen Ocean (vergl. pflanzengeographische Karte) wird von schwimmendem *Sargassum bacciferum*, Fig. 128, gebildet. *Fucus*, Fig. 127.

Fig. 128. Sargassum bacciferum mit kugeligen Schwimmblasen. — Etwas verkleinert.

V. Gruppe. **Rhodophyceae** (Florideae).

Vielzellige, meist stark verzweigte Fäden, Flächen und Körper mit rosen- bis braunroten, auch violetten Farbstoffkörpern. Die Zweige unterscheiden sich nicht selten, ähnlich wie bei den Characeen in Kurz- und Langtriebe („Blätter und Stengel"). Fortpflanzung 1. durch unbewegliche, nackte vegetative Sporen, die meist durch Vierteilung einer Mutterzelle entstehen und daher Tetrasporen genannt werden, (*te* in Fig. 129), 2. geschlechtlich. Die Antheridien *a* erzeugen unbewegliche, männliche Zellen, Spermatien *sm*, welche passiv vom Wasser den weiblichen Organen zugeführt werden. Letztere nur selten einzellig, meist von besonderem Bau und dann Carpogonien *ca* oder Procarpien genannt; sie

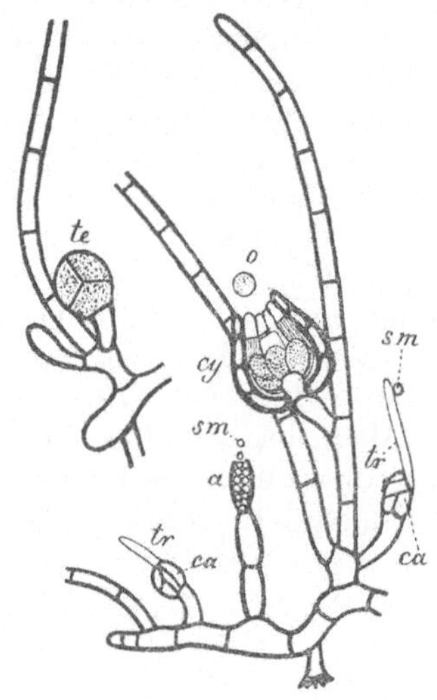

Fig. 129. Zwei Thallusstücke von Lejolisia mediterranea mit Tetrasporen *te* und Geschlechtswerkzeugen. *a* = Antheridium; *sm* = Spermatien; *ca* = Carpogonien; *tr* = Trichogyne; *cy* = Cystocarp; *o* = Oosporen. — Stark vergr. (Nach Bornet, etwas verändert).

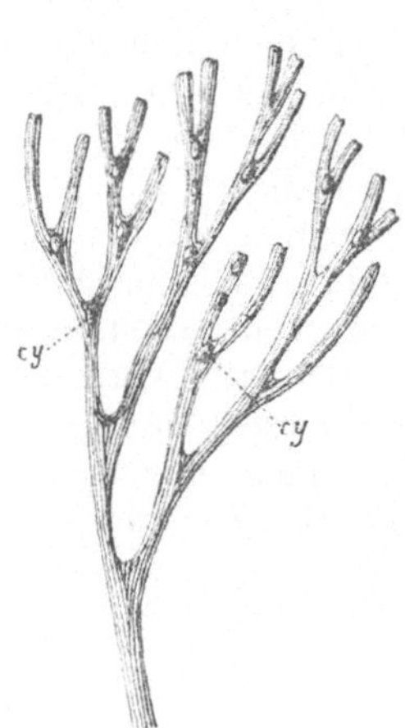

Fig. 130. Thallusstück von Chondrus crispus mit Cystocarpien *cy*. — Etwas verkleinert.

stellen einen mehrzelligen Körper dar, der meist ein haarförmiges Organ, die Trichogyne *tr*, trägt, welches als Empfängnisorgan funktioniert. Die Oosporen *o* sind zu Cystocarpien *cy* vereinigt und bleiben unberindet *(Gymnosporeae)* oder erhalten eine gemeinsame Umrindung *(Angiosporeae)*. — Im Meere (*Bangia, Delesseria, Corallina*), selten im süssen Wasser (*Batrachospermum*).

(Officinell: Thallus von *Chondrus crispus*, Fig. 130, und *Gigartina mammillosa*).

II. Klasse. Fungi, Pilze.

(mit Einschluss der Lichenes, Flechten).

Alles echte Parasiten oder Saprophyten: entbehren daher vollkommen der Kohlensäure-assimilierenden Farbstoffkörper. Die Arten sind ein- oder mehrzellig, in letztem Falle die Zellen zu Fäden, Hyphen, aneinandergereiht, die oft dicht zusammenwachsend grössere Körper bilden, die auf Querschnitten unter dem Mikroskop den Eindruck parenchymatischer Gewebe machen: Pseudoparenchym.

Die Pilze leben meist an der Luft, nur selten im Wasser.

I. Gruppe. **Schizomycetes** (Bakterien), Spaltpilze.

Nur bei starker Vergrösserung sichtbare zellkernlose Einzelzellen, die oft in ungeheurer Menge in Gesellschaften zusammenleben oder fädige, flächen- oder körperförmige Familien bilden. Zoogloea nennt man in Gallert eingebettete Kolonieen. Oftmals zeigen die Spaltpilze Eigenbewegung. Sie vermehren sich nur durch Teilung, einige bilden Dauersporen, *bs* Fig. 131; geschlechtliche Fortpflanzung kommt nicht vor. Die Spaltpilze leben in und von Eiweisssubstanzen, zersetzen dieselben: bewirken deren Fäulnis. Andere Verwandlungen, die sie durch ihre Ernährung veranlassen, sind die Gährungen. Ausserdem sind sie die Ursachen vieler Krankheiten, indem sie parasitisch in den Organen der erkrankten Menschen oder Tiere leben. Durch Übertragung solcher Spaltpilze werden die Krankheiten „ansteckend“.

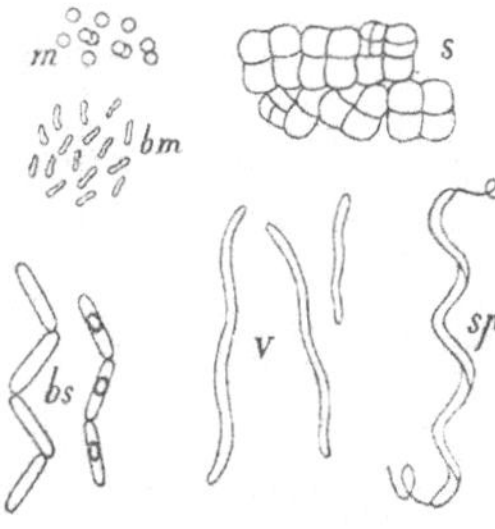

Fig. 131. Schizomyzeten. *m* = Micrococcus; *s* = Sarcina ventriculi; *bm* = Bacterium termo; *bs* = Bacillus, der Faden rechts mit Dauersporen; *v* = Vibrio; *sp* = Spirillum. — Sehr stark vergr.

Die Bakterien treten in mannigfacher Form auf, besonders in Form kleiner einzelliger Kugeln *m* und *s* (z. B. *Micrococcus prodigiosus* rote Flecken auf Brot, Kartoffeln, Kleister u. s. w. bildend, *Micrococcus diphthericus* Diphtheritis-Pilz, *Sarcina ventriculi* im Magen des Menschen), in Form von Stäbchen und zwar Kurzstäbchen *bm*: *Bacterium*, und Langstäbchen *bs*: *Bacillus* (z. B. *Bacterium termo* sehr häufig in Flüssigkeiten mit faulenden organischen Substanzen, *Bacillus cholerae* der Cholera-Pilz, *Bacillus tuberculosis* bei der Schwindsucht, *Bacillus malariae* Pilz des Sumpffiebers, *Bacillus Anthracis* Milzbrandpilz), als Fäden *v* (*Vibrio, Leptothrix, Beggiatoa*) und Schrauben *sp* (*Spirillum*).

Viele der besonders benannten und unterschiedenen Formen sind jedoch nur Entwickelungszustände ein und derselben Art. Als Unterfamilien werden unterschieden:

1. *Coccaceae.* Nur Arten in Form von Kugelzellen (Coccen), die zuweilen zu Fäden aneinander gereiht erscheinen. 2. *Bacterieae:* in Form von Coccen, Kurz-, Langstäbchen und Fäden. 3. *Leptotricheae:* in Form von Coccen, Stäbchen, Fäden, die an beiden Enden verschieden gestaltet sind (also Basis und Spitze unterscheiden lassen), und Schrauben. 4. *Cladotricheae:* in Form von Coccen, Stäbchen, verzweigten Fäden und Schrauben.

II. Gruppe. Eumycetes.

Zellen mit Kernen zu meist verzweigten Hyphen vereinigt, seltener die Hyphen ohne Querwände. Sporen meist an besonderen Trägern auftretend. Der keine Sporen erzeugende, vorzugsweise der Nahrungs-Aufnahme dienende Teil des Eumyceten-Leibes heisst Mycelium.

Reihe Phycomycetes, Fadenpilze.

Hyphen gewöhnlich einzellig. Fortpflanzung 1. auf vegetativem Wege durch Bildung von Zoosporen oder von Conidien, d. h. unbeweglichen Sporen, 2. geschlechtlich durch Zygosporen- oder Oosporen-Bildung.

A. Unter-Reihe Zygosporeae.

Das Produkt der geschlechtlichen Fortpflanzung ist eine Zygospore, welche durch Copulation zweier Hyphen-Äste entsteht. *3* und *4* in Fig. 132.

Fam. Mucoraceae.

Vegetative Fortpflanzung nur durch Conidien (vergl. Fig. 132). — Hierher *Mucor mucedo* der Kopfschimmel, mit Conidien, die innerhalb einer kugeligen Zelle, also endogen entstehen. Bei anderen Arten, z. B. *Pipthocephalis,* auf dem Kopfschimmel schmarotzend, sind die Conidien „exogen".

Fam. Chytridiaceae.

Auf Wasserpflanzen und Infusorien, selten Landpflanzen schmarotzende kleine einzellige Pilze mit einwimperigen Zoosporen, ohne Conidien.

Fam. Entomophthoreae.

Diese als ansteckende Krankheiten gewisser Insekten auftretenden Pilze verbreiten sich epidemisch durch Conidien, welche abgeschleudert werden. — *Entomophthora muscae* oft auf Stubenfliegen.

B. Unter-Reihe Oosporeae.

Geschlechtliche Fortpflanzung durch Oosporen. Den kugeligen Oogonien, *o* Fig. 133, legt sich eine Hyphen-

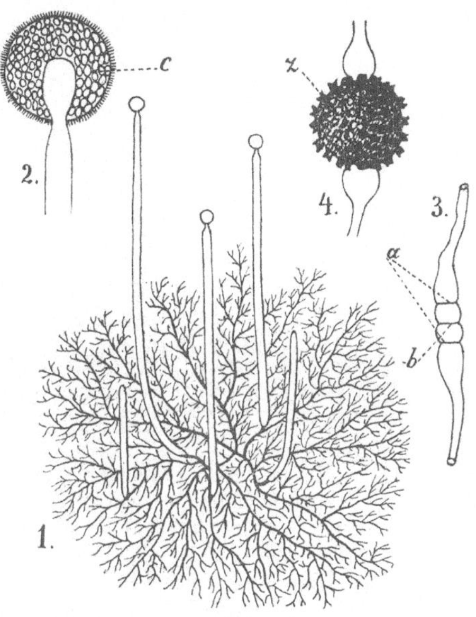

Fig. 132. *1.* Eine Mucoracee (Phycomyces nitens) mit drei reifen und zwei sich entwickelnden Conidienträgern; *2.* Längsschnitt durch den Gipfel eines Conidienträgers von Mucor mucedo, *c* = Conidien; *3.* Zwei Mycel-Äste in Copulation begriffen; die zur Zygospore *z* in *4.* werdenden Zellen sind durch die Scheidewände *a* abgegliedert. in *b* berühren sich die beiden Äste; diese gemeinsame Scheidewand wird aufgelöst, sodass die Inhalte der beiden Zellen zur Zygosporen-Bildung zusammenfliessen. — Vergr. (*1.* nach Sachs, *2.*, *3.*, *4.* nach Brefeld).

Endigung an, welche anschwillt, sich durch eine Scheidewand abgrenzt, zum Antheridium wird, und einen Fortsatz in das Oogonium hineintreibt, welcher die Befruchtung vermittelt.

Fam. Peronosporaceae.

Das Mycel lebt parasitisch in Pflanzengeweben, erzeugt Oosporen und an die Oberfläche der Nährpflanze tretende Träger mit exogenen Conidien, die entweder unmittelbar oder durch Vermittelung von Zoosporen neue Individuen erzeugen. Vergl. Fig. 133. — Hierher *Phytophthora* (*Peronospora*) *infestans,* der Pilz der Kartoffel-Krankheit.

Fam. Saprolegniaceae.

Im Wasser lebende Saprophyten, zuweilen auch Parasiten auf Tier- und Pflanzenkörpern. Oosporen und Zoosporen. —

Leptomitus lacteus (*Saprolegnia lactea*) nicht selten massenhaft auf organischen Substanzen.

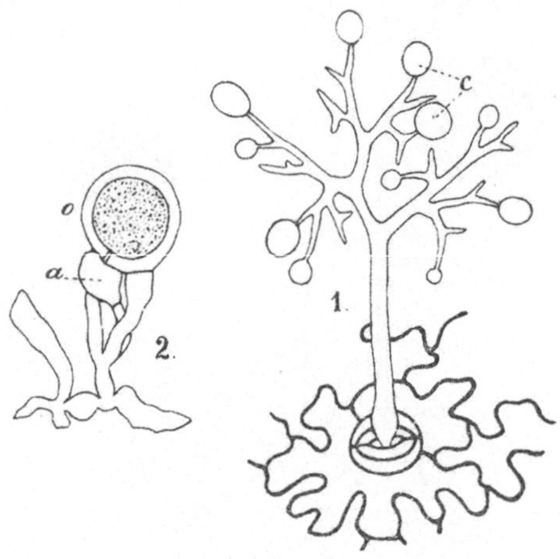

Fig. 133. Peronospora calotheca. *1.* = Conidienträger aus einer Spaltöffnung der Nährpflanze (Asperula odorata) hervortretend, *c* = Conidien; *2.* = Geschlechtsorgane, *o* = Oogonium, *a* = Antheridium. — Stark vergr. (Nach Kny).

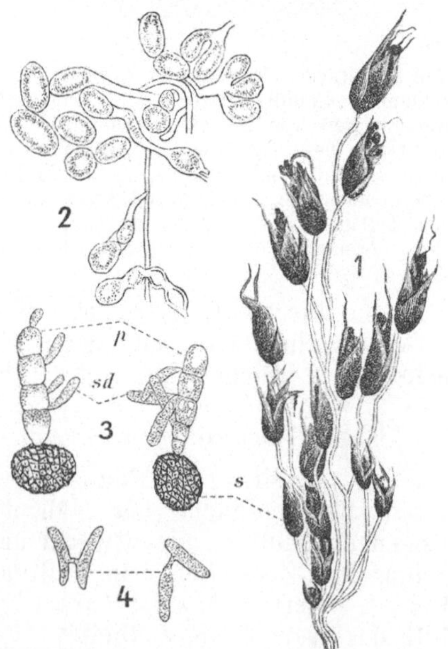

Fig. 134. *1.* = Haferrispe vom Brand, Ustilago carbo, befallen; *2.* = Mycel von Ustilago carbo in Sporenbildung begriffen; *3.* = Zwei Sporen *s* von Ustilago receptaculorum mit Promycel *p* und Sporidien *sd; 4* = Copulierte Sporidien von Ust. recept. — *1* natürl. Gr.; *2, 3, 4* stark vergr. (*2* nach Frank, *3* u. *4* nach De Bary).

Reihe Ustilagineae, Brandpilze.

Das Mycel, welches parasitisch in Pflanzen lebt, zerfällt innerhalb der Nährpflanze oder nach aussen tretend, *1* Fig. 134, in dunkel gefärbte vegetative Sporen *2*, aus denen ein kleines Mycel, Promycel *p*, hervorgeht, welches längliche bis fadenförmige sekundäre Sporen, Sporidien *sd*, abschnürt. Diese

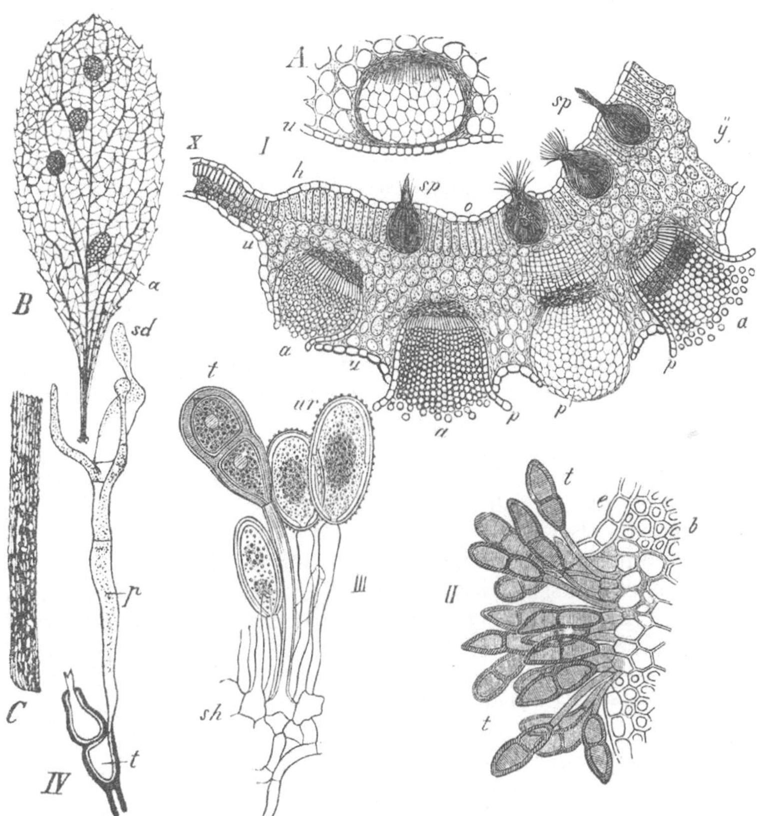

Fig. 135. Puccinia graminis (u. Aecidium Berberidis). *B* = Blatt von Berberis vulgaris von der Unterseite mit 4 Aecidium-Bechern *a*; *A* = Teil eines Blattquerschnittes der Berberitze mit einem jungen Aecidiumbecher, *u* Unterseite; *I* = Blattquerschnitt der Berberitze mit Spermogonien *sp* und Aecidiumbechern *a*, *p* deren Aussenwandung, zwischen *u* (Unterseite) und *o* (Oberseite) ist das Blatt verdickt, bei *X-h* seine natürliche Dicke, bei *y* die krankhafte Verdickung; *C* = Halmstück der Quecke mit Teleutosporen-Lagern besetzt, in *II* ist ein solches im Querschnitt dargestellt, *e* Epidermis, *b* Teil des Queckenblattes, *t* zweizellige Teleutosporen; *III* = Teil eines Uredosporen-Lagers mit Uredosporen *ur* und einer Teleutospore *t*, *sh* Hyphen; *IV* = Keimende Teleutospore *t*, *p* Promycel, *sd* Sporidien. — *B* und *C* natürl. Grösse, alles andere vergrössert. (*A, I, II* und *III* aus Sachs' Lehrbuch, *II* und *III* nach De Bary, *IV* nach Tulasne).

entwickeln sich auf eine Wirtspflanze gelangend zu einem Hauptmycel. Zuweilen copulieren, wie in *4*, die Sporidien, jedoch ohne Zygosporen-Bildung.

Der „Brand“ der Getreide-Arten wird durch Ustilagineen verursacht: *Ustilago carbo* = Flugbrand, Russbrand Fig. 134, *Tilletia caries* = Stein-, Schmierbrand des Weizens.

Reihe Aecidiomycetes (Uredineae), Rostpilze.

Mycel parasitisch im Innern von Pflanzen lebend und an die Oberfläche der Wirtspflanze tretend, Sporen in besonderen Behältern abschnürend. Geschlechtliche Fortpflanzung unbekannt. Viele Arten mit zwei- bis viergliederigem „Generations“- und oft damit verbundenem Wirtswechsel. Als Beispiel geben wir die Entwickelung des Getreide-Rostes Fig. 135.

Das in Gräsern lebende Mycel dieses hier *Puccinia graminis* genannten Pilzes erzeugt den Sommer hindurch an Hyphen-Endigungen, welche an die Oberfläche treten, einzellige exogene Sporen, Uredosporen, Sommersporen *ur*, aus denen neue Puccinia-Mycelien hervorgehen. Gegen Ende des Sommers werden jedoch in unserem Falle zweizellige Sporen, Teleutosporen *t*, gebildet, welche den Winter ausdauern: Wintersporen und im nächsten Frühjahr zu einem Promycel *p* auswachsen, welches Sporidien *sd* abschnürt. Diese entwickeln sich zwar nicht auf Gräsern, aber auf den Blättern der Berberitze zu einem Mycel, wohin die Sporidien vom Winde gebracht werden. Das Mycel in der Berberitze bildet nach aussen kleine Behälter nämlich 1. Spermogonien *sp*: Organe unbekannter Funktion, deren Hyphen stäbchenförmige Zellen (Spermatien?) und 2. Aecidienbecher *a* (*Aecidium Berberidis*), aus derem Grunde sich parallel nebeneinander stehende Hyphen erheben, welche Reihen von Sporen abschnüren. Die Aecidio-Sporen keimen ihrerseits nur auf Gräsern und erzeugen zunächst wieder die Uredo-Form (*Uredo linearis*), von der wir ausgegangen sind.

Zahlreiche Arten, die sich oft als verschieden farbige Pusteln namentlich auf Laubblättern bemerkbar machen und mehr oder weniger schädliche Krankheiten erzeugen.

Reihe Ascomycetes.

Sporen (Ascosporen) in keuligen, schlauchförmigen Hyphen-Endigungen, Asci, zuweilen als Folge eines Geschlechtsaktes entstehend. Daneben oft exogene Conidien.

Fam. Saccharomycetes, Hefepilze.

Länglich-kugelige durch Sprossung sich vermehrende Einzelzellen, die oft zunächst zu verzweigten Ketten vereinigt bleiben. Ascosporen zu zwei bis vier vegetativ in den Zellen entstehend. Vergl. hierzu Fig. 136.

Die Hefepilze leben in zuckerhaltigen Flüssigkeiten und zerlegen bei ihrem Ernährungsprozess den Zucker in Kohlensäure und Alkohol („alkoholische Gährung"). Der Kahmpilz, *Saccharomyces mycoderma,* lebt jedoch auf bereits ausgegohrenen Flüssigkeiten und bildet auf denselben die „Kahmhaut". *Saccharomyces Cerevisiae* = Bier- und Branntweinhefe Fig. 136. *S. ellipsoïdeus* = Weinhefe.

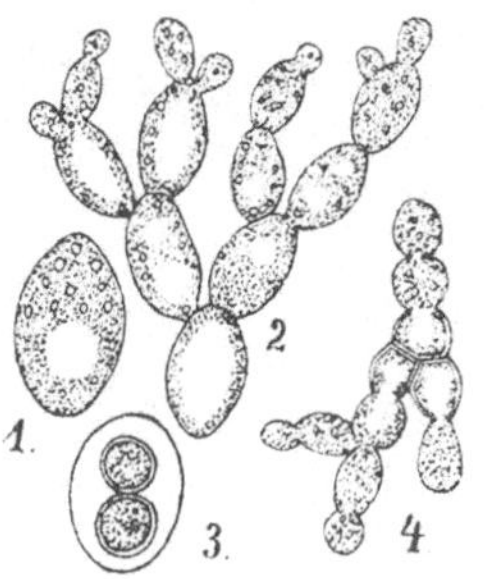

Fig. 136. Saccharomyces Cerevisiae. *1.* = Einzelzelle; *2.* = Eine durch Sprossung entstandene Colonie; *3.* = Einzelzelle mit zwei Sporen; *4.* = Einzelzelle mit drei Sporen, die alle aussprossen. — Stark vergr. (*3* und *4* nach Reess).

Fam. Gymnoasci.

Parasiten und Saprophyten mit fadenförmigem Mycel, welches nach aussen hin viele Asci entwickelt.

Fam. Perisporiaceae.

Asci zu mehreren in Behältern, Perithecien, *p* Fig. 137 und 138, die vollkommen geschlossen sind, sich erst nach der Reife öffnen und zuweilen Produkte der Befruchtung eines weiblichen Organes, Ascogones, durch ein Antheridium sind, *g* Fig. 138. Das parasitische oder saprophytische Mycel entwickelt in manchen Fällen auch Conidienträger, *x* und *y* Fig. 138.

In der Unterfamilie der *Erysipheae, p* und *y* Fig. 138, sind die Perithecien *p* einkammerig, bei den *Tuberaceen* mehrkammerig. Zu der ersteren gehören die Mehltau-Pilze, z. B. *Oïdium Tuckeri* auf den Blättern, Zweigen und Beeren des Weinstockes, die Ursache der Weintrauben-Krankheit, zu der

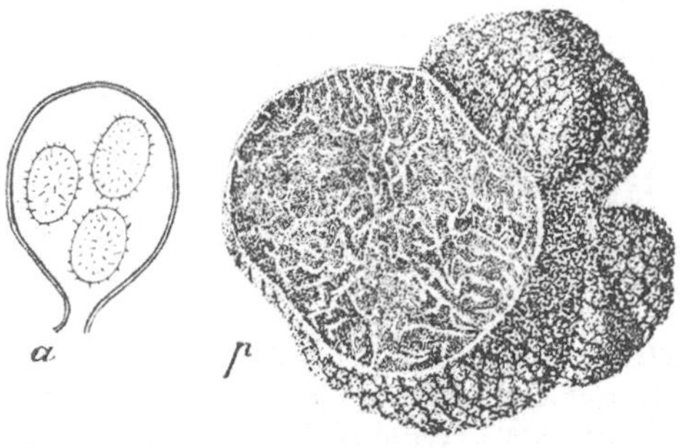

Fig. 137. Tuber melanosporum. *p* von aussen und im Querschnitt, auf letzterem stellt die punktierte Grundmasse das Ascuslager dar, *a* ein Ascus aus demselben mit drei Sporen. — *p* etwas verkl., *a* vergr. (Nach Lenz).

letzteren die Trüffeln (*Tuber*) Fig. 137, unter oder auf dem Erdboden lebend und bekanntlich in manchen Arten als Delikatessen geschätzt, sowie Schimmel-Arten z. B. die gemeinste unter diesen, der Pinselschimmel *Penicillium glaucum* auf Brot, Früchten u. s. w. Fig. 138 *a, g, x*.

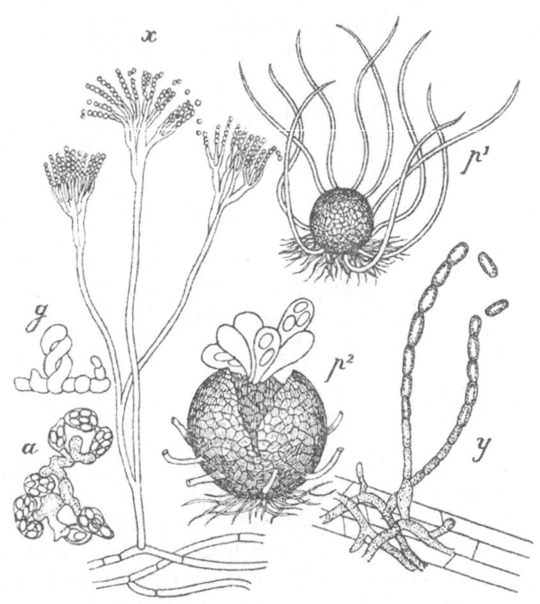

Fig. 138. *a, g, x* = Penicillium glaucum; *p, y* = Erysiphe communis. *x, y* = Conidienträger, *g* = Geschlechtsorgan?, von den spiralig umeinander gewundenen Schläuchen wäre der eine das Antheridium, der andere das Ascogon, p^1 = Perithecium, p^2 dasselbe durch Druck geöffnet, um die Asci zu zeigen, *a* = Ascuslager mit acht Asci. — Vergr. (*g* und *a* nach Brefeld, *p* und *y* nach Frank).

Fam. Pyrenomycetes.

Perithecien offen, meist krugförmig, einzeln oder auf einem besonderen Träger (Stroma) vereinigt; die Asci in denselben eine besondere Schicht, Hymenium, bildend und mit sterilen Hyphen-Endigungen (Paraphysen) untermengt. Conidien an freien Trägern oder zuweilen in besonderen Behältern: Pycniden. Spermogonien mit Spermatien sind verbreitet.

Am bekanntesten ist das Mutterkorn, *Claviceps purpurea*, Fig. 139. Das Mycel desselben lebt parasitisch in den Fruchtknoten von Gräsern, namentlich des Roggens *r*, und schnürt Conidien *c* ab, die in süsslichem Schleim eingebettet sind. Dieser wird von Fliegen eifrig gesucht, wodurch zur Verbreitung des Pilzes beigetragen wird. Der

Conidienzustand dieses Pilzes ist unter dem Namen Honigtau bekannt und wurde früher für eine besondere Art (*Sphacelia segetum*) gehalten. Das Mycel *m* vergrössert sich schliesslich zu einem 1—2 cm langen, festen, dunkel gefärbten Körper (das Mutterkorn), welcher den Winter überdauert und als Dauermycel: Sclerotium *s*, bezeichnet wird. Dieses bringt im nächsten Frühjahr einige gestielte Träger *t* mit kugeligen Köpfchen hervor, in deren Oberfläche zahlreiche Perithecien *p* eingesenkt sind, welche in ihren Asci *a* fadenförmige Sporen *sp* entwickeln; aus diesen geht wieder der Honigtau hervor.

(Officinell: Sclerotium von *Claviceps purpurea*, *s* Fig. 139).

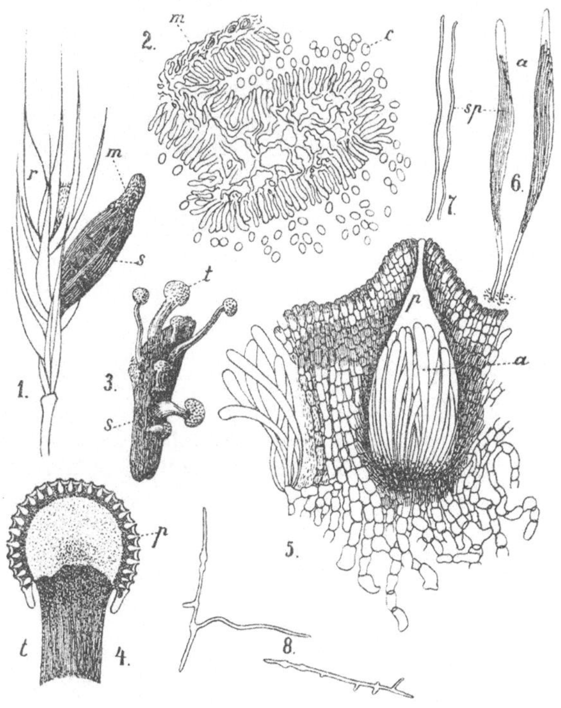

Fig. 139. Claviceps purpurea. *1* = Roggenähre *r* mit einem Sclerotium *s*, auf welchem noch ein Rest der Sphacelia *m* sitzt; *2* = Sphacelia mit Conidien *c* und Mycel *m*; *3* = Sclerotium *s* zu Perithecien-Trägern *t* auswachsend; *4* = Längsschnitt durch das Köpfchen eines Perithecien-Trägers, *p* = Perithecien; *5* = Längsschnitt durch ein Perithecium; *6* = Zwei Asci mit Sporen *sp*; *7* = Zwei Sporen; *8* = Zwei Sporen in Keimung begriffen. — *1.* natürl. Grösse, *3.* etwas verkl., die übrigen Grössenverhältnisse ergeben sich hieraus. (Im wesentlichen nach Tulasne).

Fam. Discomycetes.

Hymenium im Reifezustand ganz frei liegend, auf der ganzen Oberfläche oder auf einem flach-scheibenförmigen bis becherförmigen Teil des Trägers. Die Ascus-Träger heissen Apothecien. Im Übrigen gleichen die Discomyceten den Pyrenomyceten. — Von den *Phacidiaceen* ist *Rhytisma acerinum*, schwarze Flecken auf Ahornblättern bildend, bemerkenswert, von den *Helvellaceen* die Morcheln, (*Morchella*, Fig. 140) mit keulenförmigen Trägern. Die *Pezizaceen*-Träger sind sitzend oder gestielt, becher- bis napfförmig.

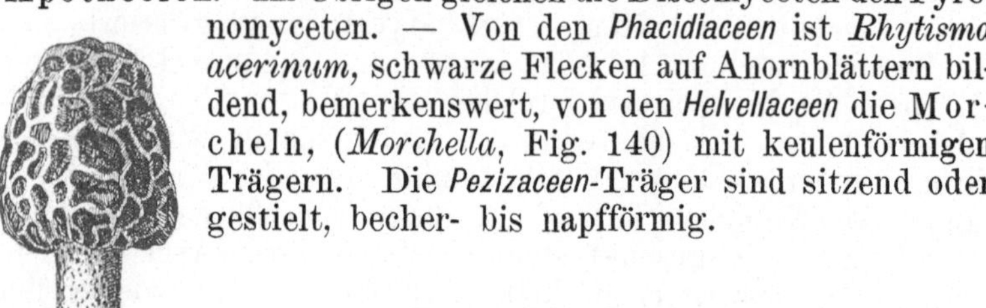

Fig. 140. Morchella esculenta = Speisemorchel. — Etwas verkl.

Reihe Basidiomycetes.

Nur vegetative Sporen bekannt, die meist zu vier, aber auch eins bis acht an Hyphen-Enden, Basidien, durch Sprossung entstehen. Die Basidien gewöhnlich Hymenien mit oder ohne Paraphysen an grösseren pseudoparenchymatischen Trägern bildend. — Saprophyten, seltener Parasiten.

Fam. Tremellinae, Gallertpilze.

Die Basidien teilen sich in zwei bis fünf Zellen, deren jede eine Spore abschnürt. Hymenium oberflächlich den Pilzkörper überziehend.

Fam. Hymenomycetes, zum Teil Hutpilze.

Basidien, *b* Fig. 141, ungeteilt. Sporenträger sehr verschieden gestaltig, das Hymenium, seltener die ganze Aussenfläche, meist nur bestimmte Teile desselben bekleidend.

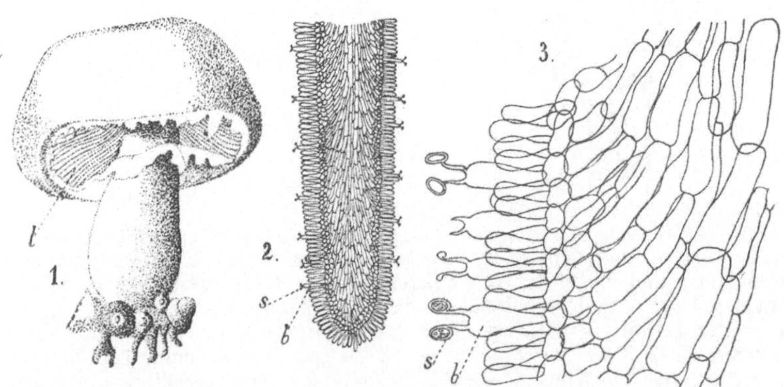

Fig. 141. Agaricus campestris. *1.* = Sporenträger, *l* = Lamellen mit dem Hymenium; *2.* = eine Lamelle im Querschnitt mit Basidien *b* und Sporen *s*; *3.* = ein Teil von *2.*, *b* = Basidien, jede bei Agar. camp. nur zwei Sporen *s* erzeugend. — *1.* etwas verkl., *2.* vergr., *3.* stark vergr. (*2.* und *3.* nach Sachs).

Bei den *Telephoreen* erscheint die das Hymenium tragende Fläche mit blossem Auge gesehen glatt. Der Körper ist oft krustenförmig. Auch die *Clavarieen* tragen ihr Hymenium auf einer glatten Fläche des keulen- oder strauch- bis korallenförmigen Körpers. Das Hymenium der *Hydneen* überzieht stachel- bis warzenartige Vorsprünge des oft „hut-" (besser schirm-) förmigen Trägers. Die ebenfalls oftmals hutförmige Sporenträger besitzenden *Polyporeen,* Fig. 142, zeigen kleine, meist zu besonderen Schichten verbundene Röhren, welche vom Hymenium ausgekleidet werden (*Merulius lacrymans,* Hausschwamm; officinell ist *Polyporus fomentarius*). Bei den gleichfalls gewöhnlich hutförmigen *Agaricineen,* den Blätterschwämmen, Fig. 141, bekleidet das Hymenium Lamellen *l*, Blätter, welche auf der Unterseite des Schirmdaches verlaufen. (*Agaricus campestris* = Champignon, Fig. 141, *Ag. muscarius* = Fliegenpilz, *Ag. melleus* = Hallimasch, auf Bäumen schmarotzend und hierdurch oft sehr schädlich).

Fig. 142. Sporenträger von Boletus bovinus (Kuhpilz).

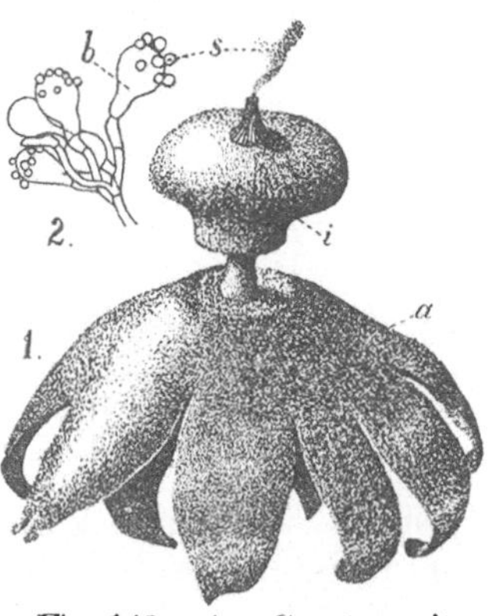

Fig. 143. *1* = Geaster mit äusserer *a* und innerer Peridie *i*, die äussere reist sternförmig auf und schlägt sich zurück, die innere entlässt durch eine Öffnung am Gipfel die Sporen *s*; *2.* = ein Stückchen des Hymeniums, *b* = Basidien mit je acht Sporen *s*. — *1.* natürl. Grösse, *2.* stark vergr. (*2.* nach de Bary).

Fam. Gastromycetes, Bauchpilze.

Hymenium im Innern der sich bei der Reife meist öffnenden Körper gewöhnlich besondere Kammern auskleidend.

Die *Hymenogastren* wachsen wie die Trüffeln unterirdisch und sind diesen ähnlich; ihre Körper bleiben geschlossen und zerfallen. Bei den *Lycoperdaceen,* den Staubpilzen, öffnet sich die Aussenwand, Peridie, um die Sporen als Staubwolke zu entlassen (*Lycoperdon, Bovista, Geaster* Fig. 143). Die Hymenialkammern der *Nidulariaceen* isolieren sich zu besonderen kleinen Körpern, die nach Öffnung der Aussenwandung des ganzen Pilzkörpers frei werden. Bei den *Phalloïdeen* z. B. der nach Leichen riechenden Giftmorchel, *Phallus impudicus,* reisst die Peridie, und die zerfliessenden Kammern werden durch einen Träger emporgehoben.

III. Gruppe. Lichenes, Flechten.

Die Flechten sind Pyreno- und Discomyceten, selten Basidiomyceten, die auf Algen schmarotzen oder vielmehr mit diesen zusammenleben und Nutzen aus dem Assimilations-

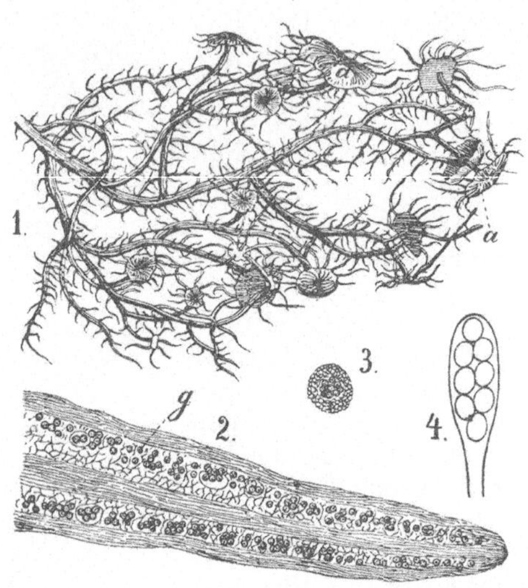

Fig. 144. Usnea barbata. *1.* = Tracht der Pflanze, *a* Apothecien; *2.* = Längsschnitt durch ein Thallus-Ende, *g* Gonidienschicht mit kugeligen, chlorophyllgrünen Algen-Zellen; *3.* = Soredie, im Zentrum mehrere Algen-Zellen umgeben von Hyphengeflecht; *4.* = Ascus mit acht Sporen. — *1* natürl. Gr., *2*, *3* vergr., *4* stark vergr. (*2* nach Sachs).

prozess der Algen ziehen. Die Flechtenkörper umschliessen die meist den Abteilungen der Cyanophyceen und Palmellaceen angehörenden Algen, welche gewissermassen als besondere Kohlensäure assimilierende Organe des Flechtenkörpers „Gonidien“ erscheinen, *2* Fig. 144. Fortpflanzung wie bei den genannten Pilzgruppen, ausserdem durch Soredien *3*, das sind vegetativ entstehende, aus Hyphen und Gonidien zusammengesetzte Körnchen.

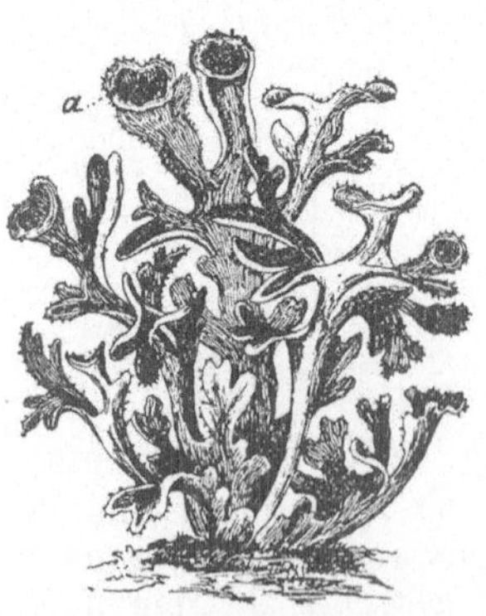

Fig. 145. Cetraria islandica. *a* = Apothecien. — Natürl. Grösse.

Die Flechten leben auf Steinen, auf der Erde, an Rinden u. s. w.

Die Sporen sitzen bei verhältnismässig wenigen Arten an Basidien: Basidiolichenes, meist in Asci: Ascolichenes Fig. 144. Letztere teilt man ein in **Homoeomerici,** bei denen die Gonidien gleichmässig zwischen den Hyphen zerstreut und **Heteromerici,** bei denen dieselben in besonderen Schichten des Thallus auftreten *2* Fig. 144. Der Thallus der Flechten ist fädlich, gallertig, krustenartig, flachlaubig oder strauchig. — *Peltigera, Parmelia, Usnea* Fig. 144, *Cladonia rangiferina* = Renntier-Flechte oder (obwohl falsch) -Moos, *Roccella tinctoria* zum Färben benutzt.

(Officinell: *Cetraria islandica* = isländisches Moos Fig. 145.)

II. Abteilung. Bryophyta (Muscineae), Moose.

Chlorophyllgrüne Pflanzen mit echten Geweben, die, äusserlich betrachtet, in Stengel, Blätter und Wurzelhaare gegliedert erscheinen, vergl. *1—3* Fig. 147; nur einige der niedersten noch blattlos. Wenn leitende Gewebezüge vorkommen, so werden diese aus ganz einfachen, gleichartigen, gestreckten Zellen zusammengesetzt, Fig. 146. Die Sprosse entwickeln Antheridien mit Spermatozoiden (*6, 7, 8, 9* Fig. 147) und höher differenzierte weibliche Organe: Archegonien mit Eizellen in monöcischer oder diöcischer Verteilung (*10, 11, 12* Fig. 147). Nach der Befruchtung geht aus der Eizelle eine meist gestielte Kapsel, das Sporogonium, mit Sporen hervor, Fig. 147 *so* in *13*, ferner *1, 2, 3,* welche mit dem beblätterten Spross in Verbindung bleibt. Die Spore erzeugt unmittelbar oder als Seitenspross eines hyphenartigen „Vorkeimes", Protonema *5*, die beblätterte Pflanze. Es wechseln also, wie wir dies schon bei den Uredineen kennen gelernt haben, verschiedenartige Generationen, in unserem Falle eine geschlechtliche Antheridien und Archegonien erzeugende mit einer ungeschlechtlichen Sporen erzeugenden Generation ab: Generationswechsel.

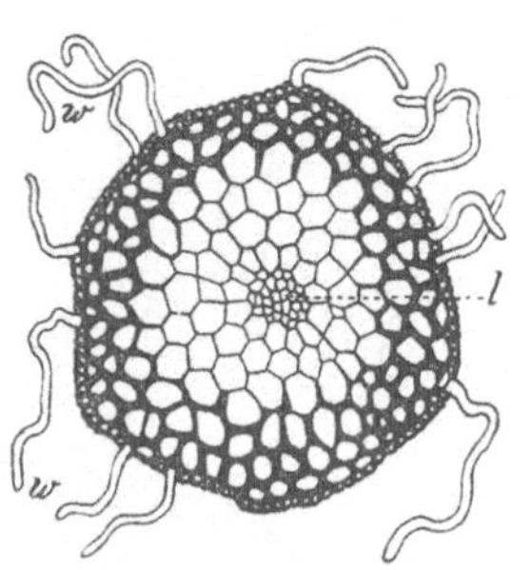

Fig. 146. Querschnitt durch das Stämmchen von Bryum roseum. *l* = leitender Strang; *w* = Wurzelhaare. — Etwa 68 mal vergr. (Nach Sachs).

I. Gruppe. Hepaticae, Lebermoose.

Sporogonium sitzend oder mit sehr zartem vergänglichen Stiel, sich meist klappig oder unregelmässig öffnend oder einfach zerfallend. Die Sporen sind oft mit gestreckten Zellen mit schraubenförmigen Verdickungs-Leisten untermischt, welche federnde Apparate zum Fortschleudern der Sporen darstellen und Elateren heissen. Der Thallus resp. Spross zeigt eine verschiedenartig ausgebildete Rücken- und Bauchseite: sie sind dorsiventral.

Fam. Marchantiaceae.

Leib, Fig. 148, flach-blattartig, unterseits mit Wurzelhaaren *h* und Andeutungen von Blättern, oberseits mit ein-

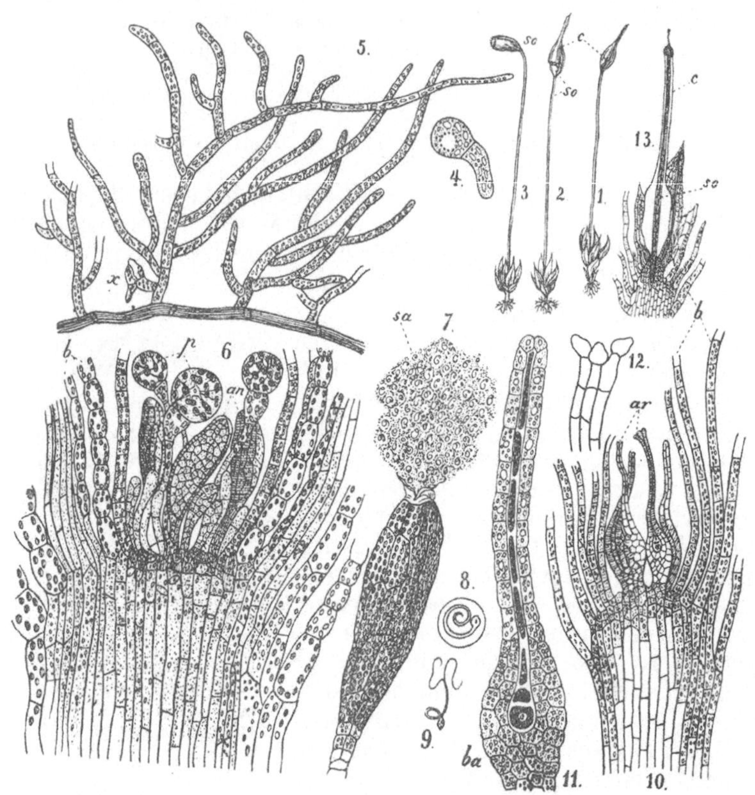

Fig. 147. Funaria hygrometrica. *1, 2, 3* die Pflanze in verschiedenen Entwickelungsstadien, *c* Calyptra, *so* Sporogonium; *4* = keimende Spore; *5* = Protonema, bei *x* die Anlage eines Sprosses; *6* = Längsschnitt durch den Gipfel einer männlichen Pflanze, *an* Antheridien, *p* Paraphysen, *b* Blätter; *7* = reifes Antheridium, die Spermatozoïden *sa* entlassend; *8, 9* = Spermatozoïden; *10* = Längsschnitt durch den Gipfel einer weiblichen Pflanze, *ar* Archegonien, *b* Blätter; *11* = Archegonium mit noch geschlossener Mündung, *ba* Bauch mit Eizelle; *12* = Archegonien-Mündung geöffnet; *13* = weiblicher Sprossgipfel einige Zeit nach der Befruchtung, *so* Sporogon, *c* Calyptra, *b* Blätter, *1, 2, 3* stellen die auf Zustand *13* folgenden Entwickelungsstadien dar. — *1—3* natürl. Grösse, alle übrigen Fig. vergr. (*4—13* nach Sachs).

gesenkten oder auf besonderen Trägern, Receptakeln *mr* und *wr*, sitzenden Geschlechts-Organen.

Die Gattung *Riccia* lebt auf feuchtem Boden oder auf dem Wasser; ihre Geschlechts-Organe sind eingesenkt; die Elateren-losen Sporogonien zerfallen. — *Marchantia*, Fig. 148, häufig auf feuchtem Boden, trägt männliche *mr*, gestielte Scheiben darstellende und weibliche *wr*, gestielte vielstrahlige Sterne

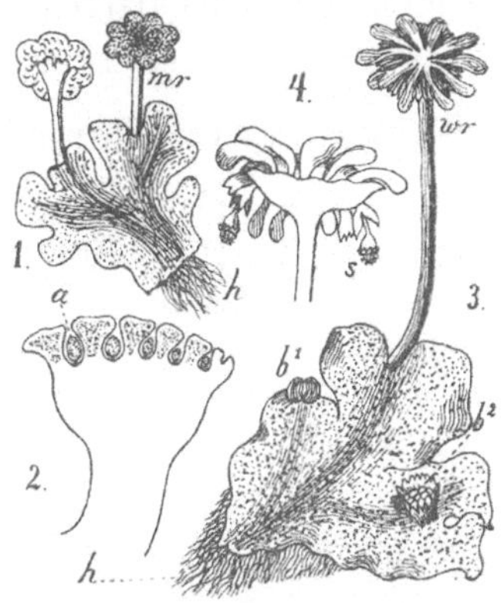

Fig. 148. Marchantia polymorpha. *1.* = Stück einer männlichen Pflanze; *2.* = Längsschnitt durch den Gipfel eines männl. Receptaculums; *3.* = Stück einer weiblichen Pflanze; *4.* = Oberer Teil des weibl. Receptaculums mit weggeschnittener vorderer Hälfte. *mr* = männliches, *wr* = weibliches Receptaculum, *a* = Antheridien. *b* = Becher mit Brutkörpern, *s* = Sporogonien, *h* = Wurzelhaare. — *1.* und *3.* natürliche Grösse, *2.* und *4.* schwach vergr.

vorstellende Receptakeln. Die Oberfläche des laubigen Körpers trägt kleine Becher *b* mit mehrzelligen vegetativen Brutkörpern. Die Sporogonien *s* öffnen sich durch Zähnchen und besitzen Elateren.

Fam. Anthocerotaceae.

Ganz blattlos, rein thallös. Die Geschlechts-Organe im Innern des Thallus. Sporogonien gestielt, sich zweiklappig öffnend, mit Elateren.

Fam. Jungermanniaceae.

Die *Frondosae* thallös, andere mit Blattansätzen, die *Foliosae* mit deutlichen Blättern und verzweigten, kriechenden Stengeln, deren nach oben gewendete Blätter grösser und meist anders gestaltet sind als die nach unten gewendeten, welche letzteren zuweilen ganz fehlen. Sporogonien gewöhnlich langgestielt, sich vierklappig öffnend, mit Elateren.

II. Gruppe. Musci, Laubmoose.

Sporogon, wenn gestielt, mit gewöhnlich kräftigem Stiel (Seta), sich mit Deckel öffnend, selten mit seitlichen Längsrissen aufspringend oder einfach zerfallend, gewöhnlich mit einem Mittelsäulchen (Columella), um welche die Sporen ohne Elateren liegen. Nach der Befruchtung wird durch die sich streckende Seta die Archegonwandung an ihrem Grunde losgetrennt und als eine die Kapsel bedeckende Haube, Calyptra, *c* in *1*, *2* und *13* der Fig. 147, emporgehoben. Die Stengel sind allseitig mit gleichartigen Blättern besetzt. — Vergl. Fig. 147 und ihre Erklärung.

Fam. Sphagnaceae, Torfmoose.

Sporogon mit Deckel und mit einem aus dem Stengel, nicht aus der Eizelle erzeugten Stiel: Pseudopodium. Die Blätter werden aus zweierlei Zellen zusammengesetzt: 1. aus Chlorophyllkörner führenden, also assimilierenden und 2. aus Wasserzellen mit Löchern in den Membranen und ring- bis spiralförmigen Verdickungsleisten. — Die Torfmoose bilden die Hauptmasse des Torfs.

Fam. Andraeaceae.

Sporogon deckellos, sich mit vier seitlichen Längsrissen öffnend, mit Pseudopodium.

Fam. Phascaceae.

Sporogon zerfallend oder unregelmässig aufreissend, sitzend oder kurzgestielt. Kleine Moose mit ausdauerndem Vorkeim.

Fam. Bryaceae.

Sporogon sich mit Deckel öffnend, die Mündung gewöhnlich mit einem Zahnbesatz, Peristomium. Bei den *Acrocarpi* stehen die Sporogonien endständig an den Sprossen, Fig. 147, bei den *Pleurocarpi* seitenständig. — Sehr viele Arten. Einige bemerkenswertere Gattungen sind: *Hypnum, Polytrichum, Bryum, Mnium, Funaria* (Fig. 147), *Orthotrichum, Barbula, Ceratodon, Leucobryum, Dicranum.*

III. Abteilung. Pteridophyta.

Die hierher gehörigen Pflanzen erzeugen aus vegetativen Sporen ein kleines, grünes, mehrzelliges Gebilde, den Vorkeim, das Prothallium, Fig. 149, meist in Form eines Läppchens, auf welchem Antheridien *an* und Archegonien *ar* einhäusig oder zweihäusig entstehen. Dieser Vorkeim stellt die erste Generation dar. Nach der — wie immer bei beweglichen Spermatozoïden durch Wasser vermittelten — Befruchtung geht aus der Eizelle des weiblichen Organes eine zweite Generation hervor, die sich durch besondere Grösse und Auffälligkeit hervorthut und die Sporen in Behältern, Sporangien, erzeugt.

Die Pteridophyten besitzen Wurzeln, Stengel und Blätter mit hoch differenzierten Leitbündeln (vergl. z. B. Fig. 60).

I. Klasse. Equisetinae.

Die Sporangien finden sich zu mehreren an der Unterseite schildförmiger Blätter, *2* Fig. 150, welche an der Spitze des Stengels ährenförmig angeordnet sind, *1* Fig. 150.

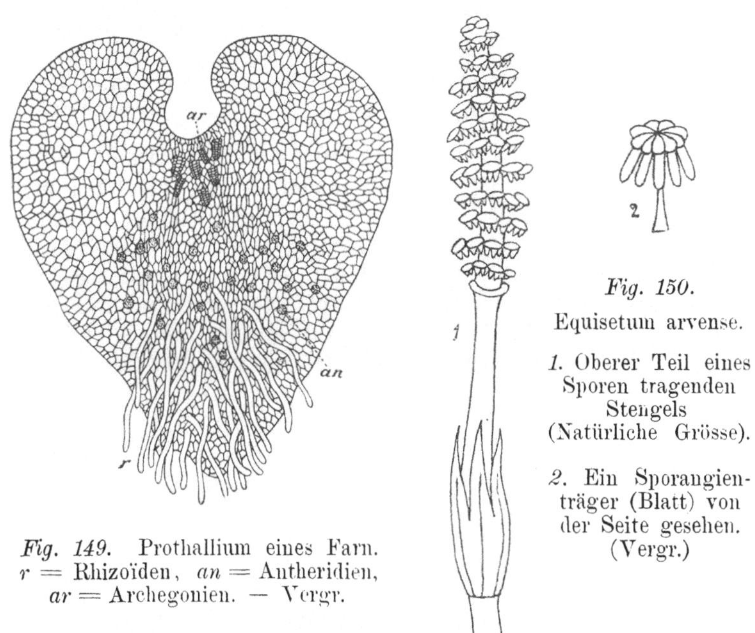

Fig. 149. Prothallium eines Farn. *r* = Rhizoïden, *an* = Antheridien, *ar* = Archegonien. — Vergr.

Fig. 150. Equisetum arvense.

1. Oberer Teil eines Sporen tragenden Stengels (Natürliche Grösse).

2. Ein Sporangienträger (Blatt) von der Seite gesehen. (Vergr.)

Fam. Equisetaceae, Schachtelhalme.

Stengel an den Knoten intercallar wachsend, an diesen Stellen von zu Scheiden verwachsenen, quirlständigen Blättern umgeben (vergl. Seite 53). Die Membran der Sporen teilt sich in eine äussere, sich in Form von Schraubenbändern, Elateren (vergl. Seite 149), abspaltende Schicht, die an einem Punkte mit der ganz verbleibenden inneren Schicht verbunden bleiben. Die Schraubenbänder tragen durch ihre hygroskopischen Bewegungen zur Verbreitung der Sporen bei. — Nur eine Gattung *Equisetum* (Fig. 150) mit etwa 40 Arten.

II. Klasse. Lycopodinae.

Laubblätter einfach. Die Sporangien meist einzeln auf der Oberseite oder in den Winkeln von Blättern. Wurzeln dichotom verzweigt.

Fam. Lycopodiaceae, Bärlappe.

Die einzeln in den Blattachseln sitzenden Sporangien erzeugen Sporen, aus denen ein monoclines Prothallium hervorgeht. Die Blätter mit Sporangien stehen oft ährenförmig zusammen, diese sowie die sporangienlosen Blätter sind klein. — Etwa 100 Arten.

(Officinell: Sporen von *Lycopodium clavatum*, Fig. 151, u. a. Arten von Lycopodium).

Fam. Psilotaceae.

Vier Arten der warmen Zone mit zweilappigen, Sporangien tragenden und ganzen, Sporangien-losen Blättern. Sporangien mit nur einerlei Sporen.

Fig. 151. Zweigstück von Lycopodium clavatum. (Verkl.)

Fam. Selaginellaceae.

Sporangien ebenfalls in den Winkeln ährig zusammenstehender kleiner Blätter, zweierlei Sporen enthaltend. Die Sporangien im unteren Teil der Ähren umschliessen nur wenige (in unserem Falle je vier) grössere Sporen: Makrosporen, Grosssporen, die im oberen Teil viele sehr kleine Sporen: Mikrosporen, Kleinsporen. Aus den Makro-

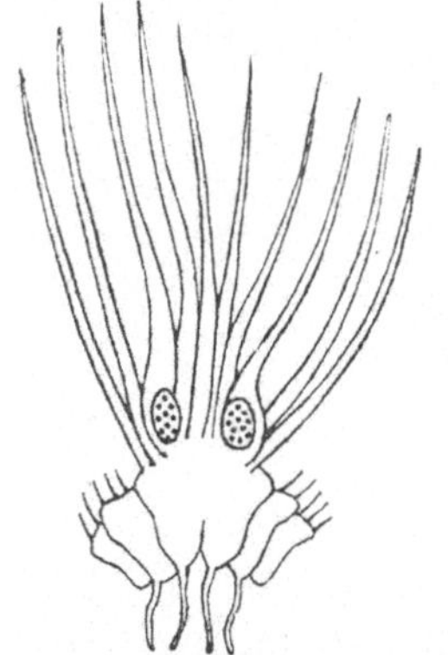

Fig. 152. Längsdurchschnitt durch eine ganze Pflanze von Isoëtes lacustris, in den Blattachseln zwei Sporangien zeigend. — (Etwa um 1/2 verkl.)

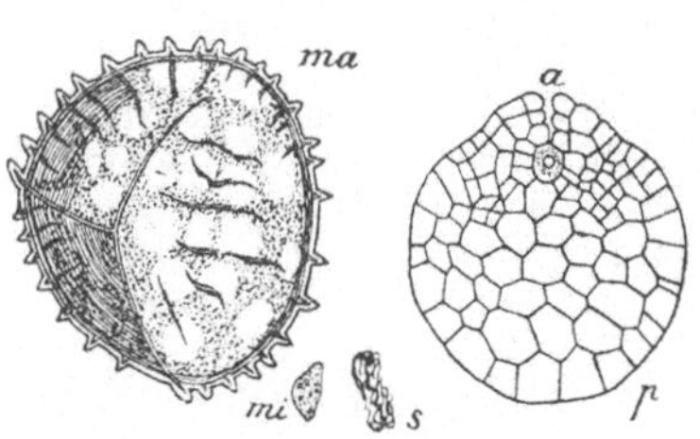

Fig. 153. Isoëtes lacustris. *ma* = Makrospore; *p* = Längsschnitt durch das Prothallium in der Makrospore, *a* = Archegonium; *mi* = Mikrospore; *s* = Spermatozoïd. — Vergr. (*ma* und *p* nach Hofmeister, *mi* und *s* nach Millardet).

sporen geht ein kleines Prothallium mit Archegonien hervor, welches die aufplatzende Spore nicht verlässt, aus den Mikrosporen ein einzelliges Antheridium mit Spermatozoïden und ein einzelliges Prothallium. Die einfachen, kleinen Blätter stehen in vier Längszeilen am dorsiventralen, kriechenden Spross, indem die beiden oberen Zeilen aus kleineren Blättern gebildet werden als die nach unten hin gewendeten. — Nur eine Gattung *Selaginella* mit etwa 300 Arten.

Fam. Isoëtaceae.

Stengel knollenförmig mit langpfriemlichen, einfachen Blättern besetzt, von denen die innersten an ihrem Grunde gekammerte Mikrosporangien und die mittleren gekammerte, vielsporige Makrosporangien tragen, Fig. 152. Die Sporen entwickeln sich wie bei den Selaginellen. Vergl. Fig. 153. — Die Isoëten leben meist unter dem Wasser; es sind etwa 50 Arten bekannt.

III. Klasse. Filicinae.

Die Sporangien sitzen in Gruppen, Sori Fig. 154, an allen oder an besonders umgebildeten Blättern, die gewöhnlich zusammengesetzt sind. Der Stamm ist meist einfach.

Filices, Farne.

Die Sporen erzeugen mono- oder dicline Prothallien. Sori auf der Unterseite oder am Rande der Blätter (Wedel), oder besondere Sorusstände (äusserlich ähnlich den Blüten- und Fruchtständen) als Teile der Blätter zusammensetzend; häufig werden die Sori von einem von der Blattfläche ausgehenden Häutchen: Schleierchen, Indusium, bedeckt, *i* Fig. 154. — Etwa 4000 Arten.

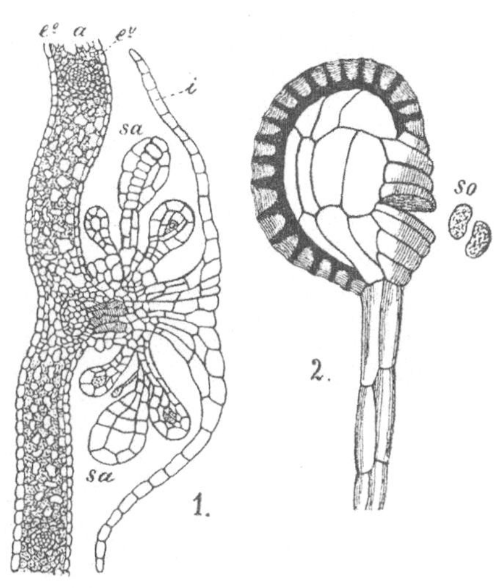

Fig. 154. Polystichum Filix mas. *1.* = Durchschnitt durch einen Sorus, *a* Assimilations-Parenchym der Blattspreite, e^o obere, e^u untere Epidermis, *sa* Sporangien, *i* Indusium; *2.* = Sporangie, geöffnet zum Austritt der Sporen *so.* — Vergr. (Vergl. hierzu Fig. 160).

A. Filices leptosporangiatae.

Wand der Sporangien, welche aus der Epidermis entstehen, einzellschichtig.

Bei den *Hymenophyllaceen* sitzen die von taschenförmigen Indusien eingeschlossenen Sori auf dem Rande der meist nur einzellschichtigen Blätter. Die Sporangien sind ungestielt, Fig. 155.

Die *Polypodiaceen* haben gestielte Sporangien, die meist auf der Unterseite der mehrzellschichtigen Blätter verschieden gestaltige Sori bilden. — Hierher gehören die meisten unserer einheimischen Farn: z. B. *Pteris aquilina* Adlerfarn (Fig. 156), *Scolopendrium vulgare* Hirschzunge (Fig. 157), *Polypodium vulgare* Engelsüss (Fig. 158), *Polystichum spinulosum* (Fig. 159), *Polystichum Filix mas* (Fig. 154 und 160), *Asplenium Filix femina* (Fig. 161).

Fig. 155. Blattzipfel mit Sporangienbehälter (Indusium) von Hymenophyllum tunbridgense. — Schwach vergr.

(Officinell: Rhizom von *Polystichum Filix mas* = Wurmfarn Fig. 160).

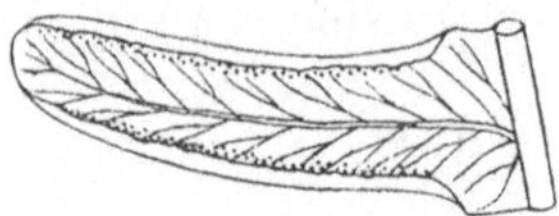

Fig. 156. Fiederchen von Pteris aquilina. Sori auf der Unterseite am Rande der Blattzipfel, von dem umgerollten, häutigen Blattrande bedeckt. Die Punkte stellen die Sporangien dar. — Schwach vergr.

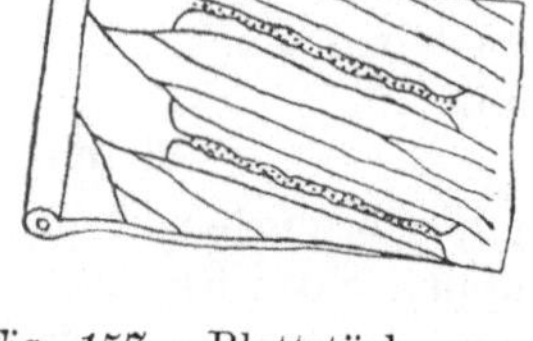

Fig. 157. Blattstück von Scolopendrium vulgare mit vier linealen Sori mit einseitig angeheftetem Schleier. Punkte = Sporangien. — Schwach vergr.

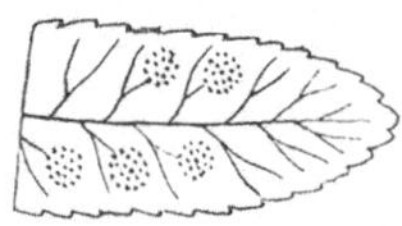

Fig. 158. Blattzipfel von Polypodium vulgare mit fünf Sori. Die Punkte stellen die Sporangien dar. — Schwach vergr.

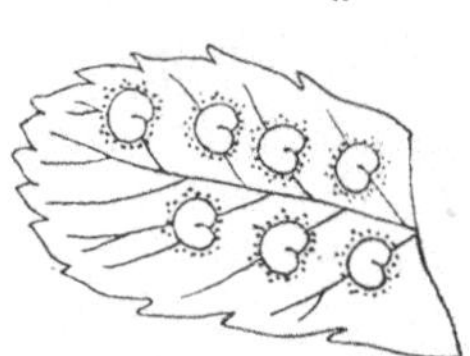

Fig. 160. Blattzipfel von Polystichum Filix mas mit sieben Sori. Punkte = Sporangien. Schleierchen nierenförmig. — Schwach vergr.

Fig. 159. Polystichum spinulosum. Rechts oben ein Fiederchen mit acht Sori, links unten ein Schleierchen.

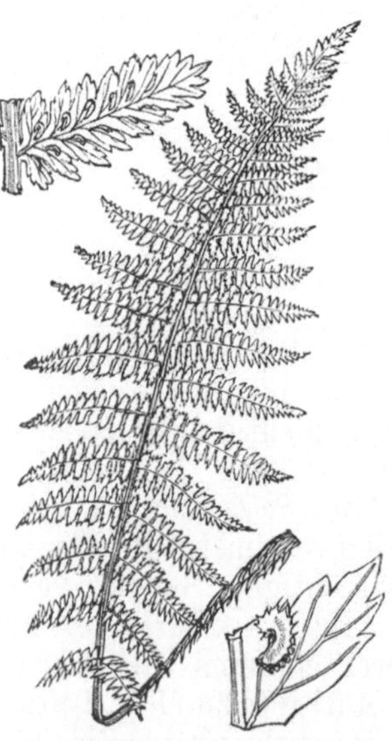

Fig. 161. Asplenium Filix femina. Links oben ein Fiederchen mit 12 Sori, rechts unten ein Zipfel mit einem Sorus.

Die *Cyatheaceen*, in wärmeren und tropischen Ländern zu Hause, sind meist baumförmig.

Zu den *Osmundaceen* gehört unser Königsfarn *Osmunda regalis* (Fig. 162) mit besonderen Sorusständen.

B. Filices eusporangiatae.

Wand der Sporangien, an deren Bildung auch das unter der Epidermis gelegene Gewebe beteiligt ist, mehrzellschichtig.

Bei den tropischen *Marattiaceen* sind die auf der Blattfläche sitzenden Sporangien miteinander verwachsen: sie bilden

Fig. 162. Verkleinertes Blattstück von Osmunda regalis.

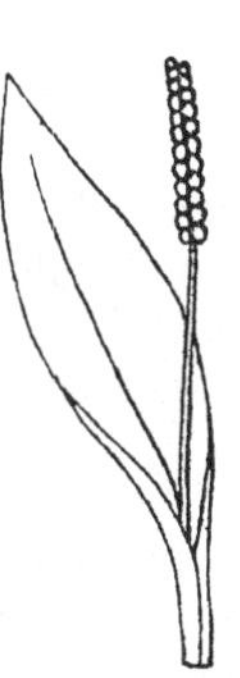

Fig. 163. Verkl. Blattspreite nebst Sporangienstand von Ophioglossum vulgatum.

Fig. 164. Pilularia globulifera. (Etwas verkl.)

vielkammerige Sori. Die Blätter besitzen Nebenblätter.

Die Sporangien der *Ophioglossaceen* sind frei und sitzen an besonderen Blattabschnitten, Fig. 163.

Hydropterides.

Sporangien in besonderen Behältern, Conceptakeln, vereinigt, in Makro- und Mikrosporangien unterschieden, deren Sporen sich ähnlich wie diejenigen der Selaginellaceen und Isoëtaceen entwickeln. — Etwa 70 Arten.

Marsiliaceae.

Die Conceptakeln am Grunde der Blätter, Fig. 164, umschliessen mehrere Sori, die sowohl Makro- als Mikrosporangien bergen. — Sumpf- oder auf dem Boden der Gewässer wurzelnde Pflanzen.

Salviniaceae.

Die Conceptakeln, je einen Sorus darstellend, entweder

Makro- oder Mikrosporangien bergend. — An der Oberfläche des Wassers schwimmende Pflanzen, Fig. 165.

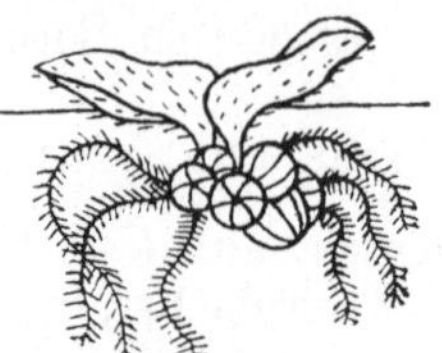

Fig. 165. Salvinia natans. (Etwas verkl.). Der gerade Strich deutet den Wasserspiegel an.

B. Phanerogamae.

Offen-ehige Pflanzen, d. h. Pflanzen, die mit blossem Auge deutlich sichtbare Geschlechtsorgane (Blüten) haben.

Hierher gehören vor allen Dingen alle Pflanzen mit auffallenden Blumen, aber auch viele, die Wind- (selten Wasser-) Blüten besitzen.

Die in dem Eichen sich bildende grosse Zelle (der Keimlingssack, Embryosack), in welcher der Keimling entsteht, ist homolog einer Grossspore, die Pollenzellen der Staubblätter sind homolog den Kleinsporen der Pteridophyten. Der aus den Pollenkörnern — wenn ein Griffel vorhanden — durch diesen wachsende Pollenschlauch, der den Embryosack zu befruchten hat, wird als das Homologon des Vorkeimes der Kleinsporen angesehen.

I. Abteilung. Gymnospermae.

Die Eichen resp. Samen dieser Windblütler werden nicht von den Fruchtblättern umschlossen, sondern sitzen denselben von aussen sichtbar an *1* Fig. 166. Die Blüten sind getrenntgeschlechtig. Die Staubblätter besitzen zwei bis viele Pollensäckchen. Der Embryosack teilt sich vor der Befruchtung und wird zu einem Vorkeim mit mehreren Archegonien am Gipfel; auch die Pollenkörner bilden einen — allerdings nur wenigzelligen — Vorkeim. Keimling selten nur mit einem, meist mit zwei, bei den Coniferen auch mit mehr Cotyledonen. — Meist Bäume.

Fam. Cycadaceae.

Die zweihäusigen Blüten sind spiralig beblätterte Achsen und entweder nur aus Staub- oder nur aus Fruchtblättern gebildet. Die Staubblätter haben schuppenförmige Gestalt, *2* in Fig. 166, und tragen an ihrer Unterseite viele, oft gruppenweis zusammenstehende Mikrosporangien: Pollensäcke. Die zuweilen wie die Laubblätter gefiederten Fruchtblätter, *1* Fig. 166, tragen an ihrem Rande zwei bis mehr Eichen. Der meist unverzweigte, einfache Stamm trägt eine Krone grosser Laubblätter, Fig. 168. In der dicken Rinde und dem stark

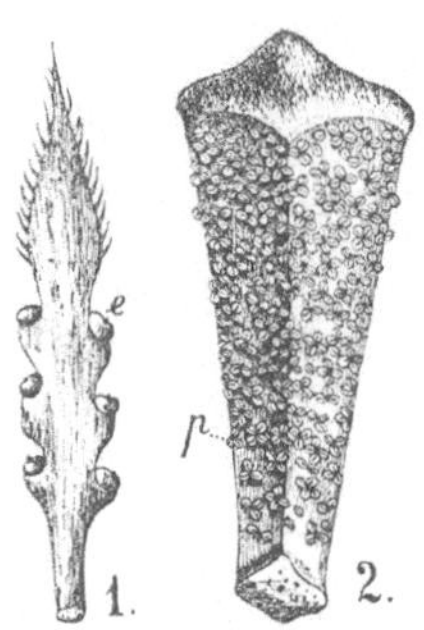

Fig. 166. Cycas circinalis. 1. = Fruchtblatt mit sechs Eichen *e*; 2. = Staubblatt, von der Unterseite gesehen, mit vielen zu Gruppen vereinigten Pollensäcken *p*. — Verkl. (1 nach Eichler, 2. nach Richard).

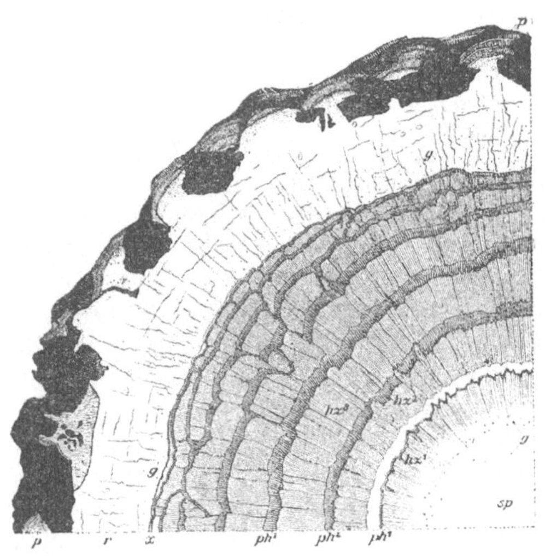

Fig. 167. Ein Viertel des Stammquerschnittes von Cycas revoluta. *sp* = Speicherparenchym des Markes; hz^1, hz^2, hz^3 u. s. w. sind die nacheinander gebildeten Holzteile; ph^1, ph^2, ph^3 u. s. w. sind die nacheinander gebildeten Phloëmlagen; zwischen ph^1 und hz^2 eine besonders breite Zone von Grundparenchym; x = jüngstes noch thätiges Cambium; r = Rindenparenchym, in demselben radial und tangential verlaufende Bündel; p = Periderm (die schwarzen Stellen desselben liegen unter der Schnittfläche); g = Gummigänge. — Etwa um $^2/_3$ verkl.

entwickelten Mark, beide im wesentlichen aus Speichergewebe gebildet, verlaufen Gummi-Gänge *g* Fig. 167.

Bemerkenswert ist das Dickenwachstum der Stämme der Gattungen Cycas und Encephalartos, worauf wir schon auf

Seite 14 aufmerksam gemacht haben. Die Struktur der Stämme erscheint hierdurch von dem Bau anderer Stämme auffallend abweichend. Vergl. hierzu Fig. 167 und ihre Erklärung.

Fig. 168. Cycas circinalis. Am Gipfel des Stammes hängen zwischen den Laubblättern einige Fruchtblätter herab.

Über 80 Arten in der warmen Zone. Laubblätter von *Cycas revoluta* werden bei Begräbnissen als „Palmenwedel" verwendet. Die Stärke in den Stämmen namentlich im Mark dieser und anderer Arten z. B. von *C. circinalis*, Fig. 168, wird zur Sago-Bereitung (vergl. Metroxylon) benutzt.

Fam. Coniferae, Nadelhölzer.

Die monöcischen oder diöcischen Blüten entweder nur aus zwei bis mehr Pollensäckchen tragenden Staubblättern oder ausschliesslich aus Fruchtblättern zusammengesetzt. Fig. 169 bis 172. Die Fruchtblätter oft holzig und dichtgedrängt spiralig die Blütenachse bedeckend: zapfenförmig, tragen auf ihrer Oberseite oder einem Auswuchs derselben: Fruchtschuppe, ein bis mehrere, oft zwei, gewöhnlich geradläufige Eichen. Besitzt ein Fruchtblatt eine Fruchtschuppe, so bezeichnet man den Träger derselben, also den Rest des Fruchtblattes, als Deckschuppe. Besitzt die weibliche Blüte nur wenige Fruchtblätter, so werden sie oft fleischig und verwachsen zu einer Beere. Selten stehen die Samen ganz nackt, *1* in Fig. 172, und lassen kein dazu gehöriges Fruchtblatt erkennen; sie scheiden an einer besonders vorgebildeten Stelle zur Zeit ihrer Empfängnisfähigkeit Flüssigkeit ab, welche den etwa vom Winde hingebrachten Pollen festhält.

Stengelteile meist mit Harzgängen. Stamm reich-, meist quirlig-verzweigt. Blätter gewöhnlich klein und nadelförmig („Nadeln").

I. Pinoïdeae.

Samen zwischen den Schuppen versteckt, ohne äusseres Integument.

1. Abietineae.

Blätter spiralig gestellt. Samen fast stets mit der Mikropyle nach der Zapfenachse hingewendet.

Araucariinae. Fruchtblätter einfach, jedes mit nur einem Samen. — 14 Arten der heissen Zonen, z. B. die Chiletanne = *Araucaria imbricata*; Norfolktanne = *A. excelsa*. (Officinell: Harz von *Agathis Dammara.*)

Abietinae. Fruchtblätter in Deck- und Fruchtschuppe geteilt, jedes mit zwei Samen. — Etwa 120 Arten meist der gemässigten Zonen. Allbekannte Bäume sind die Rot-Tanne oder Fichte = *Picea excelsa;* die Weiss-Tanne, Edel-Tanne = *Abies pectinata;* die Kiefer, Föhre = *Pinus silvestris;* das Knieholz, die Legföhre = *Pinus Pumilio*, Fig. 169; die Lärche *Larix europaea*, Fig. 170.

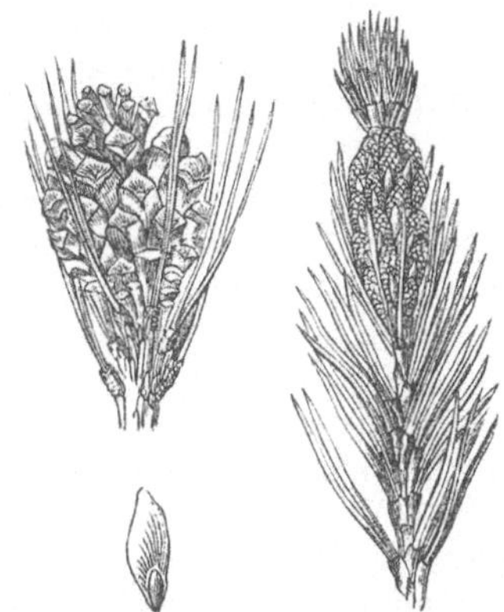

Fig. 169. Pinus Pumilio. Rechts ein Zweig mit vielen männlichen, links ein solcher mit einem aus einer weiblichen Blüte hervorgegangenen Zapfen, darunter ein geflügelter Same.

Fig. 170. Larix europaea. Rechts oben Fruchtblatt von innen gesehen mit zwei Eichen.

(Officinell: *Pinus silvestris, P. Pinaster, P. australis, P. Taeda, Larix europaea.*)

Taxodiinae. Fruchtblätter mehr oder minder deutlich in Deck- und Fruchtschuppe gesondert, jedes mit zwei bis acht Samen. — 12 Arten. Hierher: *Sequoia gigantea* der Mammutbaum Kaliforniens; die Virginische Sumpf-Cypresse *Taxodium distichum*, ein Baum, dessen beblätterte Zweigstücke (Kurztriebe) alljährlich abgeworfen werden.

2. Cupressineae.

Laub- und Blütenblätter quirlig gestellt oder gegenständig. Samen mit der Mikropyle nach aussen gewendet.

Fig. 171. Juniperus communis. Oben ein Staubblatt, links eine Beere.

Actinostrobinae. Fruchtblätter holzig, „klappig", d. h. mit ihren Rändern aneinanderstossend, ohne sich dachziegelig mit den Rändern zu decken. — 18 Arten. *Callitris quadrivalvis* liefert das Sandarakharz, welches die alten Ägypter zur Einbalsamierung der Leichen benutzten.

Thujopsidinae. Fruchtblätter holzig, sich mit ihren Rändern deckend: „dachig". Blätter gegenständig. — 13 Arten. *Thuja occidentalis* und *orientalis* = Lebensbaum.

Fig. 172. Taxus baccata. 1. Eine Zweigspitze mit zwei reifen Samen mit fleischigem Arillus. 2. Eine männl. Blüte, deren Spitze einen Kopf vier- oder fünffächriger Staubbeutel trägt, und deren Grund von schuppigen Hochblättern umgeben wird. — 1. etwas verkl., 2. wenig vergr.

Cupressinae. Fruchtblätter holzig, im Zentrum gestielte Schilder darstellend. Blätter gegenständig. — 16 Arten. *Cupressus funebris* die Trauer-Cypresse.

Juniperinae. Früchte beerig oder steinfruchtartig. — Etwa 10 Arten. Der Wachholder *Juniperus communis,* Fig. 171.

(Officinell: *Juniperus Sabina* und *communis.*)

II. Taxoïdeae.

Samen meist die Fruchtblätter überragend, letztere zuweilen ganz abortiert, mit äusserem, sehr fleischigem Integument („Arillus") oder mit drupa-artiger Schale.

3. Podocarpeae.

Pollen ohne Flugblasen. — Etwa 54 Arten.

4. Taxeae.

Pollen mit Flugblasen. — Etwa 20 Arten. Die Eibe *Taxus baccata* Fig. 172; *Gingko biloba* ein Zierbaum aus China und Japan mit breitspreitigen Laubblättern; nirgends wild bekannt. Fig. 173.

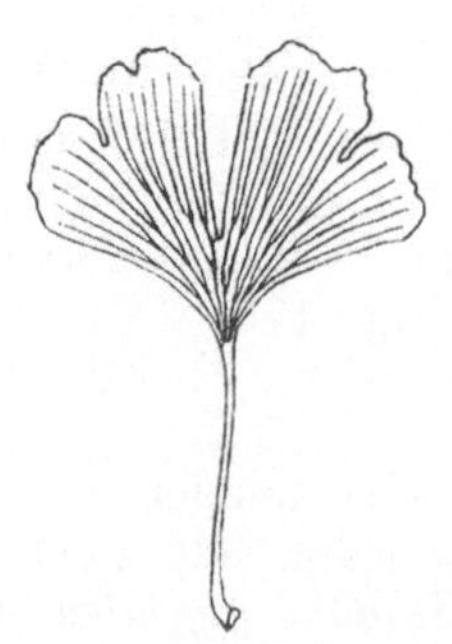

Fig. 173. Laubblatt von Gingko biloba.

II. Abteilung. Angiospermae.

Die Blüten pflegen mit einer Blütendecke versehen zu sein und die Samen werden allseitig von den Fruchtblättern umschlossen. Meist sind die Laubblätter flächenförmig. In dem Embryosack entstehen durch freie Zellbildung vor der Befruchtung nur einige Zellen als Andeutung eines Vorkeimes, von denen die eine als Eizelle funktioniert, d. h. nach der Befruchtung zum Embryo wird (vergl. Fig. 22).

I. Klasse. Monocotyleae.

Nur ein Cotyledon. Die Blüten besitzen gewöhnlich ein Perigon; die gleichnamigen Organe derselben sind meist in der Dreizahl oder in Multiplen der Dreizahl (d. h. in 2 × 3, 3 × 3 u. s. w.), seltener in der Zwei- oder Vierzahl vorhanden, Fig. 174. Die Laubblätter sind meist parallelnervig und einfach, selten geteilt oder lappig.

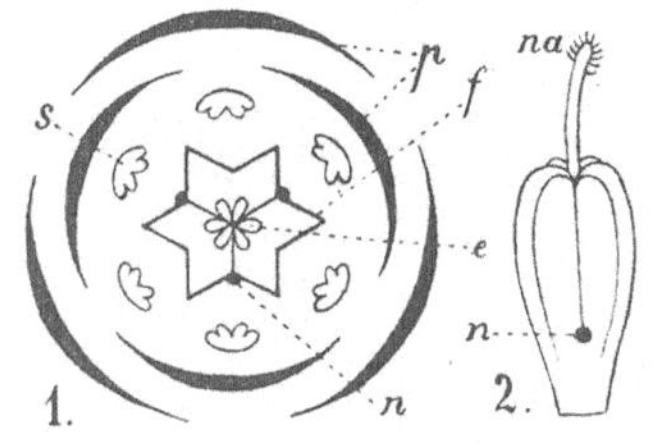

Fig. 174. 1. Grundriss der Blume und 2. Gynoeceum von Ornithogalum umbellatum. *p* = Perigonblätter, *s* = Staubblätter, *f* = Fruchtknoten, *n* = Nektarien, *e* = Eichen, *na* = Narbe. — Etwas vergr.

Das Phloëm und Xylem der Leitbündel wird auch bei den nachträglich in die Dicke wachsenden Monocotylen (Dracaena, Fig. 175), nicht durch einen Verdickungsring getrennt, sondern dieser *v* erzeugt nach innen zahlreiche verhältnismässig schwache Leitbündel *l* + *hs* nebst Grundparenchym und nach aussen parenchymatische Rinden-Elemente *r* (vgl. Seite 12).

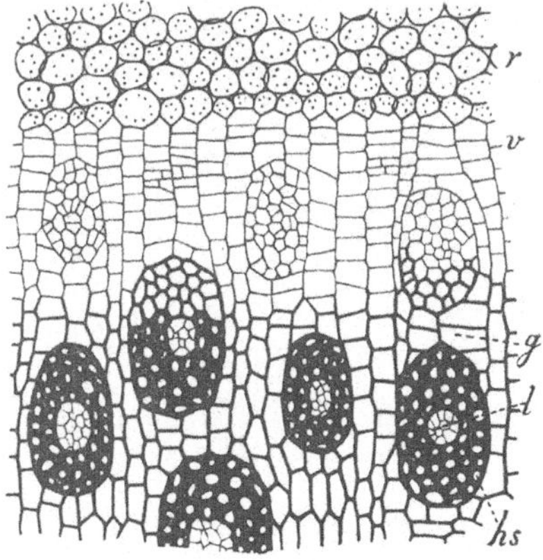

Fig. 175. Stückchen des Querschnittes durch einen Dracaena - Stamm. *r* = Rinde, *v* = Verdickungsring, *hs* = Hydrostereïden, *l* = Leptom, *g* = Grundparenchym. — Vergr. (Nach Haberlandt).

Reihe Liliiflorae.

Blüten meist aktinomorph und zwitterig, mit deutlichem Perigon.

Fam. Liliaceae.

Gynöceum oberständig, meist dreizählig. Staubblätter meist sechs. Meist Stauden, oft mit Zwiebeln, seltener Holzgewächse.

Bei den *Lilieen* öffnen sich die Früchte der Länge nach in der Mittellinie eines jeden der drei Fruchtblätter (Fächer). — Hierher die Lilien = *Lilium*, Fig. 176; Tulpen = *Tulipa*, Fig. 177; Kaiserkronen u. dergl. = *Fritillaria*, Fig. 178;

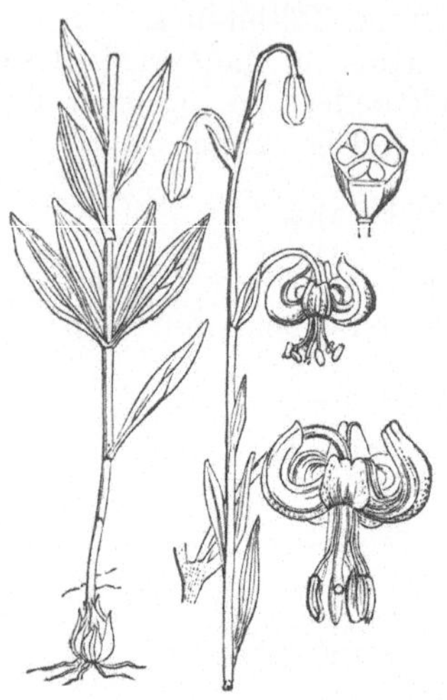

Fig. 176. Lilium Martagon. Rechts oben Querschnitt durch die Frucht.

Fig. 177. Tulipa silvestris.

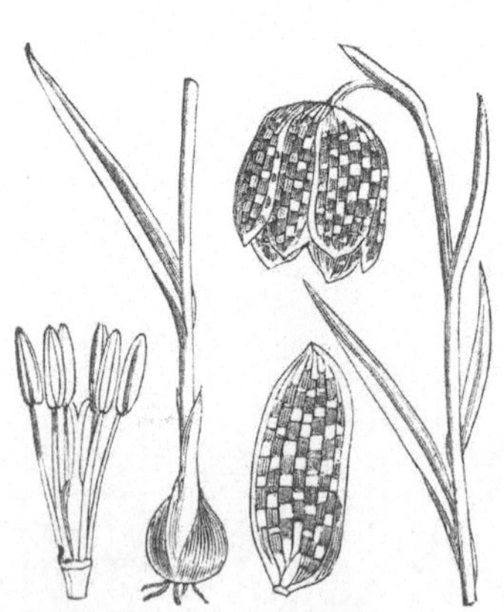

Fig. 178. Fritillaria Meleagris.

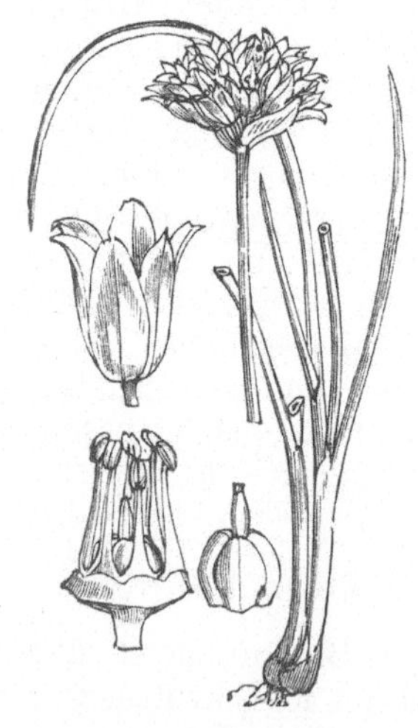

Fig. 179. Allium Schoenoprasum = Schnittlauch.

Lauch-Arten = *Allium*, Fig. 95 und Fig. 179; Hyacinthen = *Hyacinthus;* Aloë = *Aloë*, Fig. 180.

(Officinell: Zwiebel von *Scilla maritima* Meerzwiebel, Fig. 181; der eingekochte Saft von *Aloë Perryi* u. a. Aloë-Arten).

Die Früchte der *Melanthieen* öffnen sich, indem die dieselben zusammensetzenden drei Fruchtblätter an der Frucht durch Spaltung der trennenden Scheidewände frei werden.

Fig. 180. Aloë vulgaris.

Fig. 181. Scilla maritima.

Fig. 182. Colchicum autumnale. Rechts Gynoeceum, links Frucht.

Fig. 183. Asparagus officinalis.

(Officinell: Samen der Herbstzeitlose *Colchicum autumnale*, Fig. 182; Rhizom von *Veratrum album*).

Bei den *Smilaceen* sind die Früchte Beeren. Hierher der Spargel *Asparagus*, Fig. 183; die Maiblume *Convallaria*, Fig. 184; der Drachenblutbaum *Dracaena draco*.

(Officinell: Rhizom nebst Wurzel von *Smilax*-Arten).

Fam. Amaryllidaceae.

Gynöceum unterständig. Sonst wie bei den Liliaceen. Hierher die Schneeglöckchen = *Leucoïum* Fig. 185 und *Galanthus* Fig. 186, Narcissen = *Narcissus* Fig. 187, die Agave oder sog. amerikanische Aloë = *Agave americana*, Fig. 188.

Fig. 184. Convallaria majalis.

Fig. 185. Leucoïum vernum.

Fig. 186. Galanthus nivalis.

Fig. 187. Narcissus Pseudo-Narcissus.

Fam. Juncaceae.

Windblütler, daher mit unscheinbarem Perigon. Blätter schmal, grasblattähnlich oder cylindrisch. Sonst wie die Liliaceen gebaut. —

Binsen und Simsen = *Juncus* Fig. 189, *Luzula* Fig. 190.

Fam. Iridaceae.

Gynöceum unterständig. Meist drei Staubblätter. — Hierher die Schwertlilien *Iris* Fig. 191, *Crocus*. (Officinell: Rhizom von *Iris pallida, germanica* und *florentina*, Narben von *Crocus sativus* = Safran).

Fig. 188. Agave americana.

Fig. 189. Juncus effusus. Rechts Blüte, links davon Frucht mit Perigon.

Fig. 190. Luzula pilosa.

Fig. 191. Iris Pseud-Acorus.

Fam. Dioscoreaceae.

Blüten dioecisch, klein. Gynoeceum unterständig. — Yams oder Ignamen, Yamsknollen = Rhizomknollen von *Dioscorea sativa, alata, Batatas* u. a. Dioscorea-Arten, werden in den

Tropen, letztere in China und Japan, massenhaft kultiviert und entsprechen als Nahrung der Kartoffel bei uns, Fig. 192.

Fig. 192. Yamspflanze.

Reihe Spadiciflorae.

Blüten klein und unansehnlich, meist diklinisch, zahlreich zu Blütenständen vereinigt, welche oftmals an ihrem Grunde von einem grossen, auffallenden Hochblatt, der „Spatha", behüllt werden. Fruchtknoten oberständig.

Fam. Palmae, Palmen.

Meist baumförmige Holzpflanzen mit einfachem Stamm und grossen finger- oder fiederförmig zerteilten Blättern, deren ein-

Fig. 193. Phoenix dactylifera. Ein Blatt und zwei Bäume.

zelne Abschnitte sich durch Einreissen der ursprünglich ganzen Spreite sondern. Perigon sechsblättrig. — Hierher die Zwergpalme = *Chamaerops humilis;* Dattelpalme = *Phoenix dactylifera,* Fig. 193; Ölpalme = *Elaïs guineensis;* Sago-Palme = *Metroxylon Rumphii,* Fig. 194; „spanisches"

Rohr = *Calamus*-Arten; von *Phytelephas macrocarpa* kommt die Elfenbeinnuss, deren Endosperm zu Drechslerarbeiten Verwendung findet (vergl. Seite 78).

(Officinell: Öl aus den Samen von *Cocos nucifera* = Cocos-Palme).

Fig. 194 Metroxylon Rumphii. Baum, Blütenstand und Frucht.

Fig. 195. Pandanus candelabrum.

Fig. 196. Typha latifolia. Rechts oben weibl., darunter männl. Blüte.

Fam. Pandanaceae.

Perigon fehlend. — Etwa 60 meist baumförmige Arten in den Tropen der östlichen Halbkugel (vergl. Seite 51). *Pandanus,* Fig. 195.

Fam. Typhaceae.

Schmalblättrige Sumpfpflanzen mit eingeschlechtigen Windblüten, die in kolbigen, ährenartigen oder kopfartigen Blütenständen stehen, von denen die unteren weiblich, die oberen männlich sind. Das Perigon der ein- bis dreimännigen, resp. einweibigen Blüten wird durch kleine Schüppchen oder bei Typha durch Haare dargestellt, welche letzteren an der Frucht verbleiben und als Flugorgan für die Verbreitung der einsamigen kleinen Schliessfrüchte von Vorteil sind. — Hierher der Rohrkolben = *Typha* Fig. 196, Igelskolben = *Sparganium* Fig. 197.

Fig. 197. Sparganium ramosum.

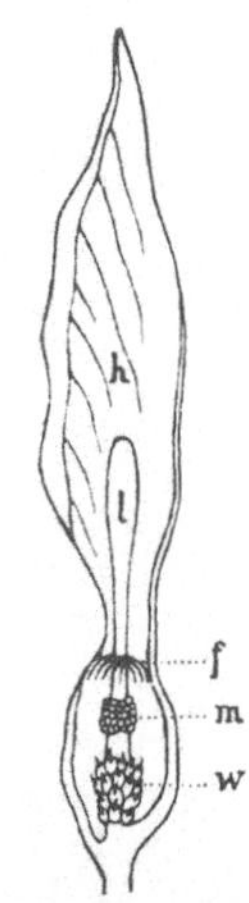

Fig. 198. Längsschnitt durch den Blütenstand von Arum maculatum. (Erklärung im Text. Vergl. Seite 105).

Fam. Araceae.

Perigon fehlend oder sechszählig, ein bis neun Staubblätter und ein bis sechs Fruchtblätter. Die Blüten sitzen gewöhnlich an einer kolbig verdickten Achse, *l* Fig. 198, mit Spatha *h*. Blätter breit, oft spiessförmig. — Bei den *Areen* sind die Blüten eingeschlechtig, die weiblichen *w* nehmen den unteren, die männlichen *m* den oberen Teil des Kolbens ein. Hierher der Aronstab = *Arum maculatum*, Fig. 198 (vergl. Seite 105); Tarropflanze = *Colocasia antiquorum* mit essbaren Wurzelknollen. — Die *Orontieen* haben zwitterige Blüten. Hierher *Calla* und der Kalmus *Acorus Calamus*, Fig. 199 (dessen Rhizom officinell ist). Die Blüten der *Lemneen* sind sehr einfach gebaut; in seitlichen Ausbuchtungen des sonst blattlosen Körpers, Fig. 200, erblickt man zur Blütezeit nur zwei Staubblätter und zwischen diesen einen einfachen Fruchtknoten, resp. nur ein Staubblatt neben einem Fruchtknoten; die theoretischen Morphologen betrachten je ein Staubblatt und je ein Fruchtblatt als eine einzelne Blüte. — Wasserpflanzen. Entengrütze, Wasserlinsen = *Lemna*, Fig. 200.

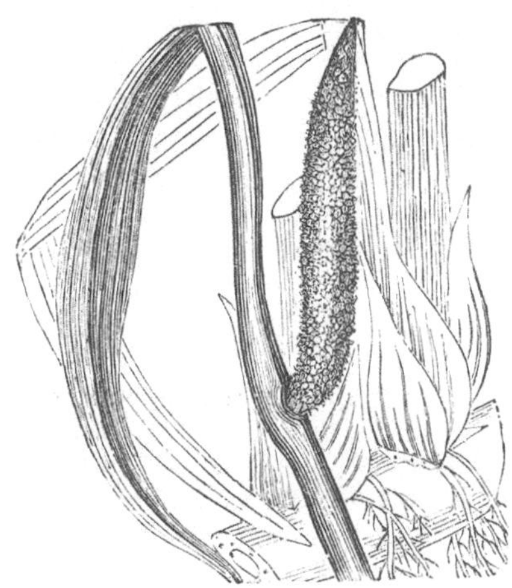

Fig. 199. Acorus Calamus.

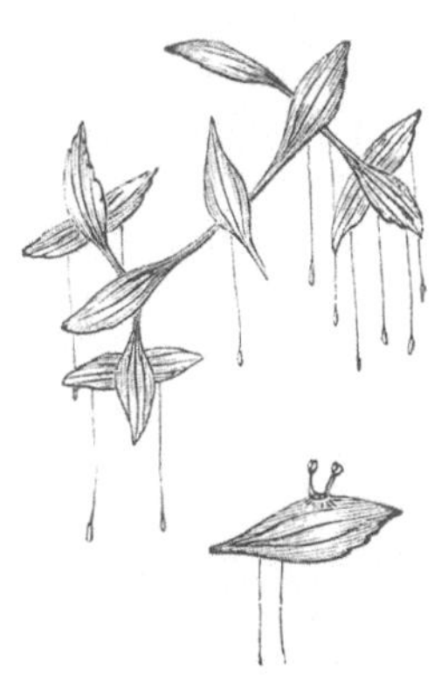

Fig. 200. Lemna trisulca. Die Wurzeln des oberen Exemplares die hier deutlich abgesetzte Wurzelhaube zeigend. Unteres Exemplar blühend. — Natürl. Grösse.

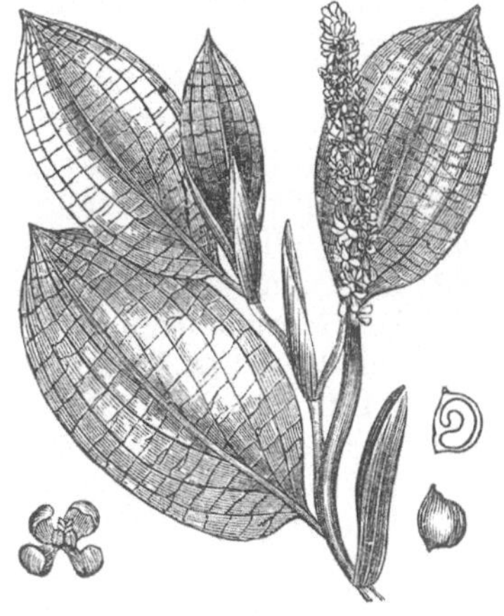

Fig. 201. Potamogeton lucens. Links eine Blüte; die vier perigonblattartigen Schuppen sind Anhänge der Staubblätter. Rechts Frucht von aussen, darüber im Längsschnitt den Keimling zeigend.

Fig. 202. Potamogeton crispus.

Fam. Najadaceae.

Wassserpflanzen, die meist ihre Ähren über das Wasser erhebend, windblütig, seltener wasserblütig sind. Blüten gewöhnlich nach der Vierzahl gebaut; Perianth oft fehlend.

Bei Potamogeton sind die ein Perigon vortäuschenden Lappen Anhängsel der Staubblätter. — Laichkraut = *Potamogeton*, Fig. 201 und 202; Seegras = *Zostera*.

Reihe Glumiflorae.

Meist landbewohnende Windblütler, deren zwitterige oder eingeschlechtige Blüten mit oberständigen, einsamigen Fruchtknoten von gewöhnlich kahnförmigen Hochblättern, Spelzen, umgeben werden und oftmals Ährchen bilden, welche wiederum ähren- oder rispenförmige Blütenstände zusammensetzen. Wenn ein Perigon vorhanden ist, so erscheint es äusserst unansehnlich. Laubblätter schmal.

Fam. Cyperaceae, Sauer-, Halb-, Scheingräser.

Stengel meist dreikantig. Blüten drei-, seltener wenigermännig, in den Winkeln von Deckspelzen. Etwa 3000 Arten.

Cariceae, Riedgräser, Seggen. Blüten getrennt-geschlechtig, und zwar sind die Pflanzen meist einhäusig, Fig. 204, seltener zweihäusig, Fig. 205; männliche Blüten in Ähren oder Ährchen, weibliche resp. der Fruchtknoten von einem schlauchförmigen, allseitig geschlossenen Gebilde umgeben (*s* in *2* Fig. 203), an dessen Spitze eine Öffnung zum Durchtritt des Griffels vorhanden ist. Die Frucht mit ihrem „Schlauch" steht in der Achsel eines schuppenförmigen Deckblattes *d*. — Die Vergleichung aller Carexarten untereinander und mit den zunächst verwandten Gattungen hat die theoretischen Morphologen zu der Ansicht geführt, dass der fragliche Schlauch *s* im Laufe der Generationen aus einem Deckblatt der Blüte hervorgegangen sei, dessen Muttersspross *b* in der Achsel der vorerwähnten Deckschuppe *d* stand und später abortierte. Die weiblichen Geschlechtsorgane der Vorfahren dieser Gattung hätten daher etwa den Bau haben können, wie ihn die schematische Abb. *1* der Fig. 203 veranschaulicht. In *1* und korrespondierend auch in *2* bedeuten *a* die Hauptachse des Blütenstandes, *b* einen Zweig derselben mit seinem schuppenförmigen Deckblatt *d* (Deckschuppe), *f* die weibliche Blüte, hier nur aus einem Fruchtknoten bestehend, in der Achsel ihres zum Schlauch werdenden Deckblatts *s*, welches als Hochblatt zu *b* gehört. Hiernach wäre der Fruchtknoten mit seinem Schlauch homolog einem einblütigen Ährchen. — *Carex*, Fig. 204 und 205.

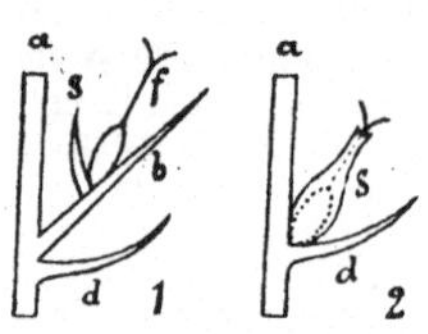

Fig. 203.
Erklärung im Text.

Scirpeae. Blüten meist zwitterig mit oft borstenförmigem Perigon, Fig. 206, in mehrblütigen Ähren oder Ährchen. —

Hierher die Gattungen *Scirpus* Fig. 206; *Cyperus* Fig. 207, z. B. *Cyperus Papyrus* = ägyptische Papierstaude; *Eriophorum* = Wollgras Fig. 208.

Fig. 204. Carex dioica. Rechts weibliche Pflanze nebst weibl. Ährchen (Schlauch und Deckschuppe), links männl. Pflanze nebst männl. Blüte und ihrer Deckschuppe.

Fig. 205. Carex arenaria. Rechts ein weibliches Ährchen mit zweizähnigem Schlauch und Deckschuppe, links davon eine männliche Blüte mit ihrer Deckschuppe.

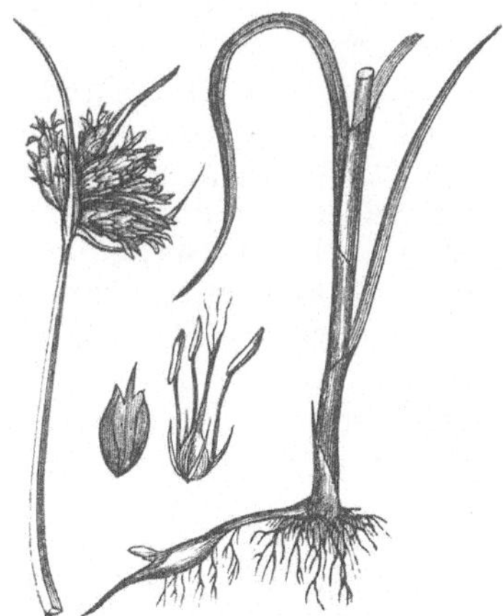

Fig. 206. Scirpus maritimus. In der Mitte eine Blüte mit borstenförmigem Perigon, daneben Deckschuppe.

Fig. 207. Cyperus fuscus. Rechts Blüte mit Deckschuppe, links Frucht.

Fam. Gramineae, (echte) Gräser, Süssgräser.

Die Gräser sind sämtlich echte Windblütler, weshalb ihre Blütendecken und Hüllen auch unscheinbar sind. Entweder sind die Stiele unterhalb der kleinen Blütengruppen (Ährchen), welche den oft rispigen Blütenstand zusammensetzen, ausserordentlich dünn, wie z. B. bei dem Zittergras, Briza media (Fig. 224), oder die Staubfäden sind sehr lang, zart und daher herabhängend, sodass der Wind den stäubenden Pollen mit Leichtigkeit davonzutragen vermag, um denselben den grossen, oft federigen, jedenfalls lang behaarten beiden Narben zuzuführen.

Fig. 208. Eriophorum vaginatum. Links Blüte mit haarförmigem Perigon nebst Deckschuppe, rechts Frucht mit dem zu einem Flugapparat ausgewachsenen Perigon.

Der Bau der Ährchen ist bei allen Arten in den wesentlichsten Punkten übereinstimmend; er wird in allen Fällen leicht übersehen werden können, wenn man auch nur den Bau bei einer einzelnen Art einmal begriffen hat. Wir wählen als Beispiel das auf Fig. 209 [1] abgebildete Ährchen eines sehr häufigen Wiesengrases, Poa pratensis. Die Blüten stehen hier in Ährchen, welche, wie Fig. 225 zeigt, eine Rispe zusammensetzen. Die Ährchenachse *a* Fig. 209, ist mit Hochblättchen *h*, *d* besetzt, von denen nur die oberen in ihren Achseln Sprosse und zwar Blütensprosse tragen und daher als Deckblätter, D e c k s p e l z e n, zu bezeichnen sind. Die Hochblätter *h* heissen H ü l l s p e l z e n. Die Blüten werden von einem der Deckspelze gegenüberstehenden Vorblatt *v*, der V o r s p e l z e, eingeleitet, auf welche zwei kleine Schüppchen *p* folgen, die zur Blütezeit durch Quellung die Spelzen auseinander treiben und so die Geschlechtsorgane freilegen. Diese kleinen Gebilde *p* sind nach theoretisch-morphologischer Auffassung Homologa von Perigonblättern.

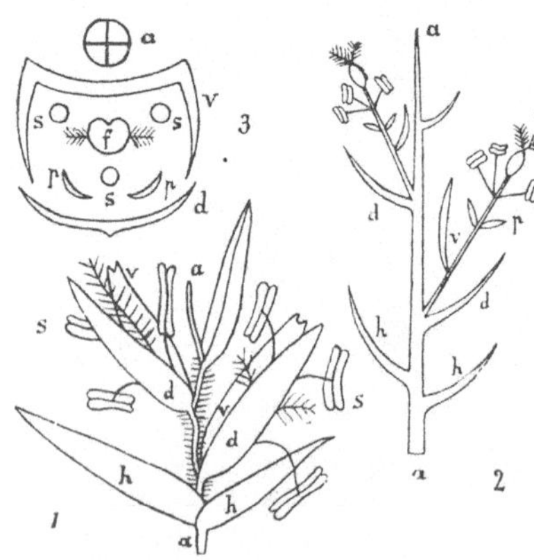

Fig. 209. *1.* Vergrössertes zweiblütiges Ährchen von Poa pratensis; *2.* dasselbe schematisch mit verlängerten Achsen dargestellt, um die einzelnen Teile deutlicher zu zeigen. — *3.* Grundriss einer Blüte mit ihrer Hülle, um die gegenseitige Stellung der Teile zu veranschaulichen. — In den drei Figuren bedeuten *a* die Hauptachse des Ährchens, *h* die Hüllspelzen, *d* die Decksp., *v* die Vorsp., *p* Perigonblätter, *s* Staubblätter, *f* Fruchtknoten.

Das Perigon fehlt bei manchen Arten oder ist in der Dreizahl vorhanden; das Androeceum kann auch ein- oder zwei-,

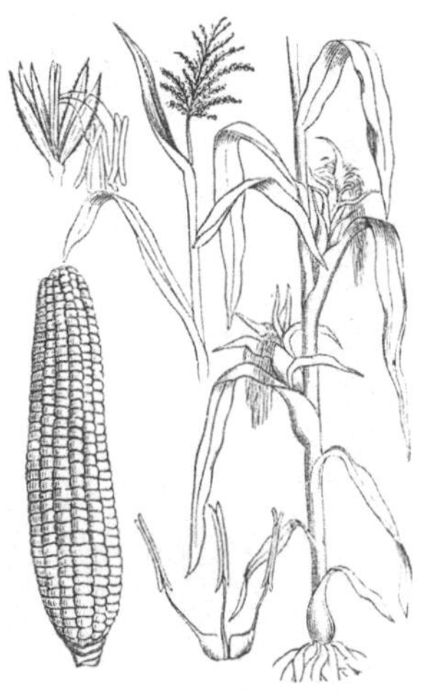

Fig. 210. Zea Mays. Links oben männliches Ährchen, darunter Fruchtstand, rechts unten davon männl. Blüte.

Fig. 211. Panicum miliaceum. Rechts oben Hüllspelze; links Blüte, darunter Ährchen.

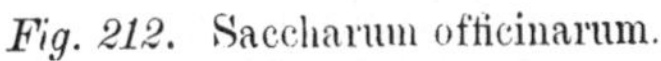

Fig. 212. Saccharum officinarum.

Fig. 213. Phalaris arundinacea.

selten 3 + 3- oder vielzählig sein. Das Gynoeceum wird immer zu einer einsamigen Schliessfrucht.

Die Stengel sind stielrund und meist hohl.

Die Laubblätter besitzen eine den Stengel umfassende, röhrige Scheide, an derem Gipfel die Spreite und zwischen

Fig. 214. Hierochloa odorata.

Fig. 215. Anthoxantum odoratum.

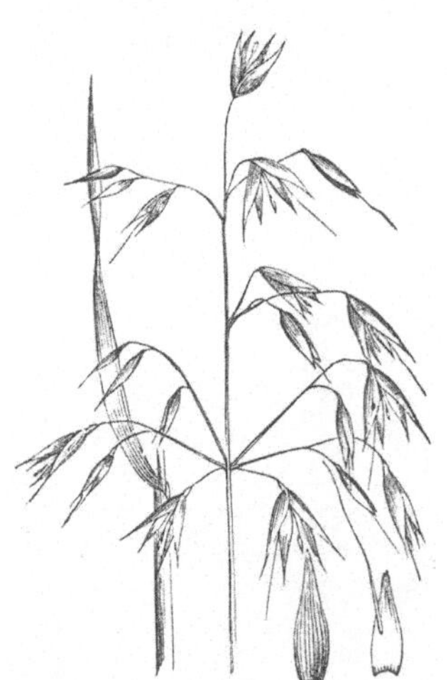

Fig. 216 Avena sativa. Rechts unten die begrannte Deckspelze, links davon die Vorspelze.

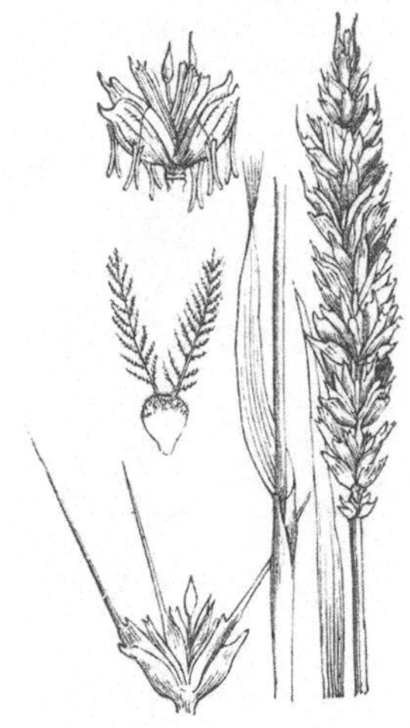

Fig. 217. Triticum vulgare. Links oben ein grannenloses Ährchen, darunter der Fruchtknoten, darunter ein begranntes Ährchen von einer anderen Varietät.

Spreite und Scheide ein häutiges, kleines Gebilde, das Blatthäutchen, die Ligula, abgeht (siehe z. B. Fig. 228). — Etwa 3500 Arten.

Die *Panicoïdeen* haben Aehrchen mit 3—6 Hüllspelzen. —

Hierher der **Reis** = *Oryza sativa*; der **Mais** oder **türkische Weizen** = *Zea Mays* Fig. 210; die **Hirse** = *Panicum miliaceum* Fig. 211; das **Zuckerrohr** = *Saccharum officinarum* Fig. 212; gute Futtergräser sind z. B: *Phalaris arun-*

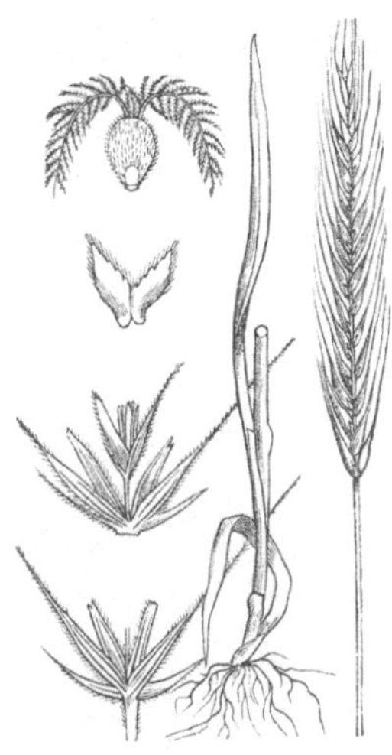

Fig. 218. Secale cereale. Links oben Fruchtknoten, darunter das Perigon, darunter Ährchen.

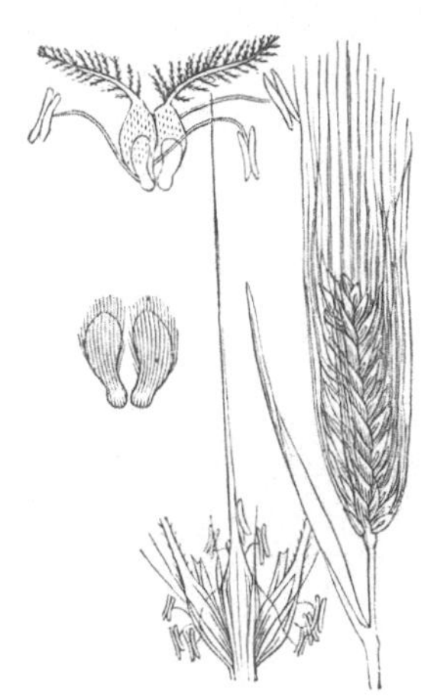

Fig. 219. Hordeum vulgare. Links oben vollständige Blüte, darunter das Perigon, darunter ein Ährchen.

Fig. 220. Alopecurus geniculatus.

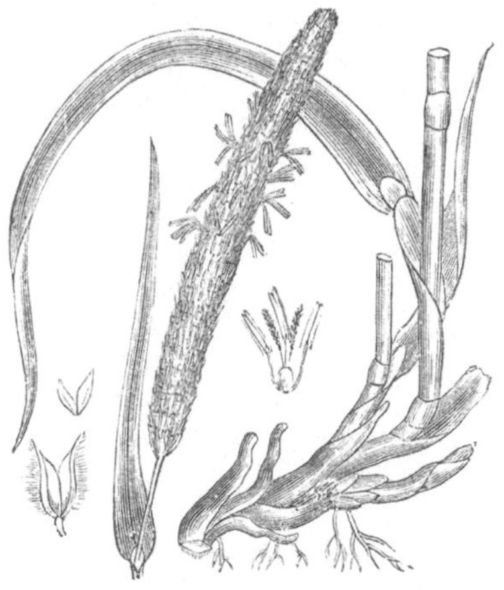

Fig. 221. Phleum pratense.

dinacea Fig. 213; *Hierochloa* Fig. 214; das **Ruchgras** = *Anthoxanthum odoratum* Fig. 215.

Die *Poaeoïdeen*-Aehrchen besitzen zwei Hüllspelzen, von denen eine oder beide verkümmern können. — Hierher die meisten Gräser, wie vor allen Dingen unsere Getreide-Arten. Hafer = *Avena sativa*, Fig. 216; Weizen = *Triticum vulgare*, Fig. 217; Roggen = *Secale cereale*, Fig. 218; Gerste = *Hordeum vulgare*, Fig. 219. Als Viehfutter haben besondere Bedeutung: *Alopecurus pratensis* und *geniculatus*, Fig. 220; das Liesch- oder Thimotegras = *Phleum pra-*

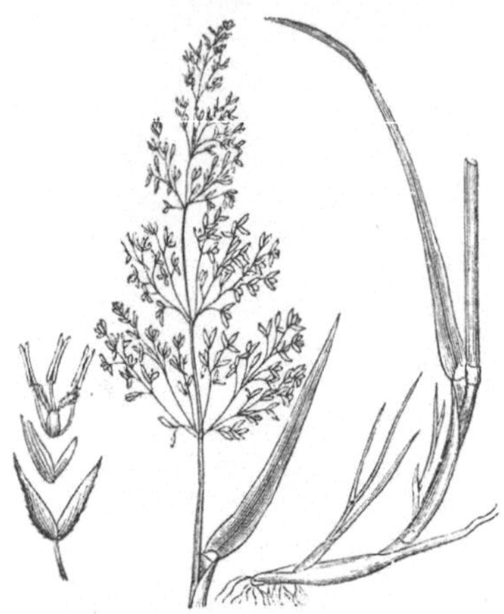

Fig. 222. Agrostis vulgaris.

Fig. 223. Arrhenatherum elatius.

Fig. 224. Briza media.

Fig. 225. Poa pratensis.

tense, Fig. 221; *Agrostis vulgaris*, Fig. 222; *Agrostis alba*; das französische Raygras = *Arrhenatherum elatius*, Fig. 223; Zittergras = *Briza media*, Fig. 224; Rispen- oder Viehgras = *Poa pratensis*, Fig. 225; *Poa annua* u. a. Poa-Arten; das Manna- oder Schwadengras = *Glyceria fluitans*, Fig. 226; *Catabrosa aquatica*, Fig. 227; das Knäuelgras

= *Dactylis glomerata* Fig. 228; Kammgras = *Cynosurus cristatus* Fig. 229; die Schwingelgras - Arten: *Festuca distans* Fig. 230, *F. arundinacea*, *F. pratensis* Fig. 231, *F. ovina* Fig. 232, *F. rubra;* englisches Raygras = *Lolium perenne.* Weiter sind bemerkenswert: der Bambus = *Bambusa,* sowie die als Strandhafer oder -roggen zum

Fig. 226. Glyceria fluitans.

Fig. 227. Catabrosa aquatica.

Fig. 228. Dactylis glomerata.

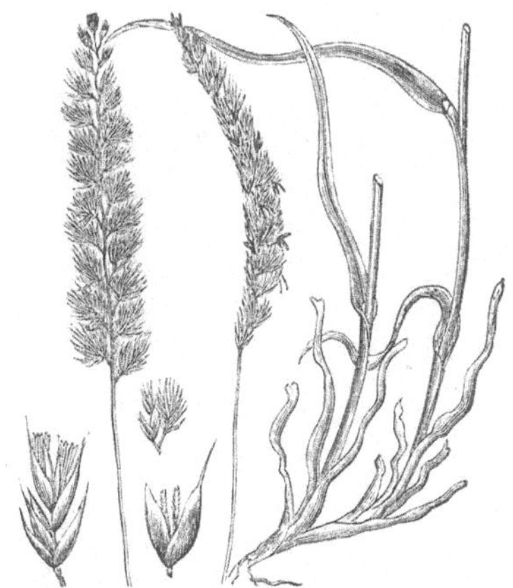

Fig. 229. Cynosurus cristatus.

Binden von Flugsand benutzen *Ammophila arenaria* Fig. 233 und *Elymus arenarius* Fig. 234, ferner das Rohr = *Phragmites communis* und die dem Landwirt als Unkraut lästige Quecke oder Päde = *Triticum repens* Fig. 235 u. s. w.

(Officinell: Zucker von *Saccharum officinarum,* Fig. 212; Stärkemehl der Samen von *Triticum vulgare* Fig. 217 u. a

Kultur-Arten von *Triticum*; Rhizom von *Triticum repens*, Fig. 235).

Fig. 230. Festuca distans. *Fig. 231.* Festuca pratensis.

Fig. 232. Festuca ovina. *Fig. 233.* Ammophila arenaria.

Reihe Scitamineae.

Blüten zygomorph oder ganz unsymmetrisch. Gynoeceum unterständig. Kräuter mit fiedernervigen Blättern.

Fam. Musaceae.

Androeceum sechszählig; ein Staubblatt abortiert meist. — Bananen oder Paradiesfeigen, Fig. 236 = *Musa sapientum* und *paradisiaca*.

Fam. Zingiberaceae.

Androeceum einmännig.

(Officinell: Wurzelstock der Ingwerpflanze = *Zingiber officinale*, Fig. 237; Früchte von *Elettaria Cardamomum*; Rhizom von *Curcuma Zedoaria* und von *Alpinia officinarum*).

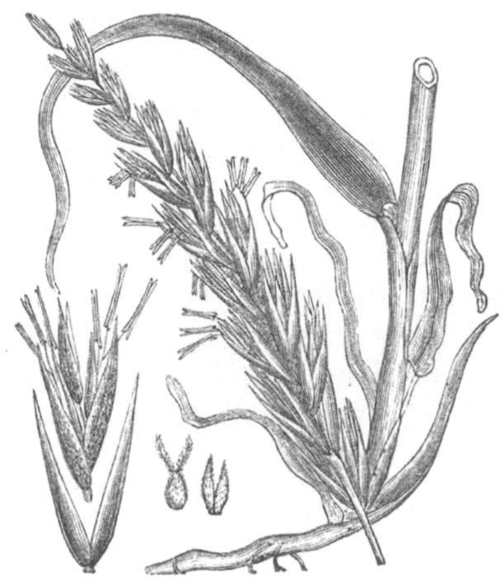

Fig. 234. Elymus arenarius.

Fig. 235. Triticum repens.

Fig. 236. Banane. *1* = Frucht, *2* dieselbe im Querschnitt.

Fig. 237. Zingiber officinale. Links eine Blume.

Fam. Cannaceae und Fam. Marantaceae.

In den Blüten ebenfalls nur ein Staubblatt, welches jedoch nur eine halbe Anthere entwickelt.

(Officinell: das Stärkemehl des Rhizoms von *Maranta arundinacea*).

Reihe Gynandrae.

Fam. Orchidaceae.

Zygomorphe Blumen, deren einfächeriger Fruchtknoten die vielen, sehr kleinen Samen an drei Längsleisten der Innenseite seiner Wandung trägt; meist einmännig, selten zweimännig. Staubblätter mit der Spitze des Fruchtknotens verwachsen.

Der unterständige und, wie der Querschnitt im Grundriss *2* der Fig. 238 zeigt, einfächerige, mit vielen, an drei Leisten der Aussenwand ansitzenden Eichen versehene Fruchtknoten pflegt wie *f* in *1* spiralig gedreht, resupiniert, zu sein, und zwar derartig, dass in den meisten Fällen beim Zurückdrehen die an der entwickelten Blüte nach unten gewendeten Teile nach oben gerichtet erscheinen würden. An seinem Gipfel trägt der Fruchtknoten das Perianth: *a*, *b*, *l*, in *1* und *2* und das gewöhnlich in der Einzahl vorhandene Staubgefäss *s*. Das Perianth ist ein sechsblättriges Perigon,

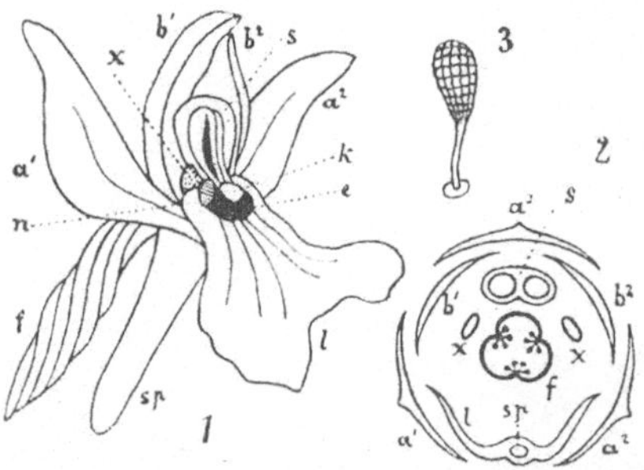

Fig. 238. 1. Eine vergrösserte Blume von Orchis maculata; *2.* der Grundriss derselben. — *3.* Eine Pollinie. — Beschreibung im Text.

dessen äussere drei Blätter jedoch oft einen einfachen, übereinstimmenden Bau zeigen, der von dem der drei inneren Blätter und namentlich des einen grösseren, als Lippe *l* bezeichneten Blattes abweicht; in diesen Fällen könnte man von Kelch und Krone reden. Die nach der Resupination meist nach unten gewendete Lippe, den Beute suchenden Insekten als Sitz dienend, trägt häufig an ihrem Grunde ein Nektarium in Form eines hohlen Spornes *sp*, während in anderen Fällen — bei fehlendem Sporn — ein besonderer, saftiger Gewebeteil am Grunde der Lippe den Insekten nach dem Anstechen den willkommenen Nektar liefert. Auch der Sporn enthält nur selten freie Honigflüssigkeit, die erst durch Anstechen oder Anbeissen dem fleischig-saftigen Gewebe entzogen werden kann. In der Nähe der Eingangsöffnung zum Sporne *e* liegt die Narbe *n*. Das zweifächerige Staubgefäss besitzt keinen Staubfaden und ist entweder nur mit seinem

Grunde oder auch — wie in unserer Abbildung — vollständig mit einem an der Spitze des Fruchtknotens, oberhalb der Narbe befindlichen Fortsatz, dem Säulchen, Rostellum *s*, verschmolzen. Der Pollen jeder Staubbeutelhälfte ist zusammenhängend und bildet ein gestieltes Pollenpäckchen, eine Pollinie *3*, seltener krümelige oder pulverige Pollenmassen. Die aus vielen, zusammenhängend verbleibenden Pollenkörnern gebildeten Päckchen besitzen einen elastischen Stiel, der am Grunde ein klebriges Scheibchen, Klebscheibchen, aufweist; häufig endigt der Stiel der beiden Pollinien in einem gemeinsamen Klebscheibchen. Die eine oder die zwei Klebscheibchen sind dicht oberhalb der klebrig-

Fig. 239. Orchis maculata. *Fig. 240.* Platanthera bifolia.

feuchten Narbe zu suchen und liegen entweder frei oder werden von einem Schüppchen *k* bedeckt. An der durch Zusammenneigen der Perianthblätter gegenüber von der Lippe zu stande kommenden Helmbildung können sich mit Ausnahme der Lippe alle Perigonblätter beteiligen. Die in der Abbildung angegebenen Gebilde *x* sind Rudimente je eines Staubblattes. — Befruchtungsvorgang vergl. auf Seite 108 bis 109.

Auf der Erde oder Baumstämmen lebende Kräuter, oft mit Wurzelknollen. Etwa 5000 Arten. *Orchis*, Fig. 239.

(Officinell: Wurzelknollen verschiedener *Orchis*-Arten, besonders *Orchis Morio* und *mascula*, ferner von *Platanthera bifolia* = Orant, Nachtschatten Fig. 240; Früchte der Vanille-Pflanze = *Vanilla planifolia*).

Reihe Helobiae.

Die zwitterigen oder eingeschlechtigen, actinomorph gebauten Blüten mit Kelch und Krone oder Perigon; wenn ein

Perigon vorhanden ist, so erscheint es sehr zart, oft unscheinbar und hinfällig. Fruchtknoten ober- oder unterständig, ein- bis mehrsamig. — Sumpf- und Wasserpflanzen.

Fig. 241. Triglochin palustris. Links Blüte, rechts Früchte.

Fig. 242. Alisma Plantago. Links Blume, rechts Frucht.

Fig. 243. Sagittaria sagittifolia. Links ein Früchtchen.

Fam. Juncaginaceae.

Sumpfpflanzen mit Blüten mit 3 + 3 Perigonblättern, 3 + 3 Staubblättern und drei bis sechs Fruchtblättern, die sich bei der Reife als Früchtchen von einander lösen. — Hierher *Triglochin*, Fig. 241.

Fam. Alismaceae.

Sumpf- und Wasserpflanzen, einhäusig, oder die Blumen, welche drei Kelch- und drei Kronenblätter besitzen, sind

Fig. 244. Hydrocharis Morsus ranae.

Fig. 245. Elodea canadensis. Rechts unten die weibliche Blüte, links oben ein Laubblatt.

zwitterig; sechs bis viele Staubblätter; drei bis viele eingriffige, einfach-narbige oberständige Fruchtknoten, die zu trockenen Schliessfrüchtchen werden. Bei Butomus ist der äussere Perianthkreis mehr kronenähnlich, weshalb man hier

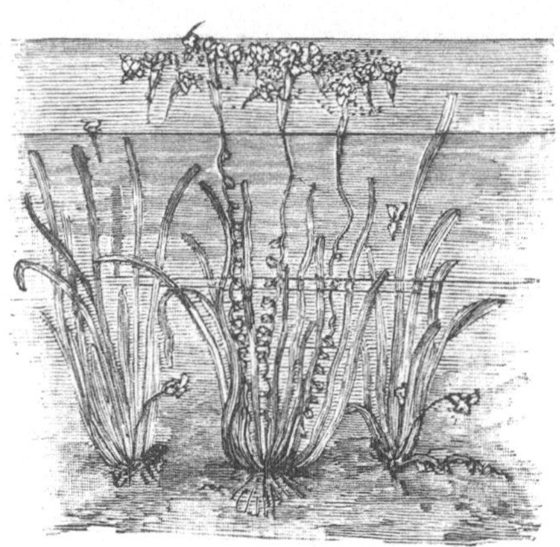

Fig. 246. Vallisneria spiralis.

von einem Perigon sprechen kann. — Hierher der Froschlöffel = *Alisma Plantago*, Fig. 242, mit zwitterigen und das Pfeilkraut = *Sagittaria sagittifolia*, Fig. 243, mit eingeschlechtigen Blumen.

Fam. Hydrocharitaceae.

Wasserpflanzen mit drei Kelch- und drei (auch 0) Kronenblättern und drei bis vielen Staubblättern; Fruchtknoten unterständig, einfächerig, vieleiig, beerig werdend. — Hierher der Froschbiss = *Hydrocharis Morsus ranae* Fig. 244, die Wasserpest = *Elodea canadensis* Fig. 245, und *Vallisneria* Fig. 246 (vergl. Seite 97).

II. Klasse. Dicotyleae.

Zwei Cotyledonen, sehr selten nur ein Cotyledon.

Blüten mit Kelch und Krone oder mit Perigon. Die gleichnamigen Organe meist in der Vier- oder Fünfzahl oder in Multiplen dieser Zahlen, also z. B. 2 × 5 u. s. w. vorhanden. Laubblätter mit fiederig oder fingerig verzweigten Hauptnerven. Nerven oft ein Maschennetz bildend.

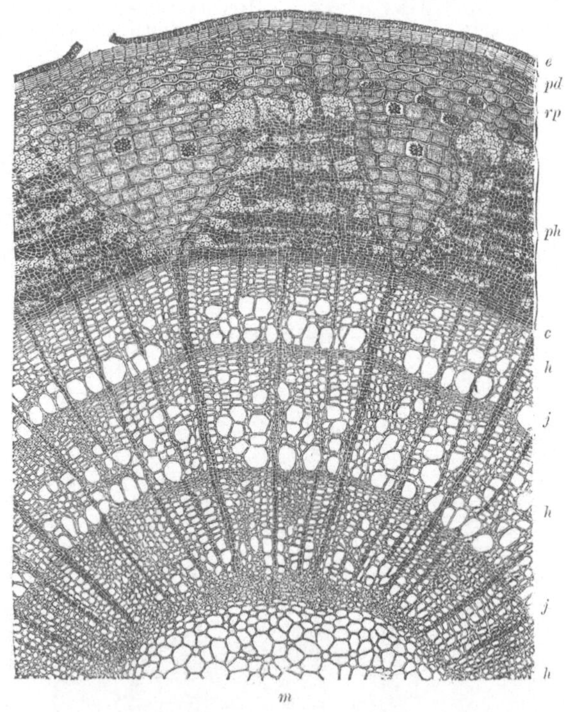

Fig. 247. Stück des Querschnittes durch einen dreijährigen Zweig von Tilia platyphyllos. *e* = Epidermis, *pd* = Periderm, *rp* = Rindenparenchym, *ph* = Phloëm, *c* = Cambiumring, *h* = Holz, *j* = Grenze der Jahresringe, *m* = Mark. — Vergr. (Nach Kny).

Bei den in die Dicke wachsenden Dicotylen wird das Phloëm und Xylem der — auf dem Querschnitt des Stengels —

in einem Kreise angeordneten Leitbündel durch einen Verdickungsring getrennt, der nach innen secundäres Xylem, nach aussen secundäres Phloëm erzeugt. Vergl. Fig. 247 und Seite 72 u. folg.

I. Unterklasse. Choripetalae.

Pflanzen im allgemeinen mit freien, nicht verwachsenen Kronenblättern, oder apetal, d. h. Krone ganz fehlend.

Reihe Amentaceae.

Ein- oder zweihäusige, apetale windblütige Holzgewächse mit meist ährenartigen Blütenständen, die hier speziell Kätzchen heissen.

Fam. Cupuliferae.

Die Gewächse dieser Abteilung sind ausgezeichnete einhäusige Windblütler, die im allgemeinen ihre Blüten vor dem Erscheinen des Laubes entwickeln. Die Achsen der männlichen Blütenstände sind meist sehr zart und ausserordentlich biegsam, sodass die Kätzchen herabhängen und vom Winde leicht bewegt werden. Eine genauere Untersuchung des Baues der Blütenstände ergiebt, dass derselbe ziemlich compliziert ist. An den Hauptachsen sitzen nämlich nicht einzelne Blüten, sondern meist dreiblütige Gruppen, welche nach Ansicht der theoretischen Morphologen metamorphosierte Sprosse mit Hochblättern darstellen. Der beigegebene Grundriss (Fig. 248) des typischen (theoretischen) Baues einer solchen Gruppe zeigt uns die Andeutung der Hauptachse *A* mit einem Deckblatt *D*, in dessen Achsel die dreiblütige Gruppe sitzt. Der Achselspross trägt die mittlere Blüte *B* mit den zwei Vorblättern *a* und *b*, welche Deckblätter der beiden, je eine Blüte tragenden seitlichen Sprösschen *B* und *B* sind, die wiederum je zwei Vorblätter *a'* und *b'* besitzen. Im speziellen können nun einzelne dieser Teile verkümmern oder abortieren, wie z. B. die Mittelblüte und verschiedene von den Hochblättern. An der Ausbildung der Früchte beteiligen sich die erwähnten Hochblättchen der Blütengruppen oft in der mannigfaltigsten Weise und bilden die „Cupula“.

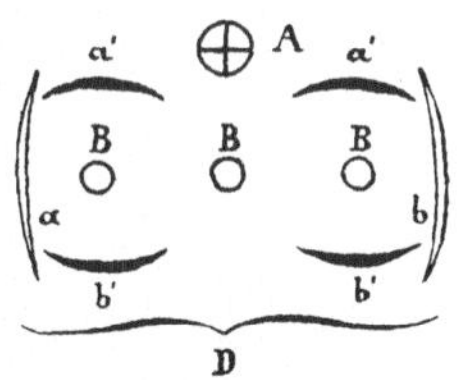

Fig. 248. Typischer Grundriss der Blütengruppe eines Cupuliferen-Kätzchens. — Beschreibung im Text.

Perigon drei- bis achtzählig, öfters auch rudimentär. Androeceum zwei- bis zwanzigzählig. Gynoeceum unterständig zu einer einfächerigen, einsamigen Schliessfrucht werdend. Blätter einfach, mit Nebenblättern.

Die *Betuleen* besitzen keine Cupula; die Deck- und Vorblätter der Blütengruppen verwachsen zu einer Schuppe. Nur die männlichen Blüten mit Perigon, bei den weiblichen ist dasselbe verkümmert. — Hierher die Birken (*Betula alba* Weissbirke Fig. 249, *B. nana* Zwergbirke), und Erlen (*Alnus glutinosa* Rot-Erle Fig. 250, *A. incana* Weiss-Erle).

Coryleae. Die Deck- und Vorblätter der Blütengruppen verwachsen zu einer Fruchthülle, die immer nur je eine Frucht umgiebt. Den männlichen Blüten fehlt ein Perigon, bei den weiblichen ist es rudimentär. — Hierher der Haselstrauch

Fig. 249. Betula alba. Links unten weibliche, rechts unten männliche Blütengruppe, jede mit dreilappiger (dreiblättriger) Schuppe, zwischen beiden ein Samen mit zwei Flügeln. Oben Zweig mit männlichen, darunter Zweig mit weiblichen Kätzchen.

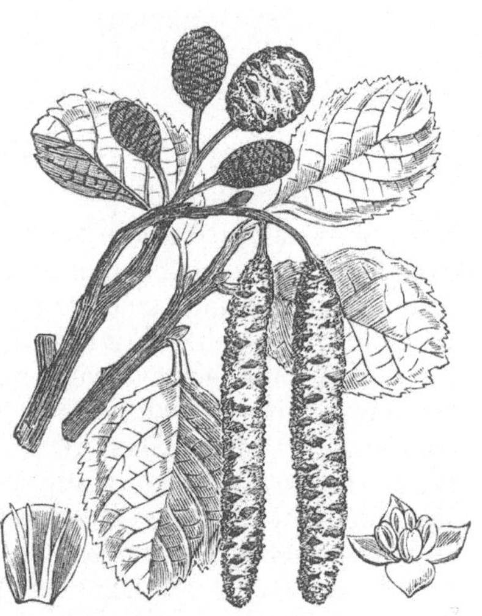

Fig. 250. Alnus glutinosa. Links weibliche zweiblütige Gruppe mit Schuppe aus Deck- und Vorblättern, die holzig wird. Rechts viermännige Blüte mit Perigon.

Corylus Avellana Fig. 251, die Hain- oder Weissbuche *Carpinus Betulus* Fig. 252.

Fagineae. Cupula ein- bis mehrfrüchtig, aus den vier Vorblättern *a' b'* Fig. 248 hervorgehend. Sowohl männliche als auch weibliche Blüten mit Perigon. — Hierher die Rot-Buche *Fagus silvatica*, Fig. 253, die echte Kastanie *Castanea vesca*, Fig. 254, die Eichen (*Quercus pedunculata* Stiel- oder Sommereiche, Fig. 255, *Q. sessiliflora* Stein- oder Wintereiche, *Q. suber* Kork-Eiche).

(Officinell: Rinde von *Quercus pedunculata* Fig. 255 und *sessiliflora*, sowie Gallen von *Quercus lusitanica*).

Fam. Juglandaceae.

Einhäusig. Die Blüten einzeln in den Achseln von Deck-

Fig 251. Corylus Avellana. Rechts oben Zweig mit zwei männl. Kätzchen und zwei knospenförmigen weibl. Blütenständen, darunter Zweig mit Früchten. Links unten männl. Blütengruppe, rechts daneben weibl. Blütenstand, daneben Querschnitt durch den Fruchtknoten und rechts unten weibl. Blüte.

Fig. 252. Carpinus Betulus. Links Frucht mit dreizipfeligem (dreiblättrigem) Flugorgan, welches aus drei Hochblättern der Blütengruppen gebildet wird.

blättern, mit zwei Vorblättern. Perigon 0- bis vier-, Androeceum drei- bis vielzählig. Schliessfrüchte mit rinden-

Fig. 253. Fagus silvatica. Links unten Cupula mit Früchten, daneben einzelne Frucht von aussen und im Querschnitt. Rechts oben Zweig mit zwei männlichen Köpfen.

artiger Cupula. Blätter gefiedert, ohne Nebenblätter. — Hierher die Walnuss *Juglans regia*, Fig. 256.

Fig. 254. Castanea vesca. Links oben weibliche Blütengruppe im Längsschnitt, rechts Cupula mit Früchten. Links unten ein Same, rechts unten männl. Blüte.

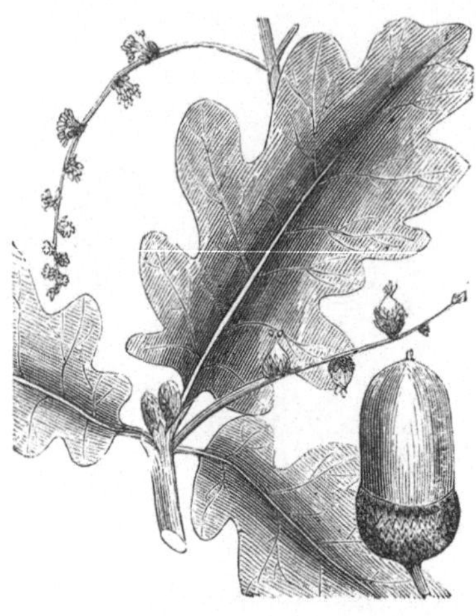

Fig. 255. Quercus pedunculata. Rechts unten Frucht mit Cupula.

Fig. 256. Juglans regia. Zweig mit einem männl. Kätzchen; am Gipfel eine weibl. Blütengruppe. Links unten weibl. Blüte mit Cupula; rechts Frucht, ihre Cupula im Längsschnitt.

Fig. 257. Salix herbacea. Oben weibl., unten männl. Exemplar, nebst weibl. und männl. Blüte und zugehöriger Deckschuppe.

(Officinell: Blätter von *Juglans regia*).

Fam. Salicaceae.

Die Salicaceen sind diöcische Holzgewächse mit ährenartigen Blütenständen. Ihre Blätter sind spiralig gestellt, ungeteilt, am Grunde mit (zuletzt meist abfallenden) Nebenblättern. Die dicht gedrängten Blüten stehen in den Winkeln schuppenförmiger Deckblätter. Bei Populus sind die weiblichen resp. männlichen Blütenteile auf einer kurzbecherförmigen, fleischigen Scheibe eingefügt, die von manchen Morphologen Perigon genannt wird. Staubblätter 2—30-zählig. Fruchtknoten einfächerig, mit einem, zuweilen fast fehlenden Griffel und zwei (bis vier) Narben. Die vielsamige Kapselfrucht springt mit zwei (selten vier) Klappen auf. Den kleinen, endospermlosen Samen ist in Gestalt eines an ihrem Grunde

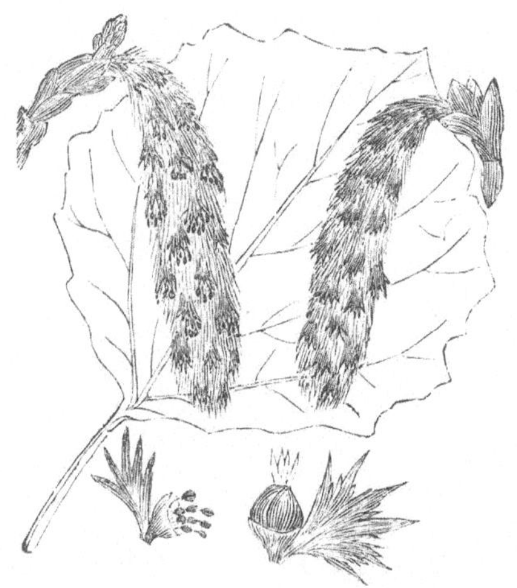

Fig. 258 Populus tremula. Links männliches Kätzchen, darunter männliche Blüte (nebst ihrer Deckschuppe), rechts weibl. Kätzchen, darunter weibl. Blüte (nebst Deckschuppe).

befindlichen langen Haarschopfes ein wirksames Flugorgan gegeben. Blätter einfach, mit Nebenblättern.

Die Weiden sind Insektenblütler, die Pappeln dagegen Windblütler. Auch die Weiden haben zwar keine besonderen „Wirtshausschilder“; jedoch finden sich hier am Grunde der Staubblätter und Fruchtknoten Nektarien in Form kleiner Höcker, und die Blüten machen sich durch ihr dicht gedrängtes Zusammenstehen und dadurch, dass sie sich im allgemeinen vor dem Erscheinen des Laubes entwickeln, dennoch leicht bemerkbar. Es ist überdies zu beachten, dass die Achsen der Ähren steif und unbeweglich im Vergleich zu den Kätzchen der Cupuliferen und der Pappeln erscheinen und so den Insekten einen festeren Halt gewähren. — Vergl. Seite 101 und 102. —

Die Knackweide = *Salix fragilis*; Silberweide = *S. alba*; Korbweide = *S. viminalis*; Sohlweide = *S. Caprea* Fig. 99; *S. herbacea* Fig. 257; Silberpappel = *Populus alba*; Zitterpappel oder Espe = *P. tremula* Fig. 258; italienische oder Pyramiden-Pappel = *P. pyramidalis*; Schwarzpappel = *P. nigra*.

Reihe Urticinae.

Blüten meist zweibettig mit Perigon, in meist dichten Blütenständen. Der oberständige Fruchtknoten zu einer einsamigen Schliessfrucht werdend.

Fig. 259 Morus alba. Rechts oben weibl., links unten männl. Blüte. Rechts unten Fruchtstand.

Fig. 260. Antiaris toxicaria. *1.* Baum. *2.* blühender u. Früchte tragender Zweig. *3.* weibl. und *4.* männl. Blüte.

Fam. Urticaceae.

Blüten zweibettig mit vier- bis fünfzähligem Perigon und Androeceum. Früchte einfach. Blätter mit Nebenblättern.

Urticeae. Filamente in der Blütenknospe eingekrümmt (vergl. Seite 98). Fruchtknoten einnarbig. Pflanzen zuweilen mit „Brennhaaren" besetzt. — Hierher die Brennnessel-Arten = *Urtica*.

Moreae. Filamente wie vorher. Narben meist zwei. Pflanzen öfters milchend. — Hierher die Maulbeerbäume = *Morus* Fig. 259, und der Papiermaulbeerbaum = *Broussonetia papyrifera* (vergl. Seite 54).

Artocarpeae. Filamente in der Knospenlage gerade. Meist zwei Narben. Milchende Holzpflanzen. — Hierher der Feigenbaum = *Ficus carica*; Gummibaum = *Ficus elastica*, von diesem u. a. Ficus-Arten der Kautschuk; *Artocarpus incisa* u. a. Artocarpus-Arten = Brotfruchtbaum; Milchsaft des Kuhbaums = *Galactodendron utile* geniessbar; den Milchsaft des Upas-Baumes = *Antiaris toxicaria* Fig. 260 benutzen die Malayen als Pfeilgift.

Fig. 261. Cannabis sativa. Links oben weibliche, unten männliche Blüte.

Fig. 262. Humulus Lupulus. Unten links geflügelter Same, in der Mitte männliche, rechts davon weibliche Blüte. Darüber vorn Fruchtzweig, dahinter männlicher Blütenstand.

Fig. 263. Ulmus campestris. Links unten Fruchtstand, rechts eine Blüte.

Cannabineae. Filamente und Narben wie vorher. Milchsaftlose Kräuter. — Hierher der Hanf = *Cannabis sativa* Fig. 261 (vergl. Seite 54); der Hopfen = *Humulus Lupulus* Fig. 262.

Fam. Ulmaceae.

Blüten meist zwitterig, mit vier bis sechs Perigon- und vier bis zwölf Staubblättern. Früchte geflügelt oder Drupen. Holzpflanzen. — Hierher die Ulmen oder Rüstern = *Ulmus* Fig. 263.

Fam. Ceratophyllaceae.

Blüten einhäusig, mit sechs bis 12 Perigon- und 10 bis 20 Staubblättern. Blätter quirlig stehend, zerteilt. — Wasserpflanzen. Wasserzinke = *Ceratophyllum*.

Reihe Polygoninae.

Die apetalen, meist zwitterigen Blüten mit sechs bis 0 Perigonblättern, neun bis zwei Staubblättern. Fruchtknoten oberständig, eineiig.

Fig. 264. Piper nigrum. *m* = männl. Ähren, *w* = Fruchtähren.

Fig. 265. Rumex Acetosa. Oben in der Mitte Blüte, darunter Frucht.

Fam. Piperaceae.

Blüten ohne Blütendecke, meist eingeschlechtig und nur aus sechs bis zwei Staub- und vier bis ein Fruchtblättern gebildet, welche letzteren zu einsamigen Beeren werden. Samen mit Perisperm und Endosperm (vergl. Seite 77). — Die Pfefferkörner sind die Früchte von *Piper nigrum* Fig. 264.

(Officinell: Cubeben = Früchte von *Cubeba officinalis*).

Fam. Polygonaceae.

Perigon sechs- bis vier-, Androeceum neun- bis vierzählig. Trockenfrucht einsamig. Samen nur mit Endosperm. Am

Grunde der Blattstiele umgeben den Stengel scheidenartig sog. „Tuten“, welche nach theoretisch-morphologischer Auffassung metamorphosierte Nebenblätter sind. — *Rumex Acetosa* = Sauerampfer Fig. 265; *Rumex Patientia* = Ewiger Spinat; *Polygonum* Fig. 266; *Polygonum Fagopyrum* Fig. 267 und *tataricum* = Buchweizen.

(Officinell: Wurzeln verschiedener *Rheum*-Arten, Rhabarber, wie *Rheum officinale* und *palmatum*).

Fig. 266. Polygonum Bistorta. Rechts Blüte, links davon Stempel.

Fig. 267. Polygonum Fagopyrum. Links oben Frucht, darunter Querschnitt durch dieselbe, rechts Blüte, darunter ein Staubblatt, darunter Gynoeceum.

Reihe Centrospermae.

Blüten apetal oder mit Kelch und Krone, die gleichnamigen Organe meist fünf- bis dreizählig. Das meist aus mehreren Fruchtblättern gebildete, oberständige Gynoeceum einfächerig, mit ein- bis vielsamiger central oder am Grunde des Fruchtknotens gelegener Placenta. Samen mit Perisperm. Pflanzen meist krautig.

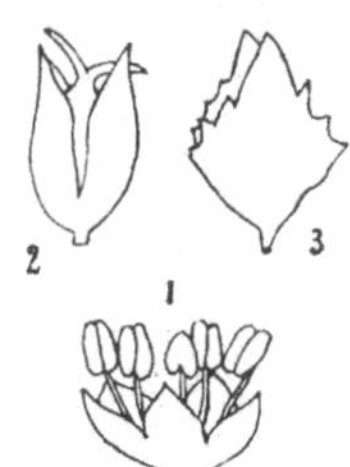

Fig. 268. 1. Männliche Blüte, 2. weibliche Blüte mit ihrer „Hochblatthülle“, beide von Atriplex patulum. — 3. Hochblatthülle von Atriplex roseum.

Fam. Chenopodiaceae.

Blüten eingeschlechtig oder zwitterig, mit drei- bis fünfspaltigem oder -teiligem oder auch fehlendem Perigon, welches sich an der Frucht oft vergrössert; ein bis fünf Staubblätter; Fruchtknoten eineiig, mit zwei bis vier Narben. Laubblätter ohne Nebenblätter. Vergl. Fig. 268. — *Atriplex* Fig. 268, *Beta vulgaris* = Runkelrübe; *Chenopodium* Fig. 269; *Salsola* Fig. 270; *Spinacia oleracea* = Spinat Fig. 271.

Fig. 269. Chenopodium Bonus Henricus.

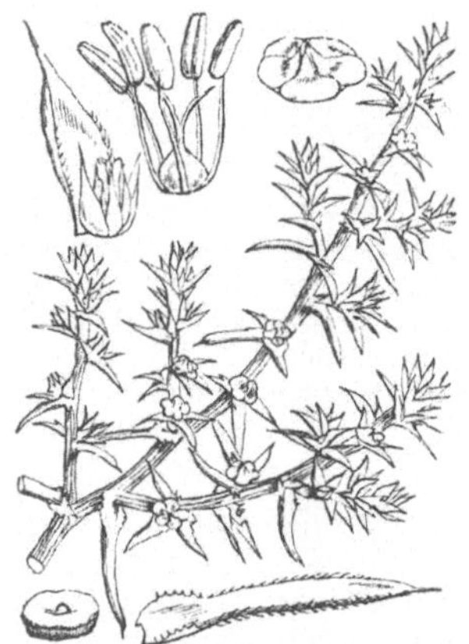

Fig. 270. Salsola Kali. Oben links eine Blüte mit ihrem Deckblatt, rechts die Frucht mit den fünf verbleibenden Perigonblättern, in der Mitte eine Blüte nach Entfernung der Perigonblätter. Unten rechts ein Laubblatt, links Querschnitt durch die Frucht.

Fig. 271. Spinacia oleracea. Links Zweig einer männl., rechts einer weibl. Pflanze; darunter männl. Blüte und ein Staubblatt.

Fam. Amarantaceae.

Trockenhäutiges, drei- bis fünfblätteriges Perigon und Hochblätter meist übereinstimmend bunt gefärbt. Im übrigen im grossen und ganzen wie bei der vorigen Familie. — *Amarantus* = Fuchsschwanz.

Fam. Caryophyllaceae.

Blüten vier- bis fünfzählig, mit Kelch und Krone, oder letztere abortiert. Staubblätter so viele oder zweimal so viele

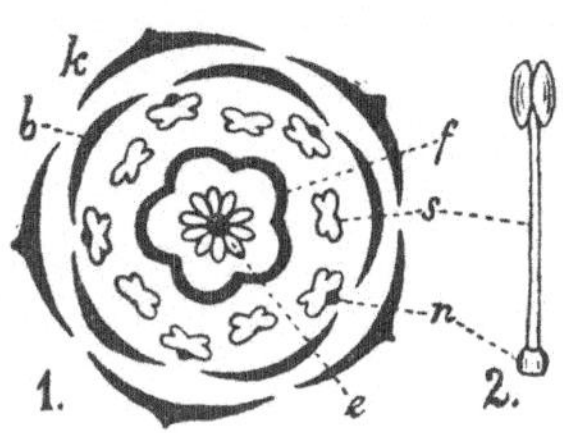

Fig. 272. 1. = Blumengrundriss, 2. = Staubblatt von Cerastium arvense. *k* = Kelch, *b* = Krone, *s* = Staubblätter, *n* = Nektarien, *f* = Fruchtknoten, *e* = Eichen.

Fig. 273. Scleranthus perennis.

Fig. 274. Herniaria glabra. Links unten Blüte mit fünf grossen Kelch- und fünf fadenförmigen Kronenblättern. Rechts davon Frucht.

Fig. 275. Spergula arvensis.

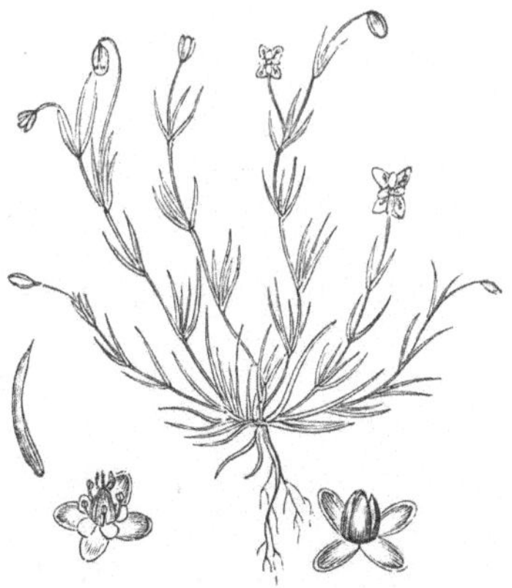

Fig. 276. Sagina procumbens.

als Kronenblätter, oder weniger. Früchte einfächerig mit einem oder vielen Samen auf einer mittelständigen Placenta. Vergl. Fig. 272. Laubblätter meist lineal und gegenständig.

Paronychieae. Krone öfters abortiert. Frucht meist einsamig. - *Scleranthus* Fig. 273, *Herniaria* Fig. 274.

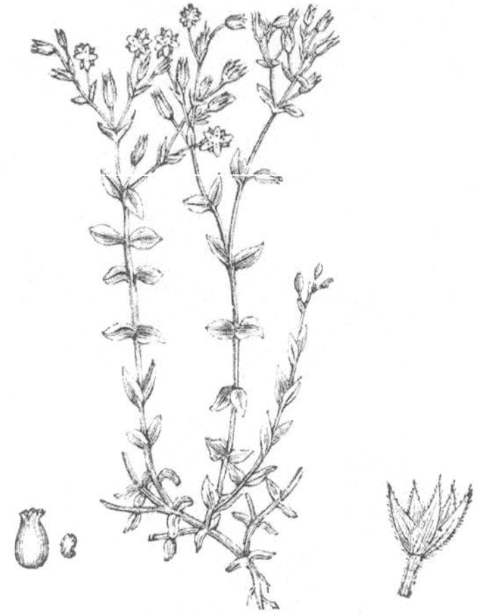

Fig. 277. Arenaria serpyllifolia.

Fig. 278. Moehringia trinervia.

Fig. 279. Holosteum umbellatum.

Fig. 280. Stellaria glauca.

Alsineae. Kelch aus freien Blättern bestehend. Krone meist vorhanden. Frucht mehrsamig. — *Spergula arvensis* = (Acker-)Spörgel Fig. 275, *Sagina* Fig. 276, *Arenaria* Fig. 277, *Moehringia* Fig. 278, *Holosteum* Fig. 279, *Stellaria* Fig. 280, *Malachium* Fig. 281, *Cerastium* Fig. 272 und 282.

Sileneae. Kelch röhrig oder Blätter desselben am Grunde miteinander verbunden; Krone immer vorhanden, oft jedes

Blatt derselben zwischen Nagel und Platte mit einem blatthäutchenähnlichen Anhängsel Fig. 284. Zusammen bilden diese Anhängsel die „Nebenkrone“ oder das „Krönchen“. Androeceum zehnzählig. Frucht vielsamig. — *Dianthus* = Nelke Fig. 283, *Saponaria officinalis* = Seifenkraut

Fig. 281. Malachium aquaticum.

Fig. 282. Cerastium arvense.

Fig. 283. Dianthus superbus.

Fig. 284. Saponaria officinalis.

Fig. 284, *Silene* Fig. 285, *Viscaria vulgaris* = Pechnelke Fig. 286 (vergl. Seite 100), *Melandryum album* = Lichtnelke Fig. 287, *Coronaria flos cuculi* = Kuckucksblume Fig. 288, *Agrostemma Githago* = (Korn-)Rade Fig. 289.

Fig. 285. Silene nutans. *Fig. 286.* Viscaria vulgaris.

Fig 287. Melandryum album.

Fig. 288. Coronaria flos cuculi.

Fam. Portulacaceae.

Kelch meist zwei-, Krone und Staubblätter fünfzählig. Kapsel mehrsamig. Blätter fleischig. — *Portulaca* = Portulak; *Montia* Fig. 290.

Fig. 289. Agrostemma Githago.

Fig. 290. Montia minor. Links oben Stempel, unten Blüte, rechts davon die beiden Kelchblätter die Frucht umschliessend.

Reihe Polycarpicae.

Fruchtblätter oft frei und zahlreiche Fruchtknoten bildend, meist oberständig, ein- bis mehrsamig. Krone zuweilen fehlend.

Fam. Lauraceae.

Blüten apetal, Perigon und Staubblätter vier- bis sechszählig. Antheren in zwei oder vier Klappen aufspringend. Einsamige Beeren- oder Steinfrucht. Meist immergrüne Holzpflanzen mit lederigen Blättern.

(Officinell: Früchte vom Lorbeer = *Laurus nobilis* Fig. 291; das Wurzelholz von *Sassafras officinale*; der Kampher von *Camphora officinarum*; Zimmet-Rinde von *Cinnamomum zeylanicum* Fig. 292 u. a. Arten von Cinnamomum).

Fig. 291. Laurus nobilis.

Fig. 292. Cinnamomum zeylanicum.

Fam. Berberidaceae.

Blumenblätter und Staubblätter sechs oder vier. Jede Staubbeutelhälfte meist mit einer Klappe aufspringend (Fig. 294). Frucht einfächerig, ein- bis mehrsamig und meist zur Beere werdend. — Berberitze = *Berberis vulgaris* Fig. 293; *Epimedium* Fig. 294.

(Officinell: Rhizom von *Podophyllum peltatum*).

Fig. 293 Berberis vulgaris.

Fig. 294. Epimedium alpinum. Rechts unten Staubblatt mit zweiklappig aufspringender Anthere.

Fam. Menispermaceae.

Blüten dioecisch. Meist tropische Schlingpflanzen. (Officinell: Wurzel von *Jateorrhiza Columbo*).

Fam. Myristicaceae.

Blüten dioecisch, apetal. Tropische Holzpflanzen. — *Myristica fragrans* liefert die Muskatnüsse und Muskatblüte.

Fam. Magnoliaceae.

Grosse Blumen mit drei Kelch-, 3 + 3 oder vielen Kronen- und vielen Staubblättern. Holzpflanzen. — Stern-Anis von *Illicium anisatum*; Tulpenbaum = *Liriodendron tulipifera*; Magnolien = *Magnolia*.

Fam. Ranunculaceae.

Gewöhnlich fünf (drei bis sechs) Kelch-, fünf (0 bis viele) Kronen-, viele Staub- und ein- bis viele Fruchtknoten (Fruchtblätter). Vergl. Fig. 295. Die Krone ist zuweilen in Nectarien metamorphosiert, dann wird der Kelch (Perigon) zum „Wirtshausschild“, d. h. nimmt auffallende Färbung an. Meist Kräuter.

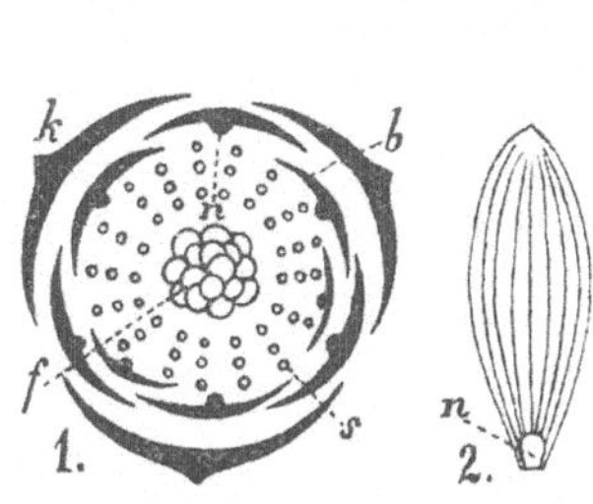

Fig. 295. Ficaria verna. *1.* = Grundriss der Blume, *2.* = ein Blumenblatt von innen gesehen. *k* = Kelch, *b* = Blumenblätter mit Nektarien *n*, *s* = Staubblätter, *f* = Fruchtblätter.

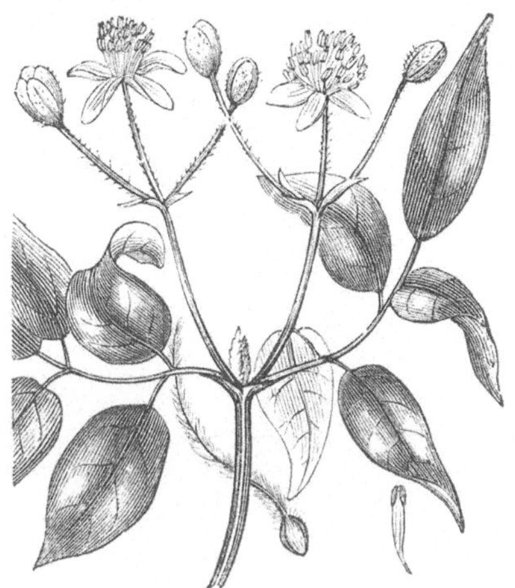

Fig. 296. Clematis Vitalba.

Clematideae. Mit Perigonblättern, welche die Blütenknospen derartig aussen umgeben, dass sie „klappig“ mit ihren Rändern aneinander stossen, ohne sich dachziegelig mit den Rändern zu decken. Hohe, strauchige oder kletternde Gewächse mit gegenständigen Blättern. — *Clematis* = Waldrebe Fig. 296.

Fig. 297. Thalictrum minus.

Fig. 298. Anemone nemorosa. Rechts oben ein Früchtchenstand, links unten ein Früchtchen, oben ein Staubblatt.

Anemoneae. Die äusseren Blütenblätter sich in der Knospenlage dachziegelig mit den Rändern deckend. Krone zuweilen vorhanden. Blätter wechselständig. — Wiesen- oder Waldraute = *Thalictrum* Fig. 297; Anemonen = *Anemone*

Fig. 299. Pulsatilla pratensis.

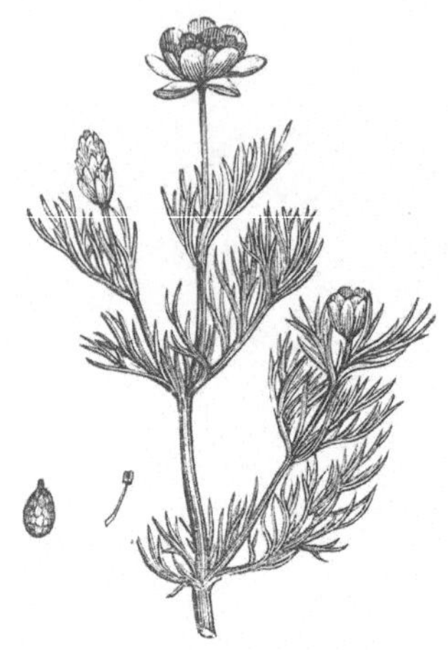

Fig. 300. Adonis autumnalis

Fig. 301. Ranunculus acer. Links Früchtchen, rechts Blumenblatt mit Nektarium.

Fig. 302. Batrachium aquatile.

Fig. 298; *Hepatica triloba* = Leberblümchen; Küchen- oder Kuhschellen = *Pulsatilla* Fig. 299; Teufelsauge = *Adonis* Fig. 300.

Ranunculeae. Kelch grün. Kronenblätter am Grunde mit Nektargrübchen *2* in Fig. 295. Früchtchen einsamig. Kräuter. — Hahnenfuss = *Ranunculus* Fig. 301; Haarkraut = *Batrachium aquatile* Fig. 302; Scharbock = *Ficaria verna* Fig. 295 und 303.

Helleboreae. Äussere Blütenblätter fünf, kronenartig entwickelt und gefärbt. Kronenblätter fünf bis viele, oft jedoch fehlend oder in Nektarien metamorphosiert. Blumen zuweilen

Fig. 303. Ficaria verna. Rechts oben Früchtchenstand, links unten ein Früchtchen, rechts Blumenblatt mit Nektarium

Fig. 304. Helleborus viridis. In der Blume sind die tütenförmigen Nektarien (= metamorphosierte Kronenblätter) bemerkbar.

Fig. 305. Caltha palustris. Rechts ein aufspringendes mehrsamiges Früchtchen, links ein Staub- und ein Fruchtblatt.

Fig. 306. Aquilegia vulgaris. Blumenblätter mit gespornten Nektarien.

zygomorph. Früchtchen kapselig, mehrsamig. Staubbeutel nach aussen aufspringend. — Nieswurz = *Helleborus* Fig. 304; Butter-, Dotter- oder Kuhblume = *Caltha palustris* Fig. 305; *Nigella*; Akelei = *Aquilegia* Fig. 306;

Rittersporn = *Delphinium* Fig. 307; Sturmhut, Eisenhut oder Venuswagen = *Aconitum* Fig. 308.

(Officinell: Wurzelknollen von *Aconitum Napellus*).

Fig. 307. Delphinium Consolida. Das oberste Perigonblatt gespornt, ein gesporntes Nektarium umschliessend.

Fig. 308. Aconitum Napellus. Das oberste Perigonblatt helmartig gewölbt, zwei eigentümliche, sehr lang gestielte Nektarien bedeckend, die rechts unten nebst dem Androeceum abgebildet sind.

Paeonieae. Kronenblätter fehlend oder einfach. Früchte resp. Früchtchen beerig oder kapselig, mehrsamig. Staub-

Fig. 309. Actaea spicata.

beutel nach innen aufspringend. — Pfingstrosen = *Paeonia*; Christophskraut = *Actaea* Fig. 309.

Fam. Nymphaeaceae.

Wasserpflanzen mit drei bis fünf Kelch-, drei bis vielen Kronen-, sechs bis vielen Staub- und drei bis vielen Fruchtblättern. Ovar-Fächer meist vielsamig. Samen meist mit Peri- und Endosperm.

Nymphaeeae. Fruchtblätter verwachsen. — Wasserlilie oder weisse Mummel resp. Seerose = *Nymphaea alba* Fig. 310; Nixblume oder gelbe Mummel resp. Seerose = *Nuphar luteum* Fig. 311; *Victoria regia.*

Bei den *Nelumboneen* sind die Fruchtblätter in Gruben des kreiselförmigen Torus eingesenkt. — Lotusblume = *Nelumbium speciosum.*

Fig. 310. Nymphaea alba.

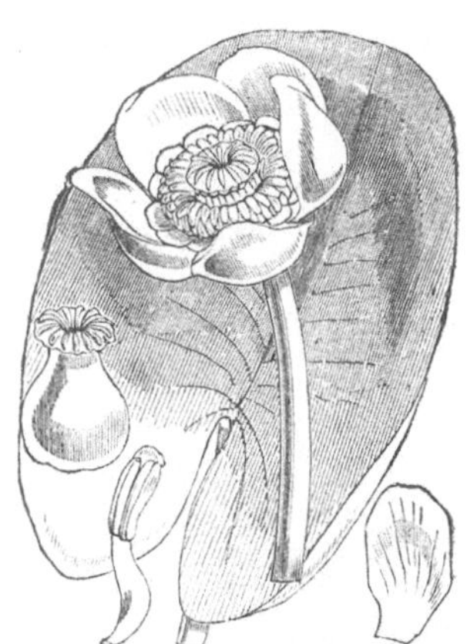

Fig. 311. Nuphar luteum.

Reihe Rhoeadinae.

Meist Blüten mit zwei bis vier Kelch- und Kronenblättern, vier und mehr Staubblättern, oberständigen zwei bis vielen verwachsenen Fruchtblättern mit Placenten, welche der Aussenwand ansitzen. Frucht meist klappig aufspringend, seltener Schliessfrüchte.

Fam. Papaveraceae.

Blumen mit zwei- bis dreiblätterigem Kelch, vier bis sechsblätteriger Krone, zahlreichen Staubblättern und einem einfächerigen, vieleiigen, aus zwei bis vielen Fruchtblättern zusammengesetzten Fruchtknoten. Samen mit Eiweis. Pflanzen oft mit Milchsaft. — Klatschrosen = *Papaver* Fig. 312, Schellkraut = *Chelidonium majus* Fig. 313.

(Officinell: Opium, das ist der eingedickte Milchsaft des Mohns = *Papaver somniferum.*)

Fig. 312. Papaver Rhoeas.

Fig. 313. Chelidonium majus.

Fam. Fumariaceae.

Blumen meist zygomorph, mit zwei meist hinfälligen Kelch-, 2 + 2 Kronen- und in zwei je dreimännigen Bündeln erscheinenden oder vier freien Staubblättern. Fruchtknoten

Fig. 314. Corydalis intermedia. *Fig. 315.* Fumaria officinalis.

einfächerig, ein- bis mehreiig, zu einer einsamigen Schliessfrucht oder zu einer mehrsamigen Kapsel werdend. Samen mit Eiweiss. — *Corydalis* Fig. 314, manche Arten dieser Gattung besitzen nur ein (!) Cotyledon, *Fumaria* = Erdrauch Fig. 315.

Fam. Cruciferae.

Kelch und Krone vierblätterig; (meist) vier längere und zwei kürzere Staubblätter; zwischen Blumen- und Staub-

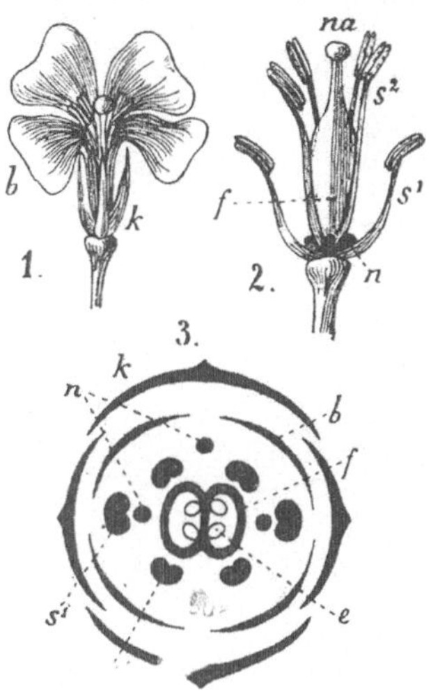

Fig. 316. *1.* = Blume von Brassica. *2.* = dieselbe nach Wegnahme des Perianths, *3.* = Grundriss derselben. k = Kelch, b = Krone, s^1 = kurze, s^2 = lange Staubblätter, n = Nektarien, f = Fruchtknoten mit den Eichen e, na = Narbe.

Fig. 317. Nasturtium officinale. *Fig. 318.* Cardamine pratensis.

blättern oder zwischen diesen und den Fruchtblättern finden sich zwei bis mehr Honigdrüsen. Frucht eine Schote darstellend, d. h. durch eine fast wie Seidenpapier dünne Scheidewand in zwei ein- bis mehreiige Fächer geteilt. Jede

Klappe entspricht einem Fruchtblatt, welches an seinen Rändern die Samenleisten trägt. Vergl. Fig. 316. Die Scheidewand entsteht durch eine Verschmelzung häutiger Auswüchse der Leisten. Solche Scheidewände, wie überhaupt alle diejenigen, die nicht durch eine Verwachsung der Frucht-

Fig. 319. Brassica oleracea.

Fig. 320. Brassica Rapa.

Fig. 321. Raphanistrum Lampsana. Links oben quergliederige Schote.

Fig. 322. Sinapis alba.

blattränder selbst zu stande kommen, werden als falsche Scheidewände bezeichnet. Samen eiweisslos. Blätter wechselständig; Hochblätter (Blüten-Deckblätter) fehlen meist.

Die Cruciferen teilt Linné ein in *Siliquosae:* Schoten mehrmal länger als breit und in *Siliculosae:* Frucht höchstens zweimal länger als breit und zuweilen nicht aufspringend.

Bei manchen Siliquosen zerfällt die Schote durch Quergliederungen in einzelne Stücke, Fig. 321. De Candolle teilt die Cruciferen nach der verschiedenen Art ein, in welcher der Keimling im Samen gekrümmt ist. — *Cheiranthus Cheiri*

Fig. 323. Sinapis arvensis.

Fig. 324. Erophila verna. Links der Same von aussen und im Querschnitt, letzterer das Würzelchen und die zwei dicken (speichernden) Cotyledonen zeigend.

Fig. 325. Camelina sativa. Rechts unten Querschnitt durch den Samen, das Würzelchen und die zwei dicken Cotyledonen zeigend.

= Goldlack; *Matthiola annua* = Levkoje; *Nasturtium officinale* = Brunnenkresse Fig. 317; *Cardamine pratensis* = Wiesenschaumkraut Fig. 318; *Brassica oleracea* = Kohl Fig. 319; *Brassica Rapa* = Rübenkohl, weisse Rübe, Rübsen Fig. 320; *Raphanus sativus* = Rettig, Radieschen; *Raphanistrum Lampsana* = Hederich Fig. 321; *Sinapis alba* = weisser Senf Fig. 322; *Sinapis arvensis* = Hederich Fig. 323; *Cochlearia Armoracia* = Mährrettich; *Erophila verna* = Hungerblümchen Fig. 324; *Camelina sativa* = Leindotter Fig. 325; *Capsella bursa pastoris* = Hirtentäschel Fig. 326; *Isatis tinctoria* = Waid Fig. 327.

(Officinell: Kraut von *Cochlearia officinalis* = Löffelkraut; Samen von *Brassica nigra* = (schwarzer) Senf; Öl aus den Samen von *Brassica Napus* Varietät *oleifera* = Raps).

Fig. 326. Capsella Bursa pastoris. *Fig. 327.* Isatis tinctoria.

Fam. Capparidaceae.

Vier Kelch- und Kronen-, vier bis viele Staub-, zwei bis viele zu einem gestielten, scheidewandlosen Ovar verbundene Fruchtblätter. Samen eiweisslos. — Kappern sind die Blütenknospen von *Capparis spinosa*.

Reihe Cistiflorae.

Meist mit fünf Kelch- und Kronenblättern, vielen Staubblättern und dreiblättrigem, oberständigem Fruchtknoten.

Fam. Resedaceae.

Kelch und zerschlitzte Krone der zygomorphen Blüte fünf (vier-) bis achtzählig. Staubblätter 10—24. Fruchtknoten einfächrig, vieleiig, mit meist offenem Gipfel, aus drei bis sechs Blättern zusammengesetzt, mit ebenso vielen wandständigen Samenleisten an den Verbindungsnähten der Fruchtblätter. — *Reseda odorata* = Reseda; *R. luteola* = Wau.

Fam. Violaceae.

Die zygomorphen Blumen mit fünf Kelch-, Kronen- und Staubblättern und drei Fruchtblättern, welche einen einfächerigen, eingriffligen Fruchtknoten zusammensetzen. Frucht dreiklappig; Placenten in der Mitte der Klappen, Fig. 328.

Fig. 328. Grundriss der Blume von Viola. *k* = Kelch, *b* = Blumenblätter, *sp* = Sporn des vorderen Blumenblattes, *s* = Staubblätter, *n* = Nektarien, *f* Fruchtknoten mit den Eichen *e*.

Fig. 329. Viola odorata. Links Gynoeceum umgeben vom Androeceum, rechts oben ein mit Nektarium versehenes Staubblatt.

Vergl. Seite 106. — *Viola altaica* = Pensée, Stiefmütterchen; *V. odorata* = (wohlriechendes) Veilchen Fig. 329.

(Officinell: *Viola tricolor* = (wildes) Stiefmütterchen Fig. 330).

Fig. 330. Viola tricolor. Rechts Fruchtknoten, umgeben von den Staubblättern, von denen zwei an ihrem Grunde je ein Nektarium tragen; darunter Querschnitt der Frucht. Links unteres (vorderes) Blumenblatt mit Sporn.

Fig. 331. Drosera intermedia

Fam. Droseraceae.

Meist Blüten actinomorph, mit fünf Kelch-, fünf Kronen-, 5—20 Staubblättern, und drei Fruchtblättern, die zu einer Kapsel mit wandständigen oder am Grunde befindlichen Placenten verbunden sind. — Insektenfressende Pflanzen. Vergl. Seite 89 und 90: *Dionaea muscipula* = Fliegenfalle; *Drosera* = Sonnentau Fig. 331; *Aldrovandia.*

Fam. Sarraceniaceae.

Blattstiele schlauchförmig zur Aufnahme von Insekten behufs Verdauung derselben.

Fam. Nepenthaceae.

Ebenfalls Insekten fressend, mit kannenförmigen Blattspitzen.

Fam. Cistaceae.

Blumen actinomorph, mit fünf Kelchblättern, von denen die zwei äusseren, die auch fehlen können, kleiner als die übrigen sind. Blumenblätter fünf. Staubblätter viele. Kapsel eingrifflig, einfächerig, vielsamig, drei- bis fünfklappig, mit drei in der Mitte der Klappen befindlichen Samenleisten. — *Helianthemum* = Sonnenröschen Fig. 332; *Cistus.*

Fig. 332. Helianthemum Chamaecistus. *Fig. 333.* Hypericum perforatum.

Fam. Hypericaceae.

Blumen actinomorph, mit fünf Kelch- und Kronenblättern. Staubblätter viele, in drei, seltener in fünf mehr oder minder deutliche Bündel verwachsen. Kapsel mit ein bis fünf vielsamigen Fächern, klappig aufspringend, mit drei- bis fünf Griffeln. — *Hypericum* = Hartheu, Johanniskraut Fig. 333.

Fam. Ternstroemiaceae.

Kelch und Hochblätter nicht scharf gesondert. Staubblätter zahlreich. Fruchtknoten mehrfächerig. Blätter ganz, meist lederig, wechselständig. — Kamellie = *Camellia japonica*; chinesischer Thee = *Thea chinensis*.

Fam. Clusiaceae.

Holzgewächse mit diclinischen Blüten.
(Officinell: Gummi Gutti von *Garcinia Morella*).

Reihe Columniferae.

Blüten zwitterig, Kelch und Krone in der Knospenlage klappig. Staubblätter so viele wie Kronenblätter oder viele und dann oft unten verbunden. Gynoeceum oberständig, zwei bis vielfächerig resp. -blätterig.

Fig. 334. Tilia ulmifolia.

Fig. 335. Gossypium herbaceum. a = Aussenkelch, f = Frucht.

Fam. Tiliaceae.

Meist Holzpflanzen mit aus fünf Kelch- und fünf Kronenblättern zusammengesetzten Blüten. Die vielen Staubblätter frei oder zu fünf Bündeln verwachsen. Fruchtknoten fünffächerig.

(Officinell: Blüten von *Tilia ulmifolia* = Winterlinde Fig. 334, und von *T. platyphyllos* = Sommerlinde).

Fam. Sterculiaceae.

Kelchblätter verwachsen. Krone zuweilen abortiert. (Officinell: Cacao aus dem Samen von *Theobroma Cacao*).

Fam. Malvaceae.

Blumen mit fünf Kelch- und fünf Kronenblättern. Die vielen Staubblätter sind unten zu einer Röhre verwachsen, welche Fäden mit je einem halben Staubbeutel trägt. Fruchtknoten mehrfächerig. Ausserhalb des Kelches oft ein Kreis

Fig. 336. Althaea officinalis. Links unten Kelch mit Aussenkelch. Rechts oben Frucht.

Fig. 337. Malva silvestris. Rechts unten Frucht mit Kelch und Aussenkelch.

von kelchartig zusammengestellten Hochblättern: Aussenkelch *a* Fig. 335. — Die Samenhaare verschiedener *Gossypium*-Arten Fig. 335, sind die Baumwolle; *Althaea rosea* = Stockrose; *Adansonia digitata* = Affenbrotbaum.

(Officinell: Blätter und Wurzel von *Althaea officinalis* = Eibisch Fig. 336; Blüten und Blätter von *Malva silvestris* Fig. 337, und Blätter von *M. neglecta*, beide = Käsepappel).

Reihe Gruinales.

Blüten hermaphroditisch, mit fünf Kelch-, fünf Kronen- und fünf oder zehn Staubblättern, in letzterem Falle der Kreis der äusseren fünf Staubblätter vor den Kronenblättern, der andere Kreis vor den Kelchblättern, also zwischen dem ersten Kreis und dem Fruchtknoten stehend. Fruchtknoten oberständig, aus zwei bis fünf Fruchtblättern gebildet. Die vor den Kelchblättern stehenden Staubblätter an ihrem Grunde meist mit Nektardrüsen.

Fam. Geraniaceae.

Die actinomorphen oder zygomorphen Blumen besitzen fünf Kelch- und fünf Blumenblätter, auf welche fünf Nek-

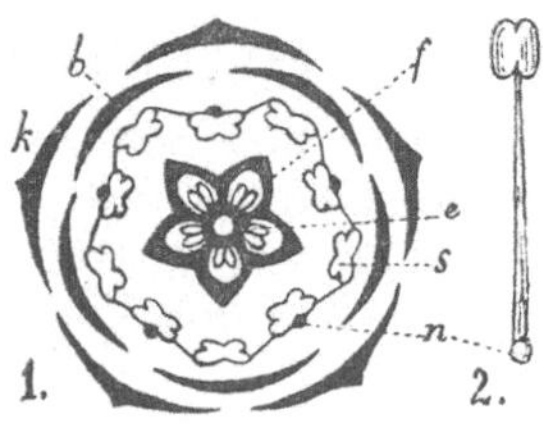

Fig. 338. 1. = Blumengrundriss und 2. = Staubblatt von Geranium. *k* = Kelch, *b* = Krone, *s* = Staubblätter, *n* = Nektarien, *f* = Fruchtknoten mit den Eichen *e*.

tarien am Grunde von fünf Staubblättern folgen. Das Androeceum ist fünf- oder zehnmännig, die Fäden sind unten verbunden und das Gynoeceum besteht aus fünf zweieiigen Fruchtblättern, aus denen fünf einsamige Schliessfrüchtchen werden, indem je ein Eichen unentwickelt bleibt. Vergl. Fig. 338. Die Früchtchen lösen von ihrem gemeinschaftlichen Griffel (sodass eine „Griffelmittelsäule“ stehen bleibt) vom Grunde beginnend bis zur Spitze eine Granne los (Fig. 339 rechts oben), welche vermöge ihrer Hygroskopicität nicht

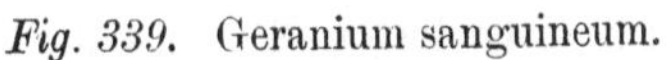

Fig. 339. Geranium sanguineum.

Fig. 340. Erodium cicutarium.

nur zur Verbreitung des Früchtchens beiträgt, sondern dasselbe auch unter den Erdboden befördert. — *Geranium* = Storchschnabel Fig. 339; *Erodium* Fig. 340; *Pelargonium.*

Fam. Tropaeolaceae.

Blumen zygomorph, mit fünf Kelch-, fünf Kronen- und acht freien Staubblättern. Gynoeceum aus drei Fruchtblättern. — Kapuziner-Kresse = *Tropaeolum majus.*

Fam. Oxalidaceae.

Blumen mit fünf Kelch- und fünf Blumenblättern, zehn unten verbundenen Staubblättern und fünf Fruchtblättern, welche letztere zu einer länglichen, vielsamigen Kapsel werden. Blätter zusammengesetzt. — *Oxalis acetosella* = Sauerklee Fig. 341. (Vergl. Seite 93).

Fig. 341. Oxalis acetosella.

Fig. 342. Linum usitatissimum.

Fam. Linaceae.

Blüten actinomorph, mit vier oder fünf Kelch-, Kronen-, monadelphischen Staub- und fünf bis zwei Fruchtblättern. Jedes der Kapselfächer wird durch (sog. falsche) Scheidewände (vergl. Seite 210) in zwei einsamige Abteilungen geschieden. — *Linum* Fig 342, *Radiola* Fig. 343.

(Officinell: Samen von *Linum usitatissimum* = Lein, Flachs Fig. 342, aus dessen Stengel-Bastfasern die Leinewand gefertigt wird. Vergl. Seite 54).

Fam. Balsaminaceae.

Die zygomorphen Blumen mit drei Kelch- und drei Blumenblättern. Während beim Kelch nach Ansicht der Morphologen zwei Blätter abortiert sind, werden bei der Krone die vier oberen Kronenblätter als paarweise miteinander verwachsen angesehen. Staub- und Fruchtblätter 5; Kapsel elastisch aufspringend und die Samen davonschleudernd. — *Impatiens* Fig. 344; *Balsamina*.

Fig. 343. Radiola linoides.

Fig. 344. Impatiens Noli tangere.

Reihe Terebinthinae.

Im allgemeinen die Blumen actinomorph, vier- bis fünfzählig mit Kelch und Krone und gewöhnlich doppelt so vielen Staubblättern als Kronenblättern. Zwischen Staub- und Fruchtblättern ein Wulst, welcher Honig absondert: Discus. Gynoeceum oberständig.

Fig. 345. Citrus Aurantium.

Fam. Rutaceae.

Blumen vier- bis fünfzählig, mit vier bis zehn Staubblättern und zwei bis fünf Fruchtblättern. Meist Holzpflanzen.
Ruteae. Kapselfrüchte. — *Ruta graveolens* = Raute.

Diosmeae. Kapselfrüchte, deren Schale sich in eine innere (Endocarp) und äussere (Epicarp) Schicht teilt. — Diptam = *Dictamnus albus.*

Aurantieae. Frucht eine Beere. — Citrone = *Citrus Limonium*; Apfelsinen, Pomeranzen, Orangen, Bergamotten sind Varietäten von *Citrus Aurantium* Fig 345; Pompelmus = *C. decumana.*

(Officinell: Blätter von *Pilocarpus pennatifolius*; Früchte und Blüten von *Citrus Aurantium* Fig. 345).

Fam. Zygophyllaceae.

Meist fünf Kelch-, Kronen- und Fruchtblätter, 10 Staubblätter. Blätter gegenständig, gefiedert.

(Officinell: Holz (Pockholz) und Harz von *Guajacum officinale*).

Fam. Meliaceae.

Staubblätter zu einer Röhre verwachsen. — Mahagoniholz von *Swietenia Mahagoni.*

Fam. Simarubaceae.

Blüten zwitterig oder diklin. Frucht meist Steinfrucht oder aus Steinfrüchtchen gebildet.

(Officinell: Holz von *Quassia amara* und von *Picraena excelsa*).

Fig. 346. Mangifera indica.

Fam. Burseraceae.

Zwei bis fünf verwachsene Fruchtblätter resp. Fächer mit je mehreren Eichen.

(Officinell: Gummiharz (Myrrhen) von *Balsamea Myrrha* und (Weihrauch) von *Boswellia Carterii* (= *B. sacra*).

Fam. Anacardiaceae.

Gynoeceum ein- bis mehrfächerig und ein- bis mehreiig, aber immer nur ein Eichen zum Samen werdend, die anderen fehlschlagend. — Giftsumach = *Rhus Toxicodendron*; Mastix = Harz von *Pistacia Lentiscus*; Mango = Früchte von *Mangifera indica* Fig. 346.

Reihe Aesculinae.

Blüten gewöhnlich zygomorph, mit meist fünf Kelch- und Kronen- und gewöhnlich doppelt so vielen Staubblättern. Discus zwischen Krone und Staubblättern, oder fehlend. Gynoeceum oberständig, aus zwei bis drei Fruchtblättern zusammengesetzt. Meist Holzgewächse.

Fig. 347. Aesculus Hippocastanum. Links oben Blüte, rechts Frucht, darunter Samen.

Fig. 348. Acer Pseudoplatanus.

Fam. Sapindaceae.

Blüten zygomorph, mit fünf Kelch-, Kronen-, meist sieben bis acht Staub- und drei Fruchtblättern. — Rosskastanie = *Aesculus Hippocastanum* Fig. 347.

Fam. Aceraceae.

Blüten actinomorph, mit fünf (selten mehr oder weniger) Kelch- und Blumenblättern, vier bis fünf, häufiger acht bis zehn Staubblättern und zwei, später zur Flügelfrucht sich entwickelnden Fruchtblättern. *Acer* zeigt alle Mittelstufen von zweigeschlechtlichen Blüten bis zur völligen Trennung der Geschlechter. — Ahorn = *Acer* Fig. 348.

Fam. Erythroxylaceae.

Blüten actinomorph, mit zehn kurzröhrig verwachsenen Staubblättern. Steinfrüchte. — *Erythroxylon Coca* findet medicinische Anwendung.

Fam. Polygalaceae.

Blumen zygomorph mit fünf Kelchblättern, von denen die zwei seitlichen (inneren) gross und kronenartig ausgebildet sind. Krone dreiblätterig; man nimmt an, dass zwei Kronenblätter abortiert seien. Staubblätter acht, mit den Blumenblättern und untereinander in zwei Bündel mit je vier Staubblättern verwachsen. Von diesen sollen ursprünglich zehn vorhanden gewesen sein, wovon jedoch zwei, nämlich ein vorderes und ein hinteres, abortiert wären. Kapsel zweifächerig, Fächer eineiig. — *Polygala* Fig. 349.

(Officinell: Wurzel von *Polygala Senega*).

Fig. 349. Polygala vulgaris.

Reihe Frangulinae.

Blüten actinomorph, meist mit vier bis fünf Kelch-, Kronen- und Staubblättern. Gynoeceum aus zwei bis fünf Fruchtblättern zusammengesetzt, meist oberständig. Discus oft vorhanden und verschiedenartig auftretend. Holzgewächse.

Fam. Celastraceae.

Blüten in allen ihren Organen vier-, seltener fünfzählig, mit Discus. Kapselfrüchte. — Spindel-, Spillbaum = *Evonymus europaea* Fig. 350.

Fam. Aquifoliaceae.

Krone oft kurzröhrig verwachsen. Discus fehlend. Mehrsamige (-kernige) Steinfrüchte. — Stechpalme = *Ilex Aqui-*

folium Fig. 351; von südamerikanischen *Ilex*-Arten stammt der Paraguaythee oder Maté.

Fig. 350. Evonymus europaea. *Fig. 351.* Ilex Aquifolium.

Fam. Vitaceae.

Fünf Kelch-, Kronen- und Staubblätter. Fruchtknoten aus zwei, zuweilen vier Fruchtblättern gebildet, zu einer Beere werdend. Meist mit Ranken kletternde Sträucher. — *Vitis vinifera* = Weinstock Fig. 352; *Ampelopsis hederacea* = wilder Wein.

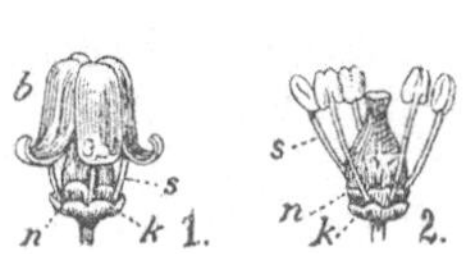

Fig. 352. Blüten von Vitis vinifera. *1.* vollständig, *2.* nach dem Abfallen der an ihren Gipfeln zusammenhängend verbleibenden Blumenblätter *b*; *k* = Kelch, *s* = Staubblätter, *n* = Nektarien, im Zentrum der Stempel. — Etwas vergr.

Fig. 353. Rhamnus cathartica.

Fam. Rhamnaceae.

Sträucher mit peri- oder epigynen Blüten mit vier- bis fünfzähligem Kelch und vier- bis fünfzähliger kleiner Krone, fünf Staubblättern und einem zwei- bis fünffächrigen, zur Stein- oder Trockenfrucht werdenden Fruchtknoten.

(Officinell: Früchte des Kreuzdorns = *Rhamnus cathartica* Fig. 353 und Rinde des (echten) Faulbaums, Pulverholzes = *Frangula Alnus* Fig. 354).

Fig. 354. Frangula Alnus.

Reihe Tricoccae.

Blüten eingeschlechtig, actinomorph, ohne Blütendecke, mit Perigon oder mit Kelch und Krone. Staubblätter ein bis viele. Fruchtknoten oberständig.

Fam. Euphorbiaceae.

Staubblätter ein bis viele, oft verwachsen. Fruchtknoten drei-, selten zweifächrig, zu Früchtchen werdend, die sich von einer bleibenden Mittelsäule lösen.

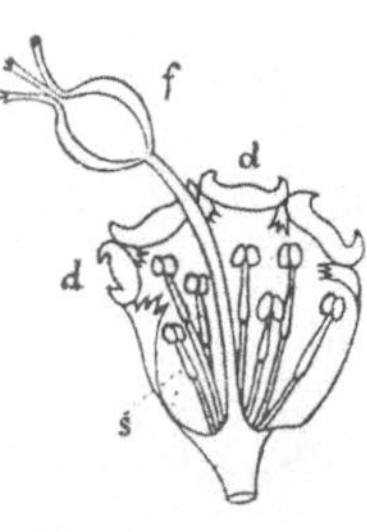

Fig. 355. Vergrösserter Blütenstand von Euphorbia Cyparissias. — Beschreibung im Text.

Bei Euphorbia speziell ist der Blütenbau der Folgende:

Die Geschlechtswerkzeuge, nämlich ein dreifächriger, gestielter Fruchtknoten mit eineiigen Fächern, umgeben von zahlreichen Staubblättern, werden von einer gemeinschaftlichen, wie ein Perigon erscheinenden Hülle umgeben. Schneiden wir diese der Länge nach auf und breiten sie auseinander, so erhalten wir das in Fig. 355 wiedergegebene Bild. Die Hülle wird von den Morphologen als ein Kreis aus verwachsenen Hochblättern angesehen, in deren Achseln Blütenstände von ausschliesslich einmännigen Blüten *s* stehen, während die Mitte des gemeinschaftlichen Blütenstandes von einem Fruchtknoten *f* eingenommen wird, der dann als weibliche Blüte anzusprechen ist. Die Staubwerkzeuge zeigen an ihrem Stiel eine Gliederung: der untere Teil wird als Blütenstiel, der darüber befindliche als Staubfaden betrachtet. Zwischen den Zipfeln der Röhre der Hochblatthülle finden sich in den Buchten — auf unserer Abbildung

Fig. 356. Euphorbia Esula.

Fig. 357. Mercurialis perennis. Rechts Stück einer männlichen, links weibliche Pflanze.

Fig. 358. Ricinus communis. *1.* weibliche, *2.* männliche Blüte, *3.* Samen.

sichelförmige — Nektardrüsen *d*; einer Bucht fehlt meist die Drüse, sodass dann der fünfblättrige Hochblattkreis nur vier Drüsen besitzt. — Wolfsmilch = *Euphorbia* Fig. 355 und 356; *Mercurialis* Fig. 357; Kautschuck von *Siphonia elastica* u. a. Siphonia-Arten; die Wurzeln von *Manihot utilissima* liefern Mandiocca und Sago; Schellack von *Aleurites laccifera.*

(Officinell: Gummiharz von *Euphorbia resinifera*; das Oel der Samen von *Ricinus communis*, Fig. 358, und von *Croton Tiglium*; die Cascarillarinde von *Croton Eluteria*; Drüsen- und Sternhaare der Früchte von *Mallotus philippinensis*).

Fig. 359. Callitriche aquatica.

Fam. Callitrichaceae.

Die zweiblätterige Hülle der Blüten wird zu den Vorblättern gerechnet. Perianth fehlt. Männliche Blüten einmännig, weibliche zweifächerig mit zweisamigen Fächern. Jedes Fach durch eine „falsche Scheidewand" geteilt. Wasserpflanzen mit gegenständigen, einfachen Blättern. — *Callitriche* Fig. 359.

Fam. Buxaceae.

Blüten in monoecischen Ähren oder Trauben. — Buchsbaum = *Buxus sempervirens*.

Reihe Umbelliflorae.

Blüten gewöhnlich actinomorph und zwitterig, mit meist vier oder fünf Kelch-, Kronen- und Staubblättern; die Kelchblätter meist nur schwach angedeutet. Fruchtknoten zwei- (selten mehr-)fächerig (-blätterig), unterständig. Fächer einsamig. Die einzelnen Blüten dieser Reihe sind meist klein und daher nicht sehr auffallend, aber sie stehen dicht beisamen und bilden meist deutliche und den Insekten von weitem sichtbare Gesellschaften von doppeldoldiger, seltener einfach-doldiger oder köpfchenartiger Form.

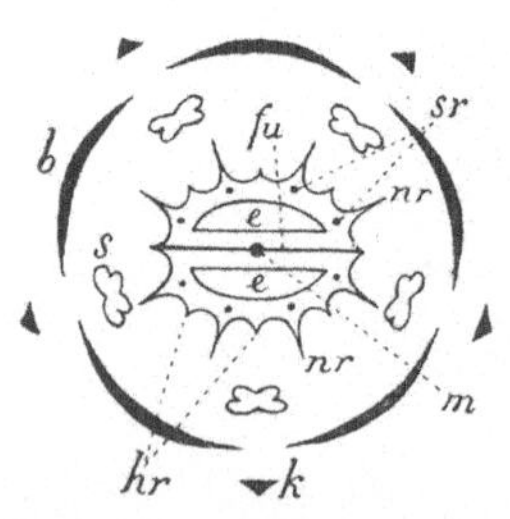

Fig. 360. Blütengrundriss einer orthospermen Umbellifere. *k* = Kelch, *b* = Blumenblätter, *s* = Staubblätter; an dem Querschnitt des Fruchtknotens bedeuten *m* das Mittelsäulchen, *fu* die Fugenfläche, *e* die beiden Eichen, *sr* die Striemen, *hr* die Haupt- und *nr* die Nebenrippen.

Fam. Umbelliferae.

Der Kelch ist mehr oder minder deutlich an der Spitze des Fruchtknotens als Saum oder fünfzähnig bemerkbar. Blumenblätter fünf, meist weiss, ungeteilt oder ausgerandet, oft mit einer nach innen gebogenen

Falte. Staubblätter fünf. Fruchtknoten zweifächerig; Griffel zwei, jeder nach unten in eine Nektarium-Scheibe verbreitert, unter der ein Fach des Fruchtknotens liegt. (Vergl. zum Vorausgehenden und Folgenden Fig. 360).

Fig. 361. Hydrocotyle vulgaris. Links unten Frucht, oben Querschnitt durch dieselbe. Rechts oben Blüte.

Fig. 362. Cicuta virosa.

Fig. 363. Apium graveolens. Rechts unten Frucht.

Fig. 364. Petroselinum sativum. Oben links Frucht, rechts davon Blüte. Rechts unten Querschnitt durch die Frucht.

Fruchtfächer bei der Reife sich von einander trennend (als zwei Teilfrüchtchen); die Teilfrüchtchen noch einige Zeit durch den dünnen, meist zweiteiligen Fruchtträger (das stehenbleibende Mittelsäulchen *m*) an der Spitze zusammengehalten (Fig. 376). Das Teilfrüchtchen ist fünfrippig; die eine Rippe verläuft auf seiner Mitte, je eine an jedem Rande und je eine zwischen Mittelrippe und Randrippe. Die Rippen *hr* Fig. 360 entsprechen zur Hälfte den Mitten der Kelch-

Fig. 365. Aegopodium Podagraria. Rechts unten Frucht.

Fig. 366. Aethusa Cynapium. Links oben zygomorphe Randblume. Rechts Frucht, darunter Querschnitt durch ein Früchtchen.

Fig. 367. Angelica silvestris. Rechts Blüte, links Frucht und Querschnitt durch ein Früchtchen.

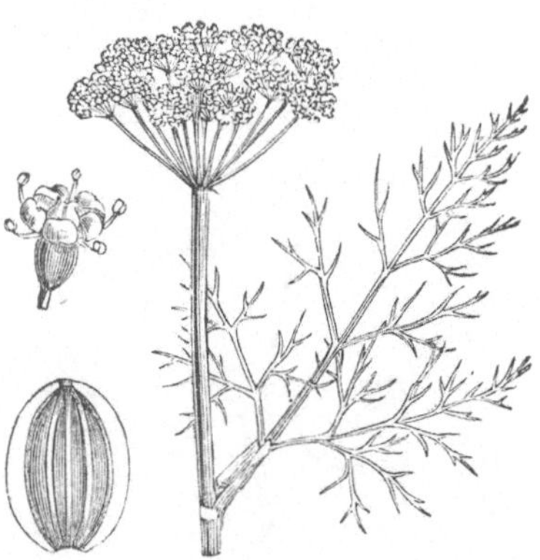

Fig. 368. Anethum graveolens. Links Blüte darunter Frucht.

blätter, zur Hälfte der Grenze je zweier derselben. Die Vertiefungen zwischen je zwei Rippen heissen Thälchen; öfter werden die Thälchen durch eine Nebenrippe *nr* der Länge nach geteilt, und es können die Nebenrippen die Hauptrippen überragen. Als Fugenfläche *fu* bezeichnet man die Berührungsfläche der beiden Teilfrüchtchen. In den Thälchen, selten unter den Hauptrippen, sowie auf der Fugenfläche finden sich in der Fruchtschale eine oder mehrere Öl führende Behälter: die Striemen *sr*. Der Same ist mit der Frucht-

Fig. 369. Pastinaca sativa. Oben Blüte, unten Frucht und Querschnitt durch ein Früchtchen.

Fig. 370. Heracleum Sphondylium.

Fig. 371. Daucus Carota. Rechts unten Frucht.

Fig. 372. Carum Carvi. Links Frucht, oben Querschnitt durch dieselbe, unten rechts Blüte.

schale verwachsen, zuweilen trennt sich indes die äussere Fruchtschale von der inneren, und es liegt dann der Same scheinbar frei. Der im Verhältnis zur Grösse des Samens sehr kleine Keimling liegt am Gipfel des sehr reichlichen Eiweisses.

Nicht selten sind die den Rand des meist doppeldoldigen Blütenstandes einnehmenden Blumen zygomorph gebaut, in-

Fig. 373. Pimpinella Saxifraga. Oben Blüte, links unten Frucht.

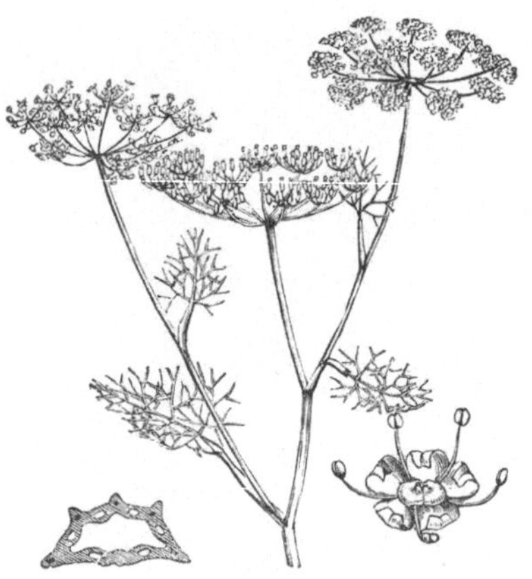

Fig. 374. Foeniculum capillaceum. Unten links Querschnitt durch das Früchtchen, rechts Blüte.

Fig. 375. Torilis Anthriscus. Links unten Blüte, rechts oben Frucht.

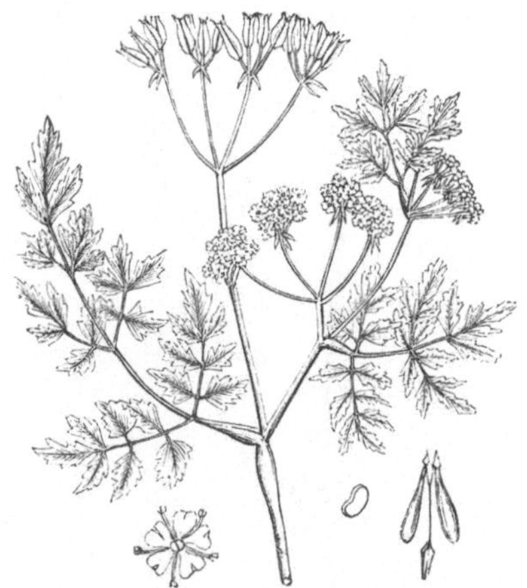

Fig. 376. Anthriscus Cerefolium. Links unten Blüte, rechts Frucht und Querschnitt durch ein Früchtchen.

dem die dem Mittelpunkt des Blütenstandes zugewendeten Kronenblätter kleiner, die nach aussen gerichteten jedoch grösser sind. Man nennt einen solchen Blütenstand strahlend. Durch diese Eigentümlichkeit in der Ausbildung der Randblumen wird die Augenfälligkeit der ganzen Genossenschaft gesteigert.

Die Deckblätter der Blüten sind meist ausgebildet, häufig auch die der Döldchenstiele; sie vereinigen sich am Grunde

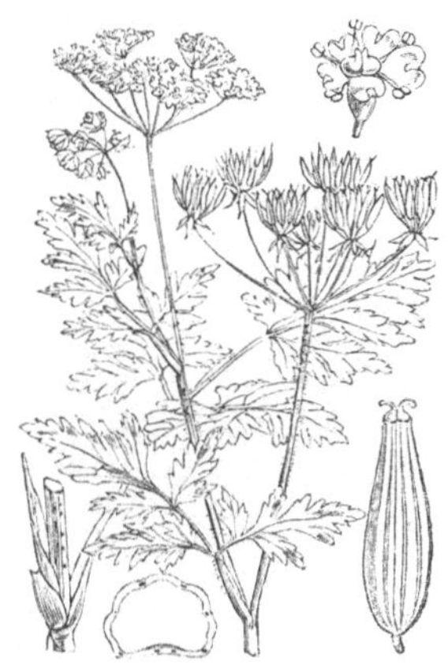

Fig. 377. Chaerophyllum temulum. Oben Blüte, rechts unten Frucht, links Querschnitt durch ein Früchtchen.

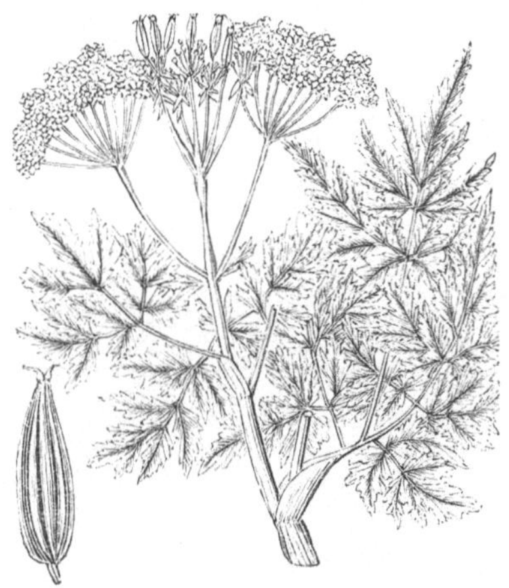

Fig 378. Myrrhis odorata. Links Frucht.

des Döldchens zu einem Hüllchen resp. am Grunde der Dolde zu einer Hülle.

Die Laubblätter besitzen Scheiden und sind meist mehrfach gefiedert. Krautige Pflanzen.

Orthospermeae. Eiweiss auf der Fugenseite flach. — *Hydrocotyle* Fig. 361; *Cicuta virosa* = Wasserschierling Fig. 362; *Apium graveolens* = Sellerie Fig. 363; *Petroselinum sativum* = Petersilie Fig. 364; *Aegopodium Podagraria* = Giersch Fig. 365; *Aethusa Cynapium* = Hundspetersilie, Gartenschierling Fig. 366; *Angelica silvestris* = Brustwurz Fig. 367; *Anethum graveolens* = Dill Fig. 368; *Pastinaca sativa* = Pastinak Fig. 369; *Heracleum Sphondylium* = Bärenklau Fig. 370; *Daucus Carota* = Mohrrübe, Möhre Fig. 371.

(Officinell: Früchte von *Carum Carvi* = Kümmel Fig. 372 und von *Pimpinella Anisum* = Anis; Rhizom von *Pimpinella magna* und *P. Saxifraga* = Bibernelle Fig. 373; Früchte von *Oenanthe aquatica* = Wasserfenchel und von *Foeniculum capillaceum* = Fenchel Fig. 374; Rhizom von *Levisticum officinale* = Liebstöckel, von *Archangelica officinalis* = Engelwurz und von *Imperatoria Ostruthium* =

Meisterwurz; Gummiharze von *Ferula Narthex, F. Scorodosma, F. galbanifera* und *F. rubricaulis* sowie von *Dorema Ammoniacum*).

Campylospermeae. Eiweiss auf der Fugenseite mit Längsrinne. — *Torilis Anthriscus* = Klettenkerbel Fig. 375; *Anthriscus vulgaris* = Heckenkerbel; *Anthriscus Cerefolium* = Kerbel Fig. 376; *Chaerophyllum temulum* = Taumelkerbel Fig. 377; *Myrrhis odorata* = Süssdolde Fig. 378.

Fig. 379. Conium maculatum. Rechts eine Frucht.

Fig. 380. Coriandrum sativum. Links in der Mitte Frucht, unten Querschnitt durch ein Früchtchen, rechts davon Blüte.

(Officinell: Kraut vom (gefleckten) Schierling = *Conium maculatum* Fig. 379).

Coelospermeae. Eiweiss auf der Fugenseite halb-kugelförmig ausgehöhlt. — *Coriandrum sativum* = Koriander Fig. 380.

Fam. Araliaceae.

Kelch, Krone und Androeceum fünf- bis zehnblätterig. Gynoeceum zwei- bis zehnblätterig resp. -fächerig und zur Beeren- oder Steinfrucht werdend. Blüten meist in Trauben- oder Rispendolden. Meist Holzgewächse. — *Hedera Helix* = Epheu.

Fam. Cornaceae.

Blumen mit vier Kelch-, Kronen- und Staubblättern. Fruchtknoten zweifächerig, zur Steinfrucht werdend. Meist Holzpflanzen mit Trugdolden. Blätter gegenständig, einfach.

— *Cornus* Fig. 381; *Cornus mas* = Kornelkirsche. Herlitze.

Fig. 381. Cornus sanguinea. Links unten Blüte, rechts davon Fruchtknoten mit Kelch. Rechts zwei Früchte.

Reihe Saxifraginae.

Meist Blüten actinomorph, zwitterig; Staubblätter doppelt so zahlreich als die Kelch- und Kronenblätter; Fruchtblätter soviel wie Kelchblätter oder weniger, meist ganz oder in ihrem oberen Teil frei, vieleiig, unter- oder oberständig oder die Blüten perigyn.

Fam. Crassulaceae.

Blumen in allen Organen drei- bis 30-zählig, mit meist zweimal so viel Staubblättern als Kronenblätter. Frucht-

Fig. 382. Sedum maximum. Links Früchtchen-Gruppe, rechts Blüte von unten gesehen.

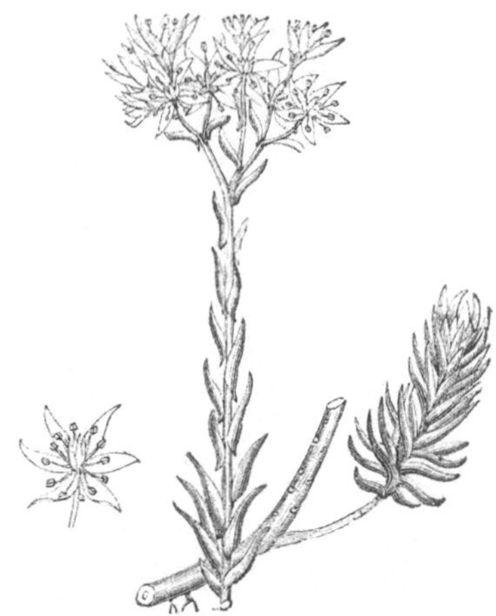

Fig. 383. Sedum reflexum.

blätter meist frei, zu Kapselfrüchtchen werdend. Pflanzen mit dickfleischigen, meist ungeteilten Blättern. — *Sedum maximum* = Fetthenne Fig. 382; *Sedum reflexum* Fig. 383; *Sedum acre* = Mauerpfeffer; *Sempervivum tectorum* = Hauslauch, Hauslaub Fig. 384.

Fig. 384. Sempervivum tectorum. Rechts unten ein Früchtchen.

Fam. Saxifragaceae.

Blüten vier- bis fünfzählig, Krone zuweilen fehlend. Staubblätter oft zweimal so viel als Kronenblätter oder mehr. Fruchtknoten unter-, mittel- oder oberständig, meist zwei-

Fig. 385. Saxifraga granulata. Links Blüte nach Entfernung der Krone.

Fig. 386. Parnassia palustris. Links ein Nektarium, rechts eine Frucht.

oder drei- bis fünffächerig, gewöhnlich kapselig, seltener zu einer Beere werdend.

Saxifrageae. Staubblätter doppelt so viele wie Kronenblätter. Krautige Pflanzen. — *Saxifraga* = Steinbrech Fig. 385.

Parnassieae. Staubblätter fünf, so viele wie Kronenblätter; zwischen Kronen- und Staubblattkreis ein Kreis gewimperter Nektarien. Fruchtknoten oberständig. Krautige Pflanzen. — *Parnassia palustris* = Herzblatt Fig. 386.

Hydrangeae. Staubblätter 8—12. Blätter gegenständig. Sträucher. — *Hydrangea* = Hortensie.

Philadelpheae. Staubblätter doppelt so viele als Kronenblätter oder viele. Blätter gegenständig. Sträucher. — Pfeifenstrauch (gewöhnlich fälschlich als Jasmin bezeichnet) = *Philadelphus coronarius.*

Fig. 387. Ribes Grossularia.

Fig. 388. Ribes rubrum.

Ribesieae. Androeceum und Krone fünfblätterig. Gynoeceum unterständig, zu einer Beere werdend. — *Ribes Grossularia* = Stachelbeere Fig. 387; *Ribes rubrum* = Johannisbeere Fig. 388; *Ribes nigrum* = schwarze Johannisbeere, Aal- oder Gichtbeere.

Fam. Hamamelidaceae.

Blüten oft diclin, apetal.

(Officinell: Harz von *Liquidambar orientale*).

Fam. Platanaceae.

Blütenstände monöcisch, kopfig. Perigon rudimentär. Fruchtknoten eineiig. Bäume. — *Platanus* = Platane.

Reihe Opuntinae.

Fam. Cactaceae, Kaktuspflanzen.

Blumen actinomorph und zwitterig. Kelch-, Kronen- und Staubblätter zahlreich; Fruchtblätter drei bis viele, zu einem unterständigen, einfächerigen, vieleiigen Fruchtknoten mit wandständigen Placenten verwachsen. Dickfleischige, gewöhnlich blattlose mit Stacheln besetzte Gewächse aus den warmen Regionen Amerikas. — Die „indischen Feigen" sind

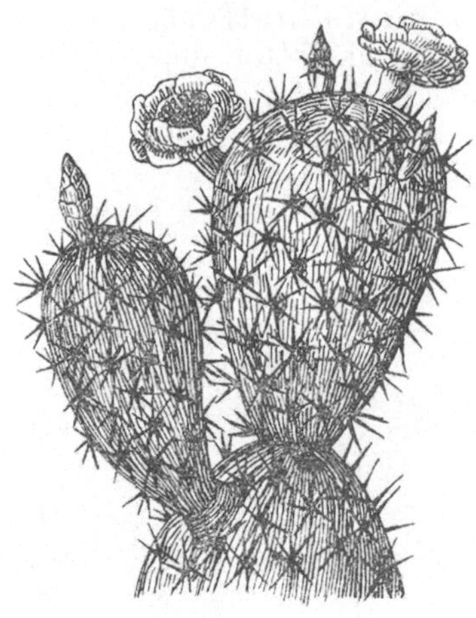

Fig. 389. Opuntia coccinellifera.

die Früchte von *Opuntia ficus indica*; die Cochenille-Schildlaus, deren getrocknete Weibchen als Cochenillekörner in den Handel kommen, lebt auf mehreren *Opuntia*-Arten z. B. *O. coccinellifera* Fig. 389, die deshalb kultiviert werden; *Cereus grandiflorus* = Königin der Nacht.

Reihe Passiflorinae.

Blüten actinomorph. Kelch-, Kronen-, Staubblätter in veränderlicher Zahl. Gynoeceum dreiblätterig und -grifflig.

Fam. Passifloraceae.

Fruchtknoten einfächerig, mit wandständigen Placenten. — *Passiflora* = Passionsblume.

Fam. Begoniaceae.

Fruchtknoten zwei- bis dreifächerig, Placenten in der centralen Achse gelegen. — *Begonia* = Schiefblatt.

Reihe Myrtiflorae.

Blüten actinomorph und zwitterig, meist vier bis fünf Kelch- und Kronenblätter, erstere in der Knospenlage klappig. Staubblätter meist acht bis zehn oder viele. Ovar vielblätterig resp. -fächerig, mit meist nur einem Griffel, unterständig oder die Blüten perigyn. Blätter gewöhnlich gegenständig.

Fam. Onagraceae.

Blumen meist vierzählig mit acht Staubblättern, auch in allen Organen zweizählig oder anders. Fruchtknoten unter-

Fig. 390. Epilobium obscurum. Links eine aufspringende Frucht.

Fig. 391. Oenothera biennis.

Fig. 392. Myriophyllum spicatum.

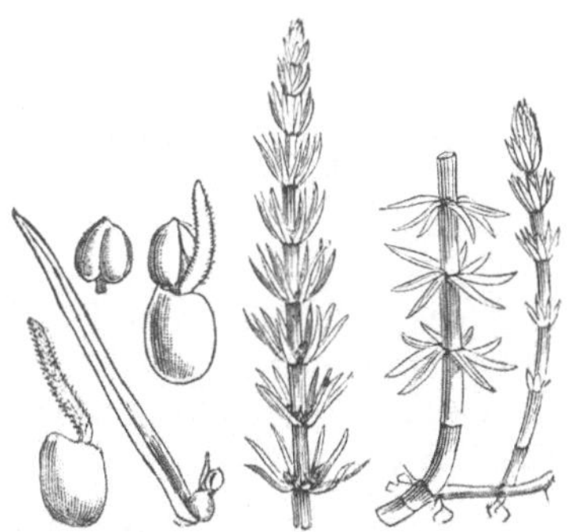

Fig. 393. Hippuris vulgaris. Links von der Habitusabbildung die sehr einfache Blüte: Perigonblatt, ein Staubblatt, ein Fruchtblatt mit einer Narbe; links davon das Staubblatt, dann Deckblatt mit Blüte, dann Fruchtblatt mit dem verwachsenen Perigonblatt.

ständig, vier- resp. zweifächerig u. s. w., meist zu einer Kapsel mit vielsamigen Fächern werdend. Meist Kräuter. — *Epilobium* Fig. 390; *Oenothera biennis* = Nachtkerze Fig. 391; *Fuchsia*.

Fam. Halorhagidaceae.

Der unterständige Fruchtknoten mit so vielen freien Griffeln, als Fruchtblätter vorhanden sind. Fächer eineiig, sonst wie bei der vorigen Familie. Wasserpflanzen oder an sehr feuchten Orten lebende Kräuter. — *Myriophyllum* Fig. 392; *Hippuris* = Tannwedel Fig. 393.

Fam. Lythraceae.

Blüten mit sechs Kelch-, sechs Kronen- und zwölf Staubblättern, aber auch drei- bis 16-zählig. Gynoeceum aus ein

Fig. 394. Lythrum Salicaria. Links der aufgeschlitzte Kelch mit sechs Haupt- und sechs Nebenzähnen und 12 Staubblättern.

bis sechs verwachsenen Fruchtblättern, oberständig, zu einer Kapsel werdend. Meist Kräuter. — *Lythrum Salicaria* = Weiderich Fig. 394, vergl. den Befruchtungsvorgang auf Seite 104.

Fam. Myrtaceae.

Meist vier Kelch-, vier Kronen- und viele Staubblätter, sonst auch fünf- oder sechszählig. Gynoeceum zwei- bis vierblätterig (meist auch fächerig); Fächer ein- bis vielsamig, Frucht eine Kapsel oder Beere. Holzgewächse. — Paranüsse sind die Samen von *Bertholletia excelsa*; Myrte = *Myrtus communis*; Nelkenpfeffer, Piment = unreife

Früchte von *Pimenta officinalis* Fig. 395; *Eucalyptus globulus* zur Entwässerung sumpfigen Bodens benutzt; *Nania vera* (Vergl. Seite 53).

(Officinell: Gewürznelken = Blütenknospen von *Eugenia caryophyllata*; Cajeput-Öl von *Melaleuca Leucadendron*; Rinde des Granatbaumes = *Punica Granatum*).

Fig. 395. Pimenta officinalis. *1.* = Blühender Zweig, *2.* = Früchte.

Reihe Thymelinae.

Meist die Blüten actinomorph, zwitterig und nach der Vierzahl gebaut und zwar der Kelch meist kronenartig entwickelt und die Krone gewöhnlich fehlend. Staubblätter vier oder in zwei Kreisen, also acht. Gynoeceum einblätterig, fast immer eineiig. Blüten perigyn. Holzpflanzen mit nebenblattlosen Laubblättern.

Fam. Thymelaeaceae.

Der Kelch (resp. das Perigon) vierblätterig; Krone fehlend, nur zuweilen vierzählig; Staubblätter acht, zuweilen vier oder zwei. Eichen hängend. — Seidelbast = *Daphne Mezereum* Fig. 396.

Fig. 396. Daphne Mezereum.

Fam. Elaeagnaceae.

Perigonröhre zwei-, vier- oder fünfzipfelig, vier- oder fünfmännig. Eichen aufrecht. — Strand- oder Sanddorn = *Hippophaë rhamnoïdes*; Ölweide = *Elaeagnus*.

Reihe Rosiflorae

mit nur einer Familie:

Fam. Rosaceae.

Die Blüten meist actinomorph, zwitterig, mit fünf Kelch-, fünf Kronen- und 20, auch ein bis vielen (etwa 30) Staubblättern; ein bis viele Fruchtblätter; die Blüten perigyn oder epigyn. Nebenblätter vorhanden.

Pomeae. Die zwei bis fünf unterständigen Fruchtblätter (-fächer) untereinander und mit dem Blütenboden, namentlich zur Fruchtreife, seitlich vollständig verwachsen, sodass die anderen Blütenorgane auf der Spitze am Rande des Frucht-

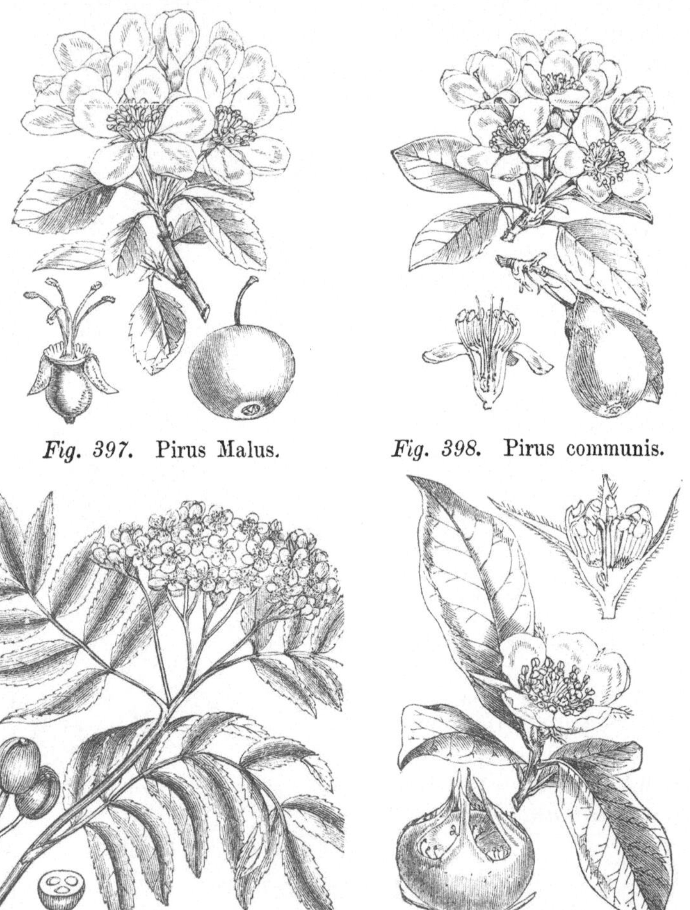

Fig. 397. Pirus Malus. *Fig. 398.* Pirus communis.

Fig. 399. Pirus aucuparia. *Fig. 400.* Mespilus germanica.

knotens stehen und an der Spitze der Frucht vertrocknend bemerkbar bleiben. Holzpflanzen. — Apfelbaum = *Pirus Malus* Fig. 397; Birnbaum = *Pirus communis* Fig. 398; Eberesche, Vogelbeerbaum = *Pirus aucuparia* Fig. 399; Quitte = *Cydonia vulgaris*; Mispel = *Mespilus germanica* Fig. 400; Weissdorn = *Crataegus Oxyacantha* und *C. monogyna* Fig. 401.

Roseae. Viele einsamige Fruchtblätter zu Schliessfrüchtchen werdend, welche unterständig in den fleischigen Blütenboden eingesenkt erscheinen. Sträucher mit gefiederten Blättern. — *Rosa* = Rose Fig. 402.

Fig. 401. Crataegus.

Fig. 402. Rosa canina. Links unten Längsschnitt durch den Blumenboden, rechts davon Frucht, rechts davon Früchtchen.

Fig. 403. Fragaria vesca. Rechts oben Längsschnitt durch die Blume mit Weglassung der Krone; darunter ein Früchtchen; links eine Frucht.

Fig. 404. Potentilla argentea. Rechts Blume von unten gesehen, mit Kelch und Aussenkelch.

(Officinell: Kronenblätter und das ätherische Öl von *Rosa centifolia*).

Potentilleae. Viele einsamige, oberständige Fruchtblätter zu einer Trockenfrucht lose vereinigt. Viele der hierher gehörigen Arten besitzen zwei Kelchkreise. Den Aussenkelch denken sich die Morphologen entstanden durch paarweise Verwachsung der Nebenblätter des Innenkelches. — Erdbeere = *Fragaria* Fig. 403; Fingerkraut = *Potentilla* Fig. 404; Benediktenkraut = *Geum* Fig. 405.

Fig. 405. Geum rivale. Links unten ein Früchtchen, darüber ein Kronenblatt.

Fig. 406. Rubus Idaeus. Rechts unten Früchtchen, links davon ein Blumenblatt und Frucht.

Fig. 407. Sanguisorba officinalis.

Fig. 408. Agrimonia Eupatoria.

(Officinell: Rhizom von *Potentilla erecta* = Blutwurz).

Rubeae. Frucht aus Steinfrüchtchen gebildet. — Brombeere = *Rubus*.

(Officinell: *Rubus Idaeus* = Himbeere Fig. 406).

Poterieae. Gynoeceum ein- bis dreiblätterig von einem erhärtenden Receptaculum umschlossen. — Wiesenknopf,

Bibernelle = *Sanguisorba officinalis* Fig. 407; Odermennig = *Agrimonia* Fig. 408.

(Officinell: Rispen von *Hagenia abyssinica*).

Spiraeeae. Gynoeceum meist fünfblätterig, zu mehrsamigen Kapselfrüchtchen werdend. Blüten perigyn. — *Spiraea*; *Ulmaria* Fig. 409; Geissbart = *Aruncus silvester*.

Fig. 409. Ulmaria Filipendula.

Fig. 410. Amygdalus Persica.

Fig. 411. Prunus spinosa.

Fig. 412. Prunus Cerasus.

Pruneae. Gynoeceum nur aus einem Fruchtblatt gebildet, welches zu einer ein- (selten zwei-) samigen Steinfrucht wird. Blüten perigyn. Holzgewächse mit einfachen Blättern. — Pfirsich = *Amygdalus Persica* Fig. 410; Mandelbaum = *Amygdalus communis*; Aprikose = *Prunus Armeniaca*; Schwarzdorn, Schlehe = *Prunus spinosa* Fig. 411; Pflaume

= *Prunus domestica*; Saure Kirsche = *Prunus Cerasus* Fig. 412; Süsse Kirsche = *Prunus avium* Fig. 413; Weichselkirsche = *Prunus Mahaleb*; Traubenkirsche,

Fig. 413. Prunus avium.

Fig. 414. Prunus Padus.

Fig. 415. Prunus Laurocerasus.

Faulbaum = *Prunus Padus* Fig. 414; Kirschlorbeer = *Prunus Laurocerasus* Fig. 415.

(Officinell: Mandelsamen).

Reihe Leguminosae.

Meist die Blüten zygomorph und zwitterig, mit fünf Kelch- und Kronen- und gewöhnlich doppelt so vielen, sonst auch ein bis vielen Staubblättern. Gynoeceum einblätterig, es stellt ein längliches an seinen Rändern Samen tragendes Blatt dar, welches derartig in seiner Mittelrippe geknifft erscheint, dass die Ränder zusammenstossen und die Samen im Inneren der so entstehenden, oben und unten verschlossenen Röhre zu liegen kommen. Die aus einem derartig gebauten Fruchtblatt entstehende Frucht wird Hülse (legumen) genannt, sie springt zweiklappig auf. Blätter zusammengesetzt, oft gefiedert oder doppelt gefiedert, mit Nebenblättern.

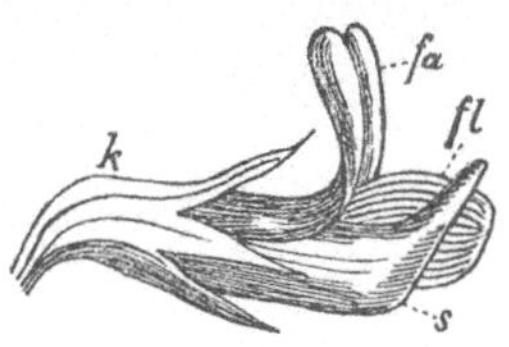

Fig. 416. Blume von Lotus corniculatus. k = Kelch, fa = Fahne, s = Schiffchen, fl = Flügel (der vordere Flügel ist fortgenommen worden, um das Schiffchen besser zu zeigen). — Mehrere male vergr.

Fam. Papilionaceae.

In den bei weitem meisten Fällen besitzen die zygomorphen Blumen, Fig. 416 — 418, dieser artenreichen Familie einen gewöhnlich fünfzipfeligen Kelch *k*, fünf Kronenblätter, zehn Staubblätter *s* und ein Fruchtblatt *f*. Das obere grosse Kronenblatt, die Fahne *fa*, steht zweien, mehr oder minder zu einem schiffchenförmigen Gebilde verwachsenen Blumenblättern, dem Schiffchen *s* in Fig. 416 und *sch* in Fig. 417, gegenüber; rechts und links von der Blume, also beiderseits zwischen Schiffchen und Fahne, finden sich zwei als Flügel *fl* bezeichnete Kronenblätter, welche die Fünfzahl vervollständigen. Kronenblätter sich „absteigend“ deckend, d. h. die Fahne greift über die Flügel, diese über das Schiffchen hinweg. Die Staubblätter sind mit ihren Fäden sämtlich zu einer, das Fruchtblatt umgebenden Röhre verwachsen, oder ein Staubblatt s^1 — und zwar das der Fahne zugewendete — ist frei, sodass die neunmännige Röhre s^2 einseitig aufgeschlitzt erscheint. Keim im Samen

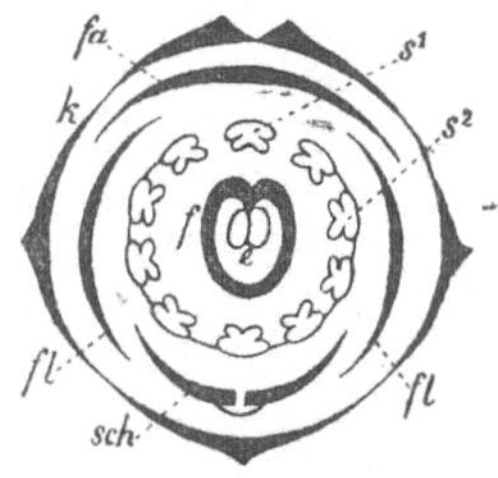

Fig. 417. Grundriss einer Papilionaceen-Blume mit neunmänniger Röhre s^2 und einem freien Staubblatt s^1; k = Kelch, fa = Fahne, sch = Schiffchen, fl = Flügel, f = Fruchtblatt mit den Eichen e.

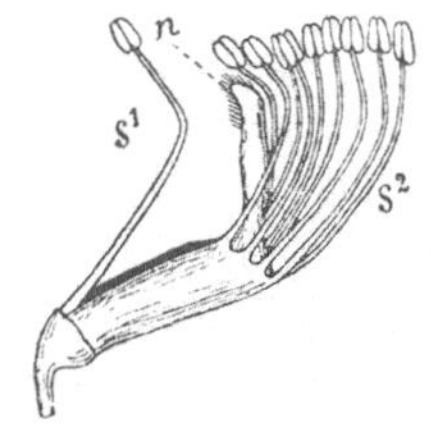

Fig. 418. Geschlechtsorgane von Pisum sativum. s^1 = einzelnes Staubblatt, s^2 = neunmännige Röhre, n = Narbe. — Etwa zwei mal vergr.

gekrümmt. Laubblätter meist einfach zusammengesetzt. — Ginster = *Genista*; Goldregen = *Cytisus*; Lupine = *Lupinus*; Luzerne = *Medicago sativa*; Klee = *Trifolium* Fig. 419; (falsche) Akazie = *Robinia*; Serra-

Fig. 419. Trifolium repens.

Fig. 420. Vicia sepium.

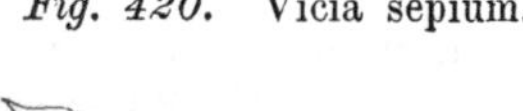

Fig. 421. Pisum sativum. Links oben die Blumenkrone (oben Fahne, zu beiden Seiten die Flügel, unten Schiffchen), unten Samen-Durchschnitt.

Fig. 422. Phaseolus vulgaris. Links unten Fruchtknoten.

della = *Ornithopus sativus*; Esparsette = *Onobrychis viciaefolia*; Wicke = *Vicia* Fig. 420 (vergl. Seite 101); Futterwicke = *Vicia sativa*; Linse = *Lens esculenta*; Erbse, Schote = *Pisum sativum* Fig. 418 und 421; Bohne = *Phaseolus* Fig. 422; Kichererbse = *Cicer arietinum*

Fig. 423; Indigo von *Indigofera*-Arten; Erdnüsse sind die unterirdisch reifenden Früchte von *Arachis hypogaea*.

(Officinell: Wurzeln von *Ononis spinosa* = Hauhechel, sowie von *Glycyrrhiza glabra* = spanisches Süssholz und von *G. glabra* Varietät *glandulifera* = russisches Süss-

Fig. 423. Cicer arietinum.

Fig. 424. Melilotus officinalis. Links unten Kelch, rechts Krone, und zwar zu oberst Fahne, dann Schiffchen, dann ein Flügel, darunter die Frucht.

holz; Kraut von *Melilotus officinalis* = Honigklee Fig. 424; Samen von *Trigonella foenum graecum* = Bockshornklee; von *Physostigma venenosum* Gottesurteilbohne ein Produkt der Samen; Traganthgummi von *Astragalus adscendens*, *gummifer*, *verus* u. a. Astragalus-Arten; Perubalsam von *Toluifera Pereirae*; Stammsekret von *Andira Araroba*).

Fig. 425. Ceratonia Siliqua.

Fam. Caesalpiniaceae.

Kronenblätter mit „aufsteigender" Deckung, also gerade umgekehrt wie bei den Papilionaceen, zuweilen unvollständig oder ganz fehlend. Staubblätter oft weniger, selten mehr als zehn, frei oder auch verwachsen. Keim gerade. Blätter sehr oft zweifach gefiedert. — Johannisbrodbaum = *Ceratonia Siliqua* Fig. 425; Campecheholz (Blauholz) von *Haematoxylon campechianum*; Judasbaum = *Cercis Siliquastrum*.

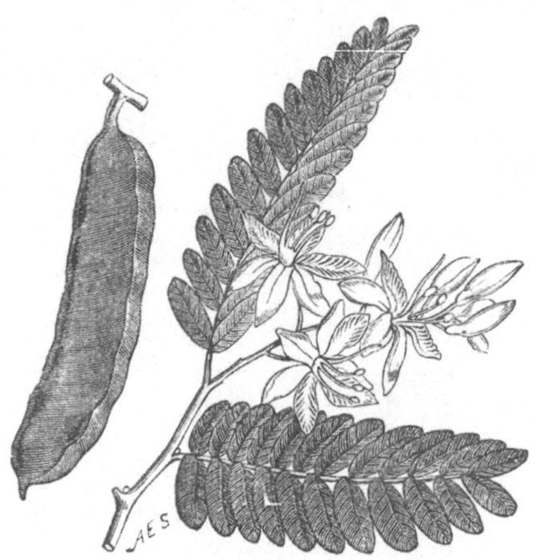

Fig. 426. Tamarindus indica.

(Officinell: Blätter von *Cassia acutifolia* und *angustifolia*; „Copaïv-Balsam" von *Copaïfera officinalis*, *guianensis* u. a. Copaïfera-Arten; Früchte von *Tamarindus indica* Fig. 426; Wurzel von *Krameria triandra*).

Fam. Mimosaceae.

Kelch und Krone der meist actinomorphen Blüten meist verwachsenblätterig, vier-, auch drei- bis fünfzählig. Staubblätter so viel oder doppelt so viele wie Kronenblätter oder viele. Gynoeceum nur selten zwei- bis fünf-, sonst wie bei den Leguminosen typisch nur einblätterig. Keim gerade. Blätter gewöhnlich zweifach gefiedert, bei manchen Arten die Spreite verkümmert und die Blattstiele spreitenartig verbreitert und dann Phyllodien genannt. — (Echte) Akazie = *Acacia*; *Mimosa* (vergl. Seite 93).

(Officinell: Gummi arabicum von *Acacia Senegal* u. s. w.; der eingedickte Saft von *Acacia Catechu*).

Hysterophyta.

Als Anhang zu den Choripetalen folgen hier einige, meist aus Schmarotzergewächsen gebildete Familien von zweifelhafter Verwandtschaft.

Fam. Aristolochiaceae.

Blüten zwitterig mit Perigon, welches aus drei im Verlaufe der Generationen verwachsenen Blättern gebildet wird und kronenartig entwickelt ist; Staubblätter 6—36; Gynoeceum unterständig vier- bis sechsfächerig (-blätterig), mit mehrsamigen Fächern.

Aristolochieae Fig. 427. Perigon zygomorph. Staubblätter *s* meist sechs, mit dem Griffel verwachsen. Befruchtungsvorgang vergl. Seite 104—105. — Osterluzei = *Aristolochia Clematitis* Fig. 427.

(Officinell: Rhizom von *Aristolochia serpentaria*).

Asareae. Perigon actinomorph. Staubblätter zwölf, frei.

(Officinell: Rhizom von *Asarum europaeum* = Haselwurz Fig. 428).

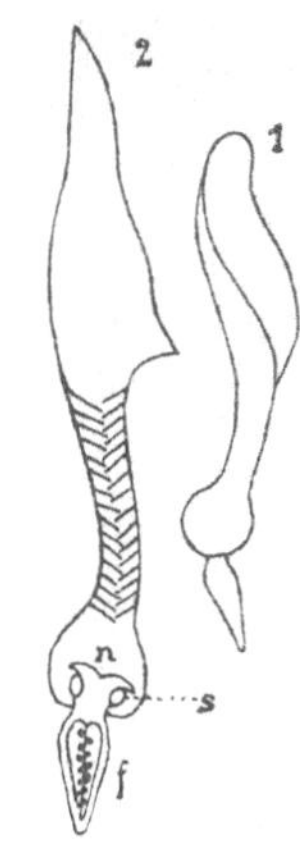

Fig. 427. *1.* Blume der Aristolochia Clematitis in natürl. Grösse. *2.* Längsschnitt durch dieselbe. *n* Narbe, *s* Staubblätter, *f* Fruchtknoten.

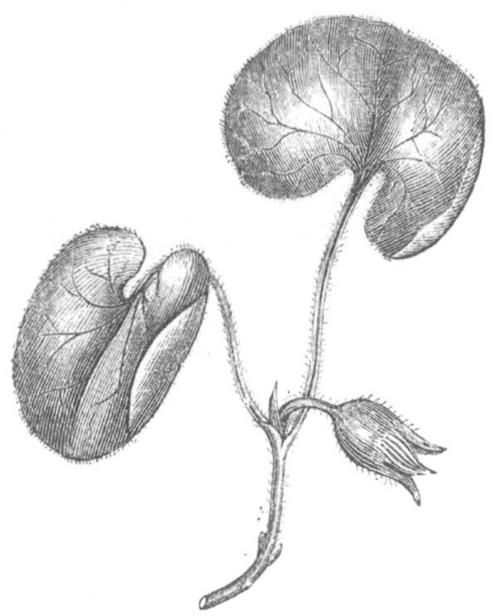

Fig. 428. Asarum europaeum.

Fig. 429. Thesium intermedium. Links oben Blüte, darunter Perigon mit Staubblatt; rechts Frucht mit zwei (kleineren) Vorblättern und einem (grösseren) Hochblatt, welches als das im Laufe der Generationen hinaufgerückte Deckblatt des Blütenstieles gilt.

Fam. Santalaceae.

Blüten actinomorph, meist zwitterig. Perigon- und Staubblätter vier bis fünf. Gynoeceum einfächerig, mit Centralplacenta, aber aus zwei bis drei unterständigen Fruchtblättern zusammengesetzt. Grüne, jedoch oft auch auf Wurzeln schmarotzende Pflanzen. Vergl. Seite 89. — *Thesium* Fig. 429.

Fam. Loranthaceae.

Blüten actinomorph, meist getrennt-geschlechtig (zweihäusig), mit zwei bis sechs Perigon- und Staubblättern. Gynoeceum unterständig, zwei- bis dreiblätterig, zu einer Beere werdend. Auf Bäumen schmarotzende grüne Pflanzen. Vergl. Seite 89. — Mistel = *Viscum album* Fig. 430.

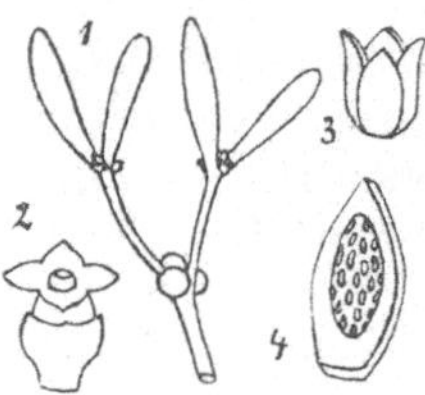

Fig. 430. *1.* Zweigstück von Viscum album mit vier Laubblättern und drei reifen Beeren. *2.* Weibliche, *3.* männliche Blüte, *4.* ein von innen gesehenes Perigonblatt der letzteren mit dem ansitzenden, viellöcherig aufspringenden Staubbeutel.

II. Unterklasse Sympetalae.

Pflanzen mit im allgemeinen, wenigstens am Grunde verwachsenen, also nicht freien Kronenblättern.

Reihe Bicornes.

Blüten meist actinomorph und zwitterig mit meist vier oder fünf Kelch-, Kronen- und fünf oder zehn Staubblättern; in letztem Falle je fünf Staubblätter einen Kreis bildend, dessen erster vor den Kronenblättern und zweiter vor den

Fig. 431. Vaccinium Myrtillus. Links unten ein Staubblatt.

Fig. 432. Vaccinium Vitis Idaea. Rechts ein Staubblatt.

Kelchblättern zwischen dem ersten Kreis und den Fruchtblättern stehen. Fruchtknoten aus zwei bis vielen Fruchtblättern (-fächern) gebildet. Pollenkörner oft vierzellig. Die meisten Arten sind immergrüne Holzgewächse.

Fam. Ericaceae.

Blüten meist zehnmännig. Antheren mit zwei Löchern aufspringend.

Fig. 433. Vaccinum Oxycoccos. Links oben ein Staubblatt.

Fig. 434. Calluna vulgaris. Links oben Staubblatt, rechts unten ein Laubblatt.

Fig. 435. Arctostaphylos Uva ursi. Rechts unten ein Staubblatt.

Fig. 436. Pirola rotundifolia.

Vaccinieae. Das Gynoeceum unterständig, zu einer Beere werdend. — Heidel- oder Blaubeere = *Vaccinium Myr-*

tillus Fig. 431; Preissel- oder Kronsbeere = *Vaccinium Vitis Idaea* Fig. 432; Moosbeere = *Vaccinium Oxycoccos* Fig 433.

Fig. 437. Monotropa Hypopitys. Rechts Frucht und zwei Perianthblätter.

Ericeae. Das Gynoeceum oberständig. Kapsel sich in der Mitte der Aussenwandungen der einzelnen Fächer öffnend, d. h. fachspaltig. Frucht selten beerig. — Haidekraut = *Calluna vulgaris* Fig. 434; Moorhaide = *Erica Tetralix*.

(Officinell: Blätter von *Arctostaphylos Uva ursi* Fig. 435).

Rhodoreae. Das Gynoeceum oberständig. Kapsel sich an den Scheidewänden der Fächer öffnend, d. h. wandspaltig. — Azalie = *Azalea*; Alpenrose u. s. w. = *Rhododendron*; Porst, Mottenkraut = *Ledum palustre*.

Piroleae. Kronenblätter frei. — *Pirola* Fig. 436; Fichtenspargel = *Monotropa Hypopitys* Fig. 437 (vergl. Seite 89).

Reihe Primulinae

Blüten actinomorph und zwitterig, meist mit fünf Kelch-, Kronen- und Staubblättern, sonst die Blüten auch vier- bis achtzählig. Die Staubblätter stehen vor den Kronenblättern. Fruchtknoten einfächerig, ein- bis vieleiig, Placenta am Grunde desselben.

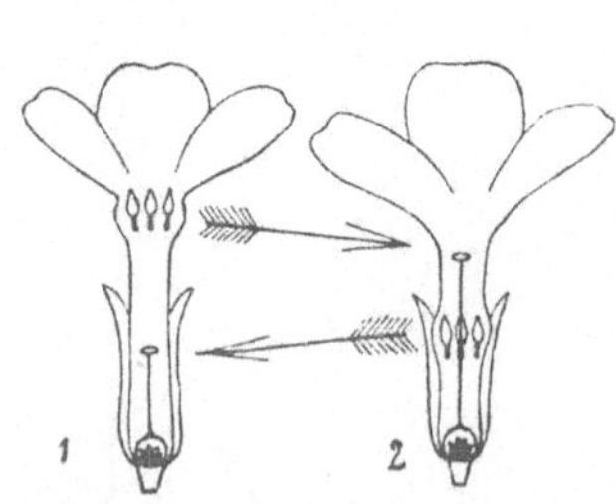

Fig. 438. Zwei Blumen (*1* = kurzgriffige, *2* = langgriffige) von Primula elatior. Staubblätter vor den Kronenzipfeln der Kronenröhre angefügt. Ovar mit grundständiger, vieleiiger Placenta.

Fig. 439. Primula officinalis.

Fam. Primulaceae.

Fruchtknoten eingrifflig, zu einer vielsamigen Kapsel werdend. Fig. 438. Vergl. Bestäubungs-Verhältnisse auf Seite 102—103. Kräuter. — Schlüsselblume, Aurikel =

Fig. 440. Lysimachia vulgaris.

Fig. 441. Anagallis arvensis. Rechts unten geöffnete Frucht, Stempel nebst Kelch und ein Staubblatt.

Fig. 442. Hottonia palustris.

Fig. 443. Armeria vulgaris.

Primula Fig. 438 und 439; *Lysimachia* Fig. 440; Gauchheil, rote Miere = *Anagallis arvensis* Fig. 441; *Hottonia* Fig. 442; Alpenveilchen, Saubrot = *Cyclamen europaeum.*

Fam. Plumbaginaceae.

Fruchtknoten fünfgrifflig, eineiig. Kräuter und Holzgewächse. — Grasnelke = *Armeria vulgaris* Fig. 443.

Reihe Diospyrinae.

Fruchtknoten gefächert, sonst alles im allgemeinen wie bei der vorigen Reihe. Holzgewächse.

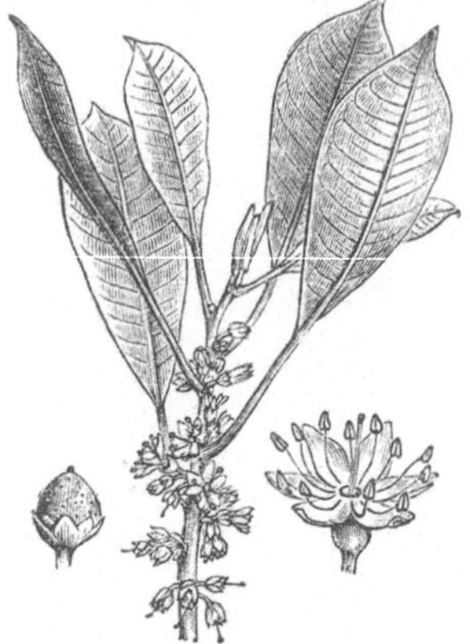

Fig. 444. Dichopsis Gutta.

Fam. Sapotaceae.

Gynoeceum oberständig, mit eineiigen Fächern. — Gutta-Percha von *Dichopsis Gutta* Fig. 444.

Fam. Ebenaceae.

Gynoeceum oberständig mit zweieiigen Fächern, die oft durch „falsche Scheidewände" geteilt sind. — *Diospyros Ebenum* liefert das Ebenholz.

Fam. Styracaceae.

Gynoeceum halb- oder ganz unterständig, mit ein- bis mehreiigen Fächern.

(Officinell: Benzoëharz von *Styrax Benzoïn*).

Reihe Contortae.

Blüten actinomorph, mit vier oder fünf, seltener vielen Kelch-, Kronen- und Staubblättern, seltener die letzteren in der Zweizahl vorhanden. Staubblätter der Krone angewachsen. Gynoeceum oberständig, aus zwei Fruchtblättern gebildet. Blätter gegenständig.

Fig. 445. Stückchen der Rispe von Syringa vulgaris in natürl. Grösse.

Fig. 446. Fraxinus excelsior. Links oben eine zweigeschlechtige Blüte (zwei Staubblätter und ein Stempel), darunter zwei männliche Blüten, jede zweimännig.

Fam. Oleaceae.

Kelch und Krone zwei- bis vierblättrig. Androeceum zweimännig. Frucht eine zweifächrige (-blättrige) Kapsel, Flügelfrucht oder Beere mit ein- bis mehrsamigen Fächern.

Fig. 447. Olea europaea.

Holzpflanzen. — Liguster, Rainweide = *Ligustrum vulgare*; Flieder = *Syringa* Fig. 445; (gemeine) Esche = *Fraxinus exelsior* Fig. 446; (echter) Jasmin = *Jasminum*.

(Officinell: Oliven- oder Baumöl aus den Früchten von *Olea europaea* = Oelbaum Fig. 447; Manna, das ist der aus Einschnitten des Stammes ausfliessende und eintrocknende Saft von *Fraxinus Ornus* = Manna-Esche).

Fig. 448. Gentiana Pneumonanthe. *Fig. 449.* Erythraea Centaurium.

Fam. Gentianaceae.

Kelch, Krone und Androeceum meist vier- bis fünfzählig. Kapsel meist deutlich einfächerig, mit zwei wandständigen, vielsamigen Placenten, sich zweiklappig öffnend. Kräuter. — Enzian = *Gentiana* Fig. 448.

(Officinell: Wurzeln von *Gentiana lutea, pannonica* u. a. Gentiana-Arten; Kraut von *Erythraea Centaurium* = Tausendgüldenkraut Fig. 449; Blätter von *Menyanthes trifoliata* = Bitter- oder Fieberklee Fig. 450.

Fig. 450. Menyanthes trifolia.

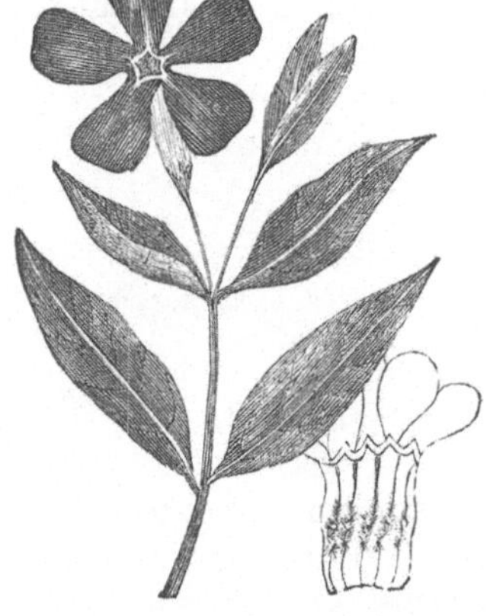

Fig. 451. Vinca minor.

Fam. Loganiaceae.

Fruchtknoten zwei- bis vierfächerig; Fächer mit ein bis mehreren Eichen. Meist Bäume.

(Officinell: Samen (Brechnüsse) von *Strychnos nux vomica*).

Fam. Apocynaceae.

Kelch, Krone und Androeceum meist je fünfblätterig. Fruchtblätter zwei, zu Kapselfrüchtchen werdend. Kräuter oder Sträucher. — Immergrün, Singrün = *Vinca* Fig 451; Oleander = *Nerium Oleander*.

Fam. Asclepiadaceae.

Im allgemeinen wie bei den Apocynaceen, aber die Staubblätter mehr oder weniger verwachsen und der Pollen einer jeden Staubbeutelhälfte zu einem Pollenpäckchen verklebt. — *Asclepias*; *Cynanchum*; *Stapelia* = Aaspflanze (die Blumen nach Aas riechend).

(Officinell: Rinde von *Gonolobus Condurango*).

Reihe Tubiflorae.

Blüten actinomorph, mit fünf Kelch-, Kronen- und Staubblättern; letztere der Krone angewachsen. Gynoeceum zwei bis fünfblätterig, oberständig. Fig. 456. Blätter wechselständig.

Fig. 452. Convolvulus sepium. Rechts unten Stempel, links davon zwei Vorblätter der Blüte unter dem Kelch, der weiter links ebenfalls besonders dargestellt ist.

Fig. 453. Batatas edulis.

Fig. 454. Cuscuta europaea, eine Wiesenpflanze umschlingend. Rechts Frucht.

Fam. Convolvulaceae.

Kapseln meist zweifächerig, mit zwei- (auch ein-) samigen Fächern. Keim im Samen gekrümmt. Meist windende Pflanzen

Convolvuleae. Nicht schmarotzend, mit grünen Laubblättern; *Convolvulus* = Winde Fig. 452; Bataten sind die essbaren Knollen von *Batatas edulis* Fig. 453.

Cuscuteae. An den Stengeln fremder Pflanzen schmarotzende Pflanzen ohne grüne Laubblätter. Vergl. Seite 87. — *Cuscuta* = Teufelszwirn Fig. 454; *Cuscuta Epilinum* = Flachsseide.

Fig. 455. Polemonium coeruleum.

Fam. Polemoniaceae.

Ovar dreifächerig. Samen mit geradem Keim. — *Phlox*; Jacobs- oder Himmelsleiter = *Polemonium coeruleum* Fig. 455.

Fam. Asperifoliaceae.

Fruchtknoten zweiblätterig, zweifächerig, mit zweisamigen Fächern, unter demselben ein Nektarium-Wulst. Die Fächer teilen sich durch Einschnürung in je zwei einsamige Schliessfrüchtchen. Fig. 456. Unberufene Gäste werden oft

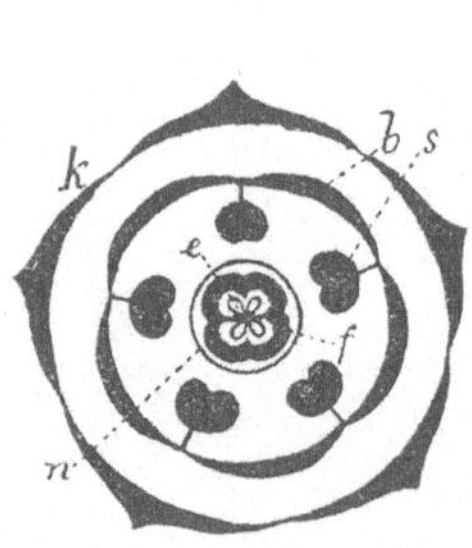

Fig. 456. Blumengrundriss einer Asperifoliacee. k = Kelch, b = Krone, s = Staubblätter, n = Nektarium, f = Fruchtknoten, e = Eichen.

Fig. 457. Anchusa officinalis. Rechts die aufgeschlitzte Krone fünf Hohlschuppen zeigend.

durch hohle Aussackungen der Krone, Hohlschuppen, welche den Schlund mehr oder minder verschliessen, abgehalten. Die ganze Pflanze meist stark rauhhaarig. — Heliotrop = *Heliotropium*; Hundszunge = *Cynoglossum officinale*;

Borretsch = *Borrago officinalis*; Ochsenzunge = *Anchusa officinalis* Fig. 457; Schwarzwurzel = *Symphytum officinale*

Fig. 458. Symphytum officinale. Rechts ein Staubblatt mit einer Hohlschuppe. Die aufgeschlitzte Krone in der Mitte unten zeigt fünf Hohlschuppen und mit diesen abwechselnd fünf Staubblätter.

Fig. 459. Echium vulgare. Links oben die aufgeschlitzte Krone mit den anhaftenden Staubblättern, rechts unten Kelch mit Stempel.

Fig. 460. Pulmonaria officinalis.

Fig. 461. Myosotis palustris. Rechts die vier Früchtchen.

Fig. 458; Natterkopf = *Echium vulgare* Fig. 459; Lungenkraut = *Pulmonaria* Fig. 460; Vergissmeinnicht = *Myosotis* Fig. 461.

Fam. Solanaceae.

Fruchtknoten meist zwei-, aber auch bis fünffächerig, zu einer vielsamigen Kapsel oder Beere werdend. — Nachtschatten = *Solanum nigrum* Fig. 462; Kartoffel = *Solanum tuberosum*; Tomate, Liebesapfel = *Solanum Lycopersicum*.

Fig. 462. Solanum nigrum. Links oben Frucht, darunter Kelch mit Fruchtknoten, darunter ein Staubblatt.

Fig. 463. Atropa Belladonna. Rechts Querschnitt durch die Beere.

Fig. 464. Datura Stramonium.

Fig. 465. Nicotiana Tabacum.

(Officinell: Blätter von *Atropa Belladonna* = Tollkirsche, Belladonna Fig. 463; von *Datura Stramonium* = Stechapfel Fig. 464; von *Nicotiana Tabacum* = Tabak Fig. 465; Kraut von *Hyoscyamus niger* = Bilsenkraut

Fig. 466; Früchte von *Capsicum annuum* = spanischer Pfeffer, Cayenne-Pfeffer, Pfefferschote).

Fig. 466. Hyoscyamus niger. In der Mitte die Frucht nach Entfernung der vorderen Kelchhälfte, rechts davon Stück der aufgeschlitzten Kronenröhre mit den ansitzenden Staubblättern.

Reihe Labiatiflorae.

Blüten im allgemeinen zygomorph, mit fünf Kelch- und Kronenblättern. Bei den Vorfahren wird das Androeceum fünfzählig angenommen, jedoch verkümmern in den meisten Fällen ein oder drei Staubblätter, die als Rudimente noch sichtbar sind, oder sie schlagen ganz fehl, sodass wir vier- resp. zweimännige Blüten erhalten. Im ersten Falle sind zwei Staubblätter kürzer als die zwei anderen. Fig. 467, 477 und 478.

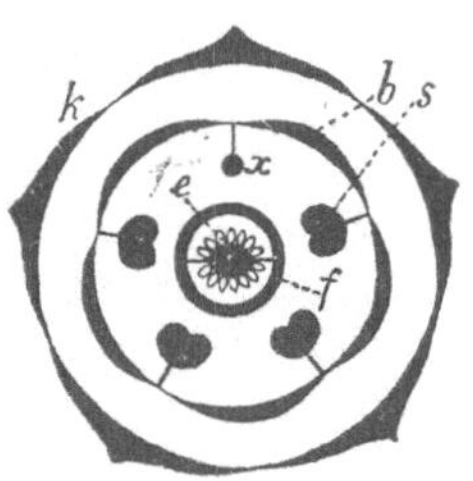

Fig. 467. Blumengrundriss einer Scrophulariacee. k = Kelch, b = Krone, s = Staubblätter, x = Rudiment eines Staubblattes, f = Fruchtknoten mit den Eichen e.

Fam. Scrophulariaceae.

Frucht kapselig und meist vielsamig. Blätter wechsel- oder gegenständig.

Antirrhineae. Deckung der Kronenzipfel meist „absteigend". Bei Verbascum fünf fruchtbare Staubblätter. — Königs-

Fig. 468. Verbascum Thapsus.

Fig. 469. Antirrhinum Orontium.

Fig. 470. Linaria vulgaris. Links oben abnorme (actinomorphe!) Blume mit fünf Spornen.

Fig. 471. Veronica Chamaedrys.

kerze, Wollkraut = *Verbascum* Fig. 468; Löwenmaul = *Antirrhinum* Fig. 469; *Linaria* Fig. 470; *Gratiola officinalis* = Gottes-Gnadenkraut; *Veronica Chamaedrys* = Männertreu Fig. 471.

(Officinell: Blätter von *Digitalis purpurea* = Fingerhut Fig. 472; Blumen von *Verbascum phlomoïdes* und *V. thapsiforme*).

Rhinantheae. Deckung der Kronenzipfel meist „aufsteigend". Pflanzen oft schmarotzend. — *Melampyrum* Fig. 473; *Pedi-*

Fig. 472. Digitalis pupurea. *Fig. 473.* Melampyrum pratense.

Fig. 474. Pedicularis silvatica. *Fig. 475.* Euphrasia officinalis

cularis Fig. 474; Augentrost = *Euphrasia officinalis* Fig. 475; *Alectorolophus*; Schuppenwurz = *Lathraea Squamaria* Fig. 476 (vergl. Seite 90—91).

Fam. Labiatae.

Die Lippenblütler, wie diese Gewächse wegen der eigenartigen Ausbildung der Kronen genannt werden, unterscheiden sich von der vorigen Familie vor allen Dingen durch ihre Fruchtbildung. Die Frucht besteht in der Jugend aus zwei zweisamigen Fächern *f* Fig. 477, welche durch allmähliche Einschnürung in vier einsamige Schliessfrüchtchen *f* Fig. 478,

Fig. 476. Lathraea Squamaria.

übergehen. Die in der Vier- oder Zweizahl vorhandenen Staubblätter, von denen im ersten Falle zwei länger und zwei kürzer sind, werden oft durch die dann einen Schirm bildende, helmartige Oberlippe vor Regen geschützt. Die

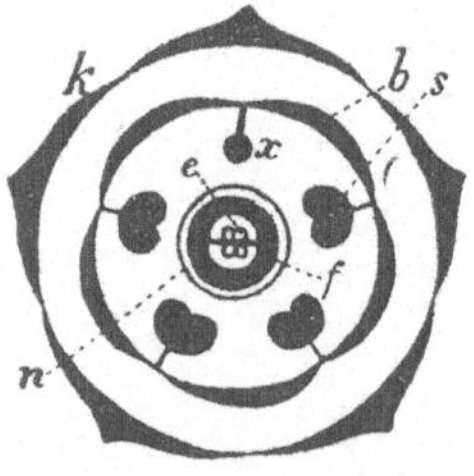

Fig. 477. Grundriss einer viermännigen Labiaten-Blume, deren beide Fruchtblätter noch nicht eingeschnürt sind. k = Kelch, b = Krone, s = Staubblätter, x = Rudiment eines Staubblattes, n = Nektarium, f = Fruchtknoten mit Eichen e.

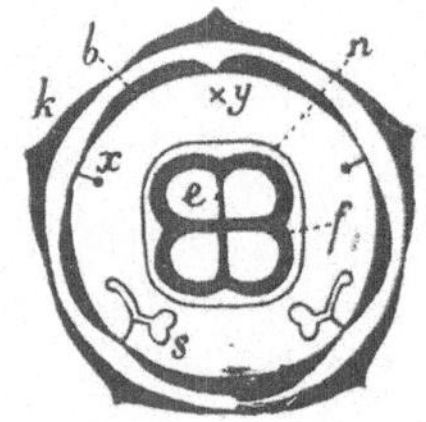

Fig. 478. Blumengrundriss von Salvia. k = Kelch, b = Krone, s = Staubblätter, x = rudimentäre Staubblätter, y = abortiertes Staubblatt, n = Nektarium, f = Fruchtknoten mit den vier Eichen e.

Unterlippe dient als Sitz für das Honig suchende, die Blume befruchtende Insekt. Der unterhalb der Frucht befindliche Teil des Torus ist zum Nektarium metamorphosiert. Fig. 477 — 479. Vergl. auch Seite 107. Blätter gegenständig. — Basilikum = *Ocimum Basilicum*; Wolfstrapp = *Lycopus europaeus* Fig. 480; *Salvia* Fig. 478, 479, 481;

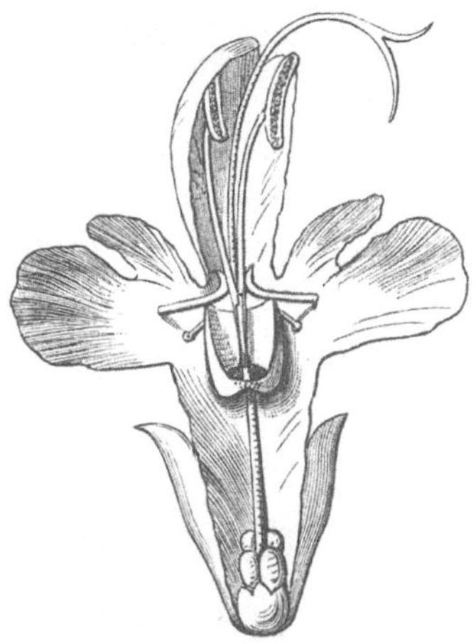

Fig. 479. Von vorn der Länge nach aufgeschlitzte Blume von Salvia pratensis, im Grunde das Nektarium zeigend, auf welchem die vier Früchtchen sitzen. — Vergr.

Majoran, Mairan = *Origanum Majorana*; Pfeffer- oder Bohnenkraut = *Satureja hortensis*; Ysop = *Hyssopus officinalis;* Katzennessel = *Nepeta Cataria*; Gundermann = *Glechoma hederacea* Fig. 482; Bienensaug, Taubnessel = *Lamium* Fig. 483; *Stachys* Fig. 484; *Ajuga* Fig. 485.

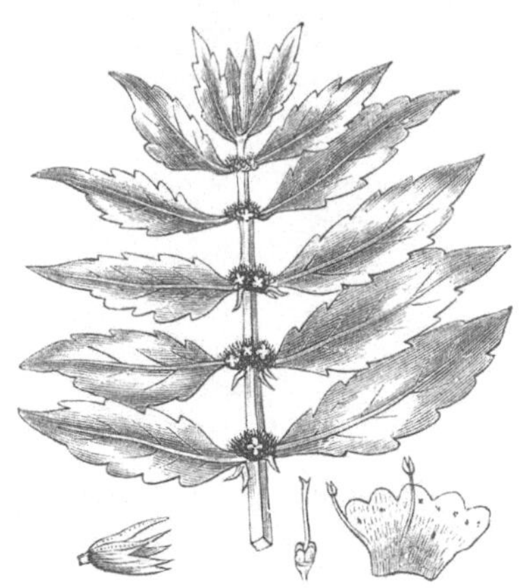

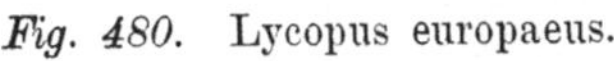

Fig. 480. Lycopus europaeus. *Fig. 481.* Salvia pratensis.

(Officinell: *Salvia officinalis* = Salbei; *Rosmarinus officinalis* = Rosmarin; *Lavandula officinalis* = Lavendel;

Melissa officinalis = (Citronen-) Melisse; *Thymus vulgaris* = Thymian; *Thymus Serpyllum* = Quendel; *Mentha piperita* = Pfeffermünze; *Mentha crispa* = Krausemünze).

Fig. 482. Glechoma hederacea.

Fig. 483. Lamium purpureum.

Fig. 484. Stachys silvatica.

Fig. 485. Ajuga reptans.

Fam. Lentibulariaceae.

Der Hauptunterschied dieser Familie von den anderen Labiatifloren besteht in dem Besitz einer im Mittelpunkt der einfächerigen Frucht befindlichen, mehrsamigen Placenta. —

Pinguicula Fig. 486; *Utricularia* Fig. 487. (Vergl. auch Seite 91.)

Fig. 486. Pinguicula vulgaris.

Fig. 487. Utricularia minor.

Fam. Gesneraceae.

Gynoeceum zuweilen unterständig, zu einer einfächerigen, vielsamigen Kapsel werdend, welche wandständige Placenten besitzt. — Sommerwurz, Würger = *Orobanche* Fig. 488. (Vergl. auch Seite 88).

Fig. 488. Orobanche caryophyllacea, auf einer Rubiacee schmarotzend.

Fig. 489. Verbena officinalis.

Fam. Verbenaceae.

Gynoeceum meist steinfruchtartig werdend, mit ein bis vier Steinkernen, äusserlich ungeteilt, sonst den Labiaten ähnlich. — Eisenkraut = *Verbena officinalis* Fig. 489.

Fam. Plantaginaceae.

Blüten actinomorph, mit vier Kelch-, Kronen- und Staubblättern. Frucht meist kapselig und mit Deckel aufspringend. — Wegerich, Wegebreit, Wegeblatt = *Plantago major* Fig. 490, *media* Fig. 491 und *lanceolata*.

Fig. 490. Plantago major.

Fig. 491. Plantago media.

Reihe Campanulinae.

Kelch-, Kronen- und Staubblätter meist fünf; letztere oft verwachsen, aber meist frei von der Krone. Gynoeceum unterständig, ein- bis fünffächerig (-blätterig).

Fig. 492. Jasione montana.

Fig. 493. Phyteuma spicatum.

Fam. Campanulaceae.

Blüten actinomorph. Fruchtknoten zwei- bis fünffächerig, vielsamig, zu einer durch Ritzen und Löcher aufspringenden Kapsel werdend. — *Jasione* Fig. 492; *Phyteuma* Fig. 493; Glockenblume = *Campanula* Fig. 494.

Fig. 494. Campanula rotundifolia.

Fig. 495. Lobelia Dortmanna.

Fam. Lobeliaceae.

Die zygomorphen Blumen resupinieren. Krone röhrig, an der nach oben gewendeten Seite der Länge nach gespalten, wie der Kelch fünfzipfelig. Die fünf Staubblätter mit röhrig verwachsenen Beuteln. Vielsamige Kapsel zwei- bis dreifächerig. — *Lobelia* Fig 495.

(Officinell: Kraut von *Lobelia inflata*).

Fam. Cucurbitaceae.

Krautige, vermittelst Ranken kletternde Pflanzen mit actinomorphen, meist eingeschlechtigen und zwar monoecischen Blumen. Kelch und Krone meist fünfzipfelig. Das Androeceum wird meist durch fünf gekrümmte, miteinander verwachsene Staubbeutelhälften zusammengesetzt, welche zwei und einem halben Staubblatt entsprechen. Beere meist vielsamig und gewöhnlich dreifächerig. — Kürbis = *Cucurbita Pepo* Fig. 496; Flaschenkürbis = *Lagenaria vulgaris*; Gurke = *Cucumis sativus* Fig. 497; Melone = *Cucumis Melo*; Wassermelone = *Citrullus vulgaris*; Zaunrübe = *Bryonia* Fig. 498.

(Officinell: Früchte von *Citrullus Colocynthidis* = Koloquinte).

Fig. 496. Cucurbita Pepo. Links oben Gynoeceum, rechts oben Androeceum.

Fig. 497. Cucumis sativus. Rechts oben Androeceum, darunter männliche Blume.

Fig. 498. Bryonia dioica.

Reihe Rubiinae.

Blüten meist actinomorph, mit meist vier bis fünf Kelch- (oft unscheinbar oder fehlend), Kronen- und Staubblättern; letztere der Krone angefügt. Gynoeceum unterständig. Blätter gegenständig.

Fam. Rubiaceae.

Fruchtknoten zweifächerig. Blätter mit Nebenblättern, die meist verwachsen sind.

Stellatae. Jedes der zwei Fruchtfächer einsamig; bei der Reife lösen sie sich als trockene, seltener steinfruchtartige Schliessfrüchtchen von einander.

Aus theoretisch-morphologischen Gründen ist anzunehmen, dass die einen Quirl bildenden, ungeteilten, ganzrandigen Blätter (Fig. 499) teils Haupt-, teils Nebenblätter sind, welche letztere bei den Rubiaceen ebenso gross erscheinen wie die

Fig. 499. Galium Aparine. Links Frucht, rechts Blattspitze, darunter Blüte.

Fig. 500. Coffea arabica. *f* = Frucht, *s* = Same.

Hauptblätter. Oft sind die sich berührenden, zu zwei verschiedenen Hauptblättern gehörigen Nebenblätter im Laufe der Generationen miteinander verwachsen, sodass bei vielen der heutigen Arten zwischen den Hauptblättern Blätter stehen, von denen angenommen wird, dass zu ihrer Bildung zwei Nebenblätter beigetragen haben. Erblicken wir also bei einer Galium-Art einen vierblätterigen Quirl, so müssten wir nach dem Gesagten zwei dieser Blätter, welche sich gegenüberstehen und in ihren Achseln Sprosse tragen können, als Hauptblätter ansehen; die zwei anderen wären dann homolog vier paarig verwachsenen Nebenblättern. Man könnte jedoch auch annehmen, dass in diesem Falle je ein Nebenblatt abortiert und das andere erhalten worden sei. Es fragt sich nur, für welche Ansicht sich in jedem Einzelfalle die meisten und triftigsten Gründe beibringen lassen. — (Echte) Färberröte, Krapp = *Rubia tinctorum*; Labkraut = *Galium* Fig. 499; Waldmeister = *Asperula odorata*.

Coffeeae. Fruchtfächer einsamig. Nebenblätter klein, schuppenförmig. — Kaffee = *Coffea arabica* Fig. 500.

(Officinell: Wurzel (echte Brechwurzel) von *Psychotria Ipecacuanha*).

Cinchoneae. Fruchtfächer vielsamig. Nebenblätter wie bei den Coffeen.

(Officinell: Rinde (Chinarinde) verschiedener *Cinchona*-Arten Fig. 501; die durch Auskochen der Blätter und jungen Zweige gewonnene „japanische Erde" von *Uncaria Gambir*).

Fig. 501. Cinchona. Rechts unten Frucht und Blüte.

Fig. 503. Lonicera Caprifolium.

Fig. 502. Viburnum Opulus. Die Randblumen des Trugdoldigen Blütenstandes grösser und geschlechtslos, nur als „Wirtshausschild" für die Insekten dienend.

Fig. 504. Sambucus nigra.

Fam. Caprifoliaceae.

Fruchtknoten drei- bis fünffächerig. Nebenblätter fehlen oft oder sind frei. Blüten zuweilen zygomorph. — Schneeball = *Viburnum Opulus* Fig. 502; Geissblatt = *Lonicera* Fig. 503.

Officinell: Blüten von *Sambucus nigra* = Hollunder Fig. 504.

Reihe Aggregatae.

Meist Kelch-, Kronen- und Staubblätter fünfzählig; letztere der Krone angefügt; Kelch oft aus Haaren gebildet, rudimentär oder abortiert. Gynoeceum unterständig, zwei- bis dreiblätterig, zu einer einsamigen Frucht werdend.

Fam. Valerianaceae.

Kelch unscheinbar. Die röhrige, mehr oder minder zygomorphe Krone fünfzipfelig. Blumen ein- bis viermännig.

Fig. 505. Valerianella olitoria.

Fig. 506. Valeriana officinalis. Links Frucht mit federig-haarigem Kelch, der als Flugapparat dient.

Fruchtknoten unterständig, ein- bis dreifächerig, aber nur in einem Fach ein Eichen; zu einem trockenen Schliessfrüchtchen werdend. — Rapunzel = *Valerianella olitoria* Fig. 505.

(Officinell: Rhizom von *Valeriana officinalis* = Baldrian Fig. 506).

Fam. Dipsacaceae.

Blumen meist in Köpfen. Kelchsaum unscheinbar, oft in Borstenform. Krone oft etwas zygomorph, zweilippig. Androeceum vierblätterig. Fruchtknoten einfächerig, zu einem trockenen einsamigen Schliessfrüchtchen werdend. Die ganze

Fig. 507. Dipsacus Fullonum.

Fig. 508. Knautia arvensis.

Fig. 509. Succisa pratensis.

Blume wird von einem aus Vorblättern gebildeten Aussenkelch umgeben. — W e b e r k a r d e = *Dipsacus Fullonum* Fig. 507; *Knautia* Fig. 508; *Succisa* Fig. 509; *Scabiosa.*

Fam. Compositae.

Von den Ausnahmen abgesehen, bilden die meist zweigeschlechtigen Insekten-Blüten (z. B. bei Artemisia: Windblüten) kopfige Gesellschaften, hier speziell — wegen des mehr oder minder flach ausgebildeten Blütenstandbodens, des Receptaculums, welches entweder nackt oder mit schuppenförmigen Blütendeckblättern besetzt ist — als Körbchen bezeichnet, Fig. 510. Die Körbchen werden von Hochblättern kelchartig umgeben, die wir zusammengenommen kurz Hülle *h* nennen wollen, während als Aussenhülle die oft sehr kleinen Hochblättchen, welche nicht selten in oft ganz geringer Anzahl die Hülle aussen bekleiden, zusammengefasst werden. An den Einzelblüten ist ein Kelchsaum kaum bemerkbar, oder der Kelch entwickelt sich schuppig; oftmals erscheint er haarig bis federig und wird dann Pappus *p* genannt. In diesen Fällen dient er, da er gewöhnlich an der Frucht stehen bleibt, bei der Verbreitung der einsamigen, unterständigen, trockenen Schliessfrüchte als Flugorgan. Die meist fünfzipfelige Krone ist entweder actinomorph oder zygomorph. Im letzteren Falle ist sie entweder zweilippig oder zungenförmig, d. h. die Krone bildet, wie es z. B. die Einzelblüte Fig. 511 *3* zeigt, eine kurze Röhre, welche an einer Seite einen zungenförmigen, langen Lappen *b* trägt. Nicht selten besitzen die Körbchen strahlende Randblüten: die Mittelblüten sind dann actinomorph, die randständigen zygomorph gebaut, und die letzteren übernehmen hier spezieller die Funktion als Wirtshausschild für die Insekten. Die Staubblätter (Fig. 511) in der Zahl von fünf besitzen gewöhnlich freie Staubfäden, aber röhrig miteinander verwachsene Staubbeutel, welche den Griffel umschliessen, dessen Narbe durch Streckung des Grif-

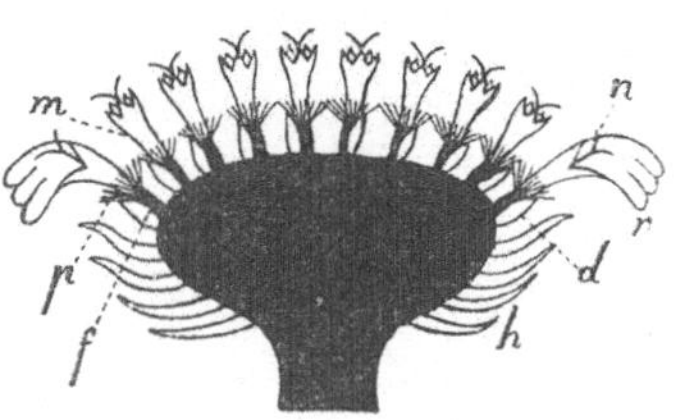

Fig. 510. Längsschnitt durch das Körbchen einer Composite. *h* = Hüllblätter, *d* = Deckschuppen der Blüten, *f* = Fruchtknoten, *p* = Pappus, *n* = Narben, *m* = (actinomorphe) Mittelblüten, *r* = (zungenförmige) Randblüten.

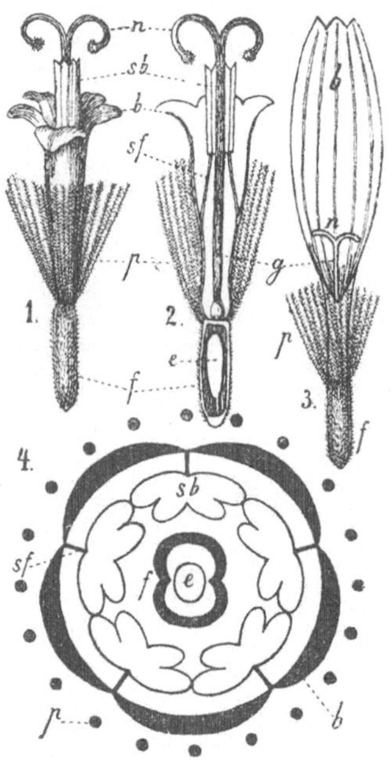

Fig. 511. Arnica montana. *1.* = Mittelblüte, *2.* = dieselbe im Längsschnitt, *3.* = zungenförmige Randblüte, *4.* = Grundriss einer Mittelblüte. *p* = Pappus, *b* = Krone, *sf* = Staubfäden, *sb* = Staubbeutel, *f* = Fruchtknoten, *g* = Griffel, *n* = Narben, *e* = Eichen. — Vergr.

fels *g* durch die Staubbeutelröhre hindurchwächst und endlich am Gipfel derselben hervorsieht, indem sie den in die Staubbeutelröhre entleerten Pollen vor sich her nach aussen schiebt.

Fig. 512 Eupatorium cannabinum. Links Frucht mit Pappus, rechts Blüte.

Fig. 513. Petasites officinalis. Rechts weibliche Blüte und aufgeschlitzte Krone der männlichen Blüte.

Fig. 514. Senecio Jacobaea. Rechts actinomorphe Blüte, links davon Zungenblume vom Rande des Körbchens.

Fig. 515. Anthemis arvensis. Links actinomorphe Blüte, rechts davon Deckschuppe derselben, rechts oben davon zungenförmige Blume des Randes.

Erst nachdem dies geschehen ist, entfernen sich die beiden Narbenschenkel *n* von einander und bieten ihre zwischen denselben befindliche empfängnisfähige Stelle der Aussenwelt dar.

Die Arten dieser grossen Familie machen an Zahl (etwa 10 000) ungefähr den neunten oder zehnten Teil aller Phanerogamen aus.

Fig. 516. Achillea Millefolium. Links unten actinomorphe Blüte und zungenförmige Randblume.

Fig. 517. Lappa minor. Links Blüte, rechts Frucht mit Pappus.

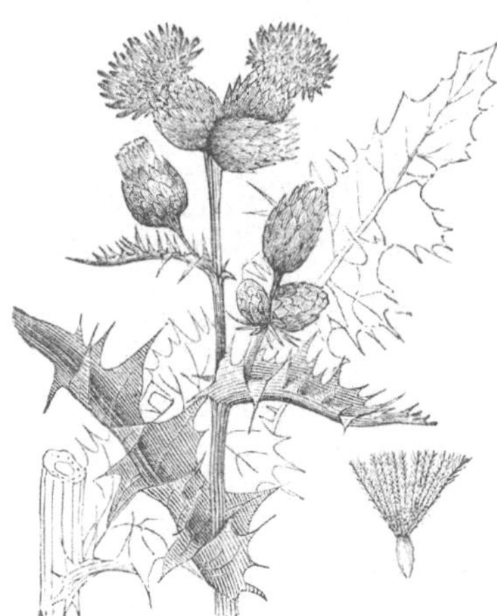

Fig. 518. Cirsium arvense. Rechts unten Frucht mit Pappus.

Fig. 519. Centaurea Cyanus. Links Längsschnitt durch eine Mittelblüte, darüber Ende des Griffels; rechts oben Randblüte.

Tubuliflorae. Körbchen mit lauter actinomorphen Röhrenblüten oder die Randblüten strahlend, mit zungenförmigen Kronen. — Hierher die meisten Arten. — *Eupatorium cannabinum* Fig. 512; *Petasites officinalis* = Pestilenzwurz Fig. 513; *Aster*; *Bellis perennis* = Gänseblümchen; *Senecio vernalis* = Wucherkraut; *Senecio vulgaris*; *S. Jacobaea*

Fig. 514; *Artemisia vulgaris* = Beifuss; *Artemisia Dracunculus* = Estragon; *Chrysanthemum Leucanthemum* = Wucherblume; *Anthemis arvensis* = Hundskamille Fig. 515; *Pyrethrum roseum*, deren Körbchen zu persischem

Fig. 520. Cynara Scolymus. *Fig. 521.* Carthamus tinctorius.

Fig. 522. Matricaria Chamomilla. Links oben Randblüte, daneben Narbe derselben, rechts unten Mittelblüte, darüber ihre Narbe, links unten Frucht.

Fig. 523. Leontodon hispidus. Rechts oben Blüte.

Insektenpulver; *Achillea Millefolium* = Schafgarbe Fig. 516; *Helianthus annuus* = Sonnenblume; *Lappa* = Klette Fig. 517; *Carduus* und *Cirsium* = Disteln Fig. 518; *Centaurea Cyanus* = Kornblume Fig. 519; *Cynara Scolymus* = Artischocke Fig. 520; *Carthamus tinctorius* = Saflor Fig. 521.

(Officinell: Kraut von *Tussilago Farfara* = Huflattich; Körbchen von *Matricaria Chamomilla* = Kamille Fig. 522; Kraut von *Artemisia Absinthium* = Wermuth; Körbchen von *Arnica montana* = Wohlverleih Fig. 511 und von

Fig. 524. Sonchus oleraceus. Rechts unten Frucht mit Pappus.

Fig. 525. Lactuca muralis. Links Frucht mit Pappus.

Fig. 526. Tragopogon pratensis. Links Frucht mit Pappus.

Fig. 527. Cichorium Intybus.

Artemisia maritima Varietät *Stechmanniana*; Rhizom von *Inula Helenium* = Alant; Kraut von *Cnicus benedictus* = Mariendistel).

Labiatiflorae. Blüten zweilippig.

Liguliflorae. Alle Blüten zungenförmig. — *Leontodon* Fig. 523; *Sonchus* = Saudistel Fig. 524; *Scorzonera hispa-*

nica = Schwarzwurzel; *Lactuca* Fig. 525; *Lactuca sativa* = Lattich, Kopf-Salat; *Tragopogon* = Bocksbart Fig. 526; *Cichorium Intybus* = Cichorie Fig. 527; *Cichorium Endivia* = Endivie; *Crepis* Fig. 528; *Hieracium* Fig. 529.

Fig. 528. Crepis virens. Links oben Frucht mit Pappus, rechts unten Blüte, daneben links die Narbe.

Fig. 529. Hieracium Pilosella. In der Mitte eine Einzelblüte.

Fig. 530. Taraxacum officinale.

(Officinell: Wurzel von *Taraxacum officinale* = Löwenzahn Fig. 530; der getrocknete Milchsaft von *Lactuca virosa* = Giftlattich).

Pflanzengeographie.*)

Die Hauptursachen, welche das Vorkommen gerade der jetzt vorhandenen Arten und ihre augenblickliche Verteilung über die Erde zur Folge haben, sind zu suchen

1. in den Veränderungen, welche die Erde in vorhistorischen (geologischen) und historischen (recenten) Zeiten erlitten hat, also in geologischen und historischen Erscheinungen,

2. in den klimatischen Einflüssen und

3. in den chemischen oder physikalischen Eigenschaften des den Pflanzen als Untergrund dienenden Bodens.

Wir können an dieser Stelle diese Ursachen nicht näher besprechen, da dies den Rahmen der „Elemente" weit überschreiten würde und verweisen auf das citierte Werk von Ascherson und auf die „Illustrierte Flora von Nord- und Mitteldeutschland" (3. Aufl.) des Verfassers, welche die in Rede stehenden Verhältnisse an der Pflanzenwelt eines begrenzten Gebietes eingehender auseinandersetzt. Hier, wo wir es mit der Vegetation der ganzen Erde zu thun haben, kann nur eine kurze Besprechung des Resultats jener Ursachen, also der jetzigen Verbreitung der Pflanzen gegeben werden.

Die natürlichen Florengebiete.

1. Die arktische Flora.

Das Gebiet derselben (wie der anderen Florengebiete) wird durch die beigegebenen Kärtchen Fig. 531 und 532 veranschaulicht.

Die bei weitem meisten Arten sind mit ihren unterirdischen Organen ausdauernd und zeichnen sich durch auffallend niedrigen Wuchs aus. Die Gründe für diese Erschei-

*) Ausführlicheres in: P. Ascherson, Pflanzengeographie (Leunis-Frank, Synopsis der Botanik. 1. Teil, 3. Aufl. 1883, p. 724—834).

nung liegen darin, dass eine einjährige Art, die doch erst die unterirdischen Organe ausbilden muss, von der Keimung des Samens bis zur Fruchtbildung meist mehr Zeit gebraucht als eine ausdauernde, bei welcher mit dem Beginn der Vegetations-Periode die unterirdischen Teile — oft schon mit den Anlagen für Blätter und Blüten — bereits da sind. Die arktischen Arten müssen in etwa drei Monaten zur Fruchtreife gelangen, wenn sie überhaupt Nachkommen erzeugen

Fig. 531. Pflanzengeographische Karte der östlichen Hemisphäre. (*St.* = Steppengebiet; *S.* = *Sah.* = Sahara).

sollen, da während der längsten Zeit im Jahre, etwa neun Monate hindurch, die Kälte und die Bedeckung des Erdbodens mit Schnee und Eis, welche höher gewachsene Pflanzen niederbrechen würde, das Pflanzenwachstum hemmen. Sie erzeugen daher nur eine kurze Spross-Unterlage und schreiten dann sofort zur Bildung der Blüten.

„Tundren“ sind weite mit Moos- resp. Flechten-Vegetation bedeckte Strecken der arktischen Flora.

Kulturpflanzen fehlen.

2. Das Waldgebiet des östlichen Kontinents.

Die Sommerwärme ist in diesem Gebiet mässig und es findet eine winterliche Unterbrechung der Vegetation statt. Die wässerigen Niederschläge sind in allen Jahreszeiten ausgiebig.

Wälder und Wiesen sind hier vornehmlich verbreitet. Im Norden und Osten des Gebietes herrschen Nadelhölzer vor, besonders Kiefern, Fichten und Lärchen, im Westen und Süden Laubhölzer, besonders Buchen und Eichen.

Fig. 532. Pflanzengeographische Karte der westlichen Hemisphäre. (*C.* = *Cisaeq. S. A.* = Cisaequatoriales Süd-Amerika.)

Die Hauptkulturpflanzen sind die Getreide-Arten, Kartoffel, Obstbäume und der Weinstock.

3. Das Mittelmeer-Gebiet.

Sommerwärme bedeutender und die Winter milde, sodass viele Arten das ganze Jahr hindurch vegetieren. Die Hauptniederschläge finden im Winter statt, während der im allgemeinen heisse Sommer trocken bleibt.

Eine solches Klima begünstigt das Auftreten immergrüner Laubhölzer, wie Lorbeer, Myrte, Oleander, Ölbaum und immergrüne Eichen.

Kulturpflanzen: Weinstock, Ölbaum, Orangen, Citronen, Feige, Granatapfel, Johannisbrot, Safran, Weizen, Mais.

4. Das Steppengebiet.

Heisser und trockener Sommer und strenger Winter charakterisieren dieses Gebiet, sodass sich die Vegetationsdauer fast ganz auf den Frühling beschränkt.

Das gemeinschaftliche Gepräge der Pflanzen zeichnet sich im allgemeinen durch ihren schlanken aber steifen Aufbau und durch die schmale, oft lineale, aufrechte und starre Gestalt der Blätter resp. Blattteile aus, welche bei dem Eintritt grösserer Trockenheit verhältnismässig widerstandsfähig sind, da sie durch ihre eigentümliche festere Bauart besonders gegen Verschrumpfung und vollständiges Austrocknen geschützt sind. Unter den echten Steppengewächsen sind im Gegensatz zu den arktischen mehr einjährige als ausdauernde Arten anzutreffen. Aber auch Stauden sind charakteristisch, unter diesen Rhabarber und Zwiebelgewächse, Dornsträucher (Astragalus-Arten) sind häufig. Von Steppengräsern ist besonders die Gattung Stipa zu nennen.

Kulturpflanzen wie in den beiden vorigen Gebieten, ferner namentlich Cucurbitaceen und die Dattelpalme.

5. Das chinesisch-japanische Gebiet.

Sommer warm bis heiss; Winter milde bis strenge. Die Niederschläge erfolgen regelmässig und im Frühsommer ungemein reichlich.

Flora gemischten Charakters: Pflanzen von dem Ansehen derjenigen gemässigter Klimate und solche, die denen des Mittelmeergebietes sowie der Tropen gleichen, wachsen nebeneinander. In Nord-China mit seinen strengen Wintern fehlen natürlich die tropischen Typen.

Kulturpflanzen: Theestrauch, Reis, Zuckerrohr, Weizen, die in diesem Gebiet einheimischen Orangen und Citronen, Cycas revoluta (Sago liefernd), Baumwolle, Indigopflanze, Kampferbaum, Papiermaulbeerbaum, weisser Maulbeerbaum.

6. Das indische Monsun-Gebiet.

Klima heiss und nass, aber zum Teil auch trocken.

Von den etwa 300 Palmen-Arten dieses Tropen-Gebietes (die Sunda-Inseln beherbergen ca. 200 Arten) sind etwa die Hälfte Lianen, d. h. kletternd. Bemerkenswert sind die immergrünen Tropenwaldungen und die „Djangle“ oder „Dschungel“, aus Bambusen oder dornigen Gehölzen gebildete undurchdringliche Dickichte. Savannen, d. h. Grasfluren mit hohen Gräsern, sind nicht selten. An den Küsten, wie in den ganzen Tropen finden sich Waldungen von Leuchter-

oder Mangrove-Bäumen, das sind hohe Holzgewächse, welche aus ihren Stengelteilen zahlreiche Wurzeln durch die Luft nach abwärts in das Wasser und den Boden entsenden, wodurch ein dichter Wurzelwald gebildet wird.

Nutzpflanzen (die meisten einheimisch) sind: Cocospalme, Sago-Palme, Bananen, Tarropflanze, Baumwolle, Banyanen (Ficus religiosa und indica), Sandelholzbäume (Santalum album, eine Santalacee und Pterocarpus santalinus, eine Papilionacee), Zimmet, Pfeffer, Ingwer, Kardamomen (Elettaria Cardamomum), Muskatnuss, Gewürz-Nelken, Zuckerrohr, Reis, Weizen, Gerste, Bambus, Gurken, Melonen, Kürbisse, Indigo, Guttapercha, Gummigutt, Curcuma, Papiermaulbeerbaum.

Die Kultur des Kaffeebaumes besonders auf den Sunda-Inseln, der Fieberrindenbäume (Cinchona), der Yamswurzel ist bedeutend.

7. Das Gebiet der Sahara.

Fast regenlos und heiss.

Grosse Strecken ohne jede Vegetation, andere mit nur spärlicher Flora. Die Pflanzen sind dornig-stachlig, dickfleischig, auch filzig oder drüsig bekleidet; Laubblätter oft sehr klein oder ganz abortiert. Der Wuchs der Arten ist meist rasenförmig.

Bemerkenswert ist die hier heimische Dattelpalme.

8. Sudan.

Im Westen vorwiegend heiss und nass, im Osten sowie Norden uud Süden heiss und trocken.

In den trockenen Distrikten im Innern sind die weit mehr als im Monsungebiet vorwiegenden Savannen mit 6—7 m hohen Gräsern besonders bemerkenswert, mit ihnen wechseln lichte Waldungen von oft dornigen, laubabwerfenden Bäumen ab. Charakteristisch für das ganze Gebiet sind die Bambuspalme (Raphia vinifera), der Affenbrotbaum oder Baobab (Adansonia digitata), der Elephantenbaum (eine Bignoniacee), der Butterbaum (Butyrospermum Parkii, eine Clusiacee), der Rotwasserbaum (Erythrophloeum guineense, eine Caesalpiniacee). Bemerkenswert sind ferner die Papierstaude (Cyperus Papyrus), baumförmige und fleischige Liliaceen, cactusähnliche Wolfsmilcharten, die Sycomore (Ficus Sycomorus), Musa Ensete, sowie (echte) Akazien.

Nutzpflanzen: Ölpalme (Elaëis guineensis), Boswellia, Balsamea.

Die Kulturpflanzen sind zum grossen Teile die gleichen wie die des Monsungebietes; aus dem Sudan stammen die Wassermelone, die Ricinuspflanze, der Kaffeebaum, Indigo u. s. w. Aus dem tropischen Amerika stammen die oft gebaute Erdnuss (Arachis), der spanische Pfeffer, die Batate, die Maniokpflanze.

9. Das Kalahari-Gebiet.

Trocken, nur spärlicher Tropenregen.

Bemerkenswert ist Welwitschia mirabilis (eine Gnetacee); Akazien, Dorngestrüppe, Savannen, lichte Wälder; Palmen fehlen. Kulturpflanzen sind dieselben wie die mitteleuropäischen, nur an wenigen Punkten Kaffee und andere tropische Arten.

10. Die Kapflora.

An der Küste warm mit Niederschlägen, im Inneren trocken.

Proteaceen, Heidekräuter, Pelargonium, Baumfarn, Cycadeen, strauchartige Compositen, Immortellen (Compositen); fleischige Arten: Aloë, Mesembrianthemum-Arten (Aïzoaceen), Crassulaceen, Euphorbien, Stapelien, Zwiebelgewächse, Orchideen.

Kulturpflanzen sind dieselben wie in Mittel- und Süd-Europa, besonders zu erwähnen ist unter diesen der Weinstock.

11. Australien.

Der Nordrand von Australien mit tropischem Klima, also heiss und nass, die beiden Südzipfel mit einem Klima wie das Mittelmeergebiet und zwischen dem Norden und Süden ein heisses, trockenes Gebiet vom Charakter der Wüste und Steppe.

Savannen, lichte Wälder namentlich von Eucalyptus und Gesträuchdickichte „scrubs“ wechseln miteinander ab. Ausserdem bemerkenswert Akazien mit Phyllodien, Proteaceen, „Grasbäume“ (Liliifloren), Zwiebelgewächse, Cycadeen und Immortellen, Baumfarn im Südosten u. s. w.

Kulturpflanzen: im Süden sind die europäischen, im Norden die tropischen eingeführt; jedoch tritt der Ackerbau wegen der Unregelmässigkeit des Wasserzuflusses hinter der Viehzucht weit zurück.

12. Das Waldgebiet des westlichen Kontinents.

In klimatischer Hinsicht entsprechend dem Waldgebiet des östlichen Kontinentes, nur im allgemeinen im Sommer wärmer und im Winter kälter wie in der alten Welt.

Im Norden vorwiegend Nadel-, im Süden Laubwälder (viele Quercus-Arten, Ulmus, Fraxinus, Acer, Juglandaceen, Magnolien), im südlichsten Teil immergrüne Laubhölzer untermischt mit tropischen Vertretern.

Kulturpflanzen: im Norden im ganzen wie in Europa, im Süden: Baumwolle, Reis, Zuckerrohr, Mais; einheimisch: Tabak.

13. Das Prairiegebiet.

Winter streng, Sommer heiss und trocken.

Prairien sind grosse, baumlose Strecken mit gleichmässiger Vegetation. Im Nordwesten Salzwüste mit Chenopodiaceen, im Nordosten Grassteppe. Im Süden Dorngebüsche, baumförmige Liliaceen, Agaven, Cactaceen, letztere sehr zahlreich.

14. Das kalifornische Küstengebiet.

Im ganzen Jahre eine mehr gleichmässige Temperatur mit regelmässigen Niederschlägen, dem Mittelmeergebiet entsprechend.

Coniferen (die Sequoia gigantea, Mammutbaum, von riesiger Grösse) und immergrüne Laubhölzer, Eichen, Linden, Eschen, Weiden und artenreiche sowie schöne Staudenflora.

Kulturpflanzen: Weinstock, Pfirsich, Feige u. s. w., Getreide.

15. Das mexikanische Gebiet.

Klima warm bis heiss und nass bis trocken.

Bei der Verschiedenartigkeit des Klimas und der topographischen Verhältnisse ist die Zusammensetzung der Vegetation an den verschiedenen Punkten sehr abweichend. In der Zone des Golfs finden sich immergrüne Laubhölzer, Farnbäume, Orchideen, Cycadeen. Nutzpflanzen: einheimisch die Ananas (eine Bromeliacee), die Vanille. Kultiviert werden viel Kaffee, Bananen, Zuckerrohr, auch andere Nutzpflanzen der Tropen. — Das Hochland zeichnet sich durch seine baumförmigen Liliaceen (namentlich Agaven), Fettpflanzen, Cactaceen, auch Nadel- und Eichen-Waldungen aus. Kultiviert werden Weinstock, Ölbaum, Maulbeere. — Die Zone am grossen Ocean besitzt an der Küste einen tropischen Wald mit Cocospalmen und Blauholz, auch Savannen.

16. Westindien.

Klima heiss und nass.

Früher bewaldet, unter anderem durch Mahagoni-Bäume; jetzt ist die Flora durch die Wirksamkeit des Menschen sehr verändert. Viele Farn.

Nutzpflanzen: Kaffee, Zuckerrohr u. s. w.

17. Das cisäquatoriale Südamerika.

Am Rande des Gebietes heiss und nass, im Zentrum heiss und trocken.

Dementsprechend immergrüne Wälder mit vielen Palmen (auch Elfenbeinnuss), Passifloren, Kuhbaum u. s. w. und andererseits Savannen („Llanos“) mit geringer Baumvegetation.

18. Die Hylaea (Gebiet des Amazonen-Stromes).

Gleichmässig heiss und nass im ganzen Jahre.

Urwald aus Laubhölzern, Palmen, Lianen.

Einheimische Nutzpflanzen: Bertholletia excelsa, Cacao und viele andere.

19. Das brasilianische Gebiet.

Im Osten heiss und nass, in der grösseren Westpartie heiss und trocken.

Dementsprechend einerseits Urwälder mit Palmen, Lianen, Brasilienholz zum Rotfärben (Caesalpinia-Arten), Maté-Thee u. s. w., andererseits Savannen („Campos“) mit Gräsern und Cactaceen, abwechselnd mit laubabwerfenden Wäldern („Catingas“). Im Süden grosse Wälder von Coniferen: Brasiltannen (Araucarien).

Besonders viel gebaut wird Kaffee.

20. Das Gebiet der tropischen Andes Südamerikas.

Zum grösseren westlichen Teile heiss und trocken, zum kleineren, östlich von den Cordilleren, heiss und nass.

Im Osten wird namentlich Kaffee und Zuckerrohr und die einheimische Kokapflanze (Erythroxylon Coca) kultiviert; weiter hinauf im Gebirge sind die Cinchonen charakteristisch, ferner Farnbäume, holzige Compositen u. s. w. Aus den trockenen Regionen stammt die Kartoffel und wohl auch die Bohne.

21. Das argentinische Pampas-Gebiet.

Im Ganzen heiss und trocken.

Im allgemeinen Grassteppen („Pampas“) mit nur spärlicher Verteilung von Holzgewächsen.

22. Das chilenische Übergangsgebiet.

Klima ähnlich dem des Mittelmeergebietes, aber mit längerer Periode der Dürre.

Dornige Sträucher, baumarm.

23. Das antarktische Waldgebiet.

Im kleineren nördlichen Teil mehr warm und im grösseren südlichen gemässigt, mit regelmässigen Niederschlägen.

Im Norden wie im ganzen Gebiet immergrüne Wälder, Lorbeer-, Myrten-, Bambus-Arten, Lianen, in der Mitte Buchen, ganz im Süden waldlose Moorflächen.

Kulturpflanzen dieselben wie in Mitteleuropa.

24. Die oceanischen Inseln. (Madagascar und die übrigen Inseln des indischen, stillen und atlantischen Oceans der warmen und tropischen Zone, mit Ausschluss der Inseln des Monsun-Gebietes).

Teils gemässigt, teils warm, teils heiss; trocken bis nass. Vegetation sehr verschiedenartig.

25. Die Oceane.

In den Weltmeeren sind besonders bemerkenswert das sogenannte Sargasso-Meer zwischen Nord-Amerika und Europa (vergl. Seite 135 und Fig. 532), sowie die „Tangwiesen“ (aus Fucaceen) der südlichen Erdhälfte.

Palaeontologie.*)

Im Folgenden soll von den sogenannten „vorweltlichen“ Pflanzen die Rede sein, d. h. von denjenigen, welche in früheren Zeitepochen die Erde bewohnten und jetzt ausgestorben sind. Hiermit ist schon verraten worden, dass das schöne, grüne Kleid, welches jetzt unsere Wälder, Wiesen und Felder ziert, nicht zu allen Zeiten dasselbe gewesen ist, sondern gewechselt hat, ebenso wie das Kleid des Menschen im Verlaufe seiner Entwickelung sich ändert. Ja, ebenso wie der Mensch einst ohne jegliche künstliche Bedeckung die Wälder durchstreifte, so nahm auch die Erde einst kahl und tot ihren Weg durch die Himmelsräume: keine Pflanze und kein Tier belebte ihre Einöden. Wir müssen dies annehmen, weil sich unter den Spuren, welche die sich abspielenden Vorgänge in jenen ältesten Zeiten hinterlassen haben, keine solche finden, die von lebenden Wesen herrühren. Erst später, als die Erde schon ungemessene Zeitepochen hinter sich hatte, begann sich auf derselben das Leben zu regen.

Erhaltungs- und Entstehungs-Weisen vorweltlicher Pflanzen-Reste und -Spuren.

Bevor wir jedoch auf die Betrachtung der vorweltlichen Pflanzen oder vielmehr ihrer uns überkommenen Reste und Spuren näher eingehen, wollen wir uns über die Art der Erhaltung und Entstehung der letzteren eine Anschauung verschaffen.

---

*) Für ein weiteres Studium empfiehlt sich:

1. H. Graf zu Solms-Laubach: Einleitung in die Paläophytologie vom botanischen Standpunkt aus bearbeitet. Leipzig 1887.

2. W. Ph. Schimper's und A. Schenk's Bearbeitungen der fossilen Pflanzen in Zittel's Handbuch der Palaeontologie. München 1879-1888.

Dickere Organteile, wie z. B. Hölzer, können in seltenen Fällen eine nur oberflächliche Umwandlung erlitten haben; meist jedoch ist mit den Pflanzenteilen eine vollständige Veränderung vor sich gegangen. Entweder sind dann die Gewächse verkohlt, d. h. sie haben bei ihrer Verwesung fast alle Stoffe mit Ausnahme der Kohle verloren, sodass die letztere als mehr oder minder festes „Gestein“, wie bei der Steinkohle, der Braunkohle und dem Torf, zurückbleibt; oder die Organe, namentlich dickere Teile — wie Stengel, Früchte u. dergl. — haben im Laufe der Zeiten eine vollständige Umwandlung erlitten. Bei diesen ist der ursprüngliche organische Stoff ganz verloren gegangen und durch eine kieselige oder andere mineralische Masse ersetzt worden, sodass wir echte Versteinerungen erhalten, die jedoch die organischen Formen oft getreu wiedergeben. Sehr wichtige uns hinterbliebene Spuren sind Abdrücke von Pflanzenteilen in eine ursprünglich weiche und knetbare, nach und nach steinfest gewordene sandige, thonige oder kalkige Schlammmasse, also ebenso entstanden wie die Abdrücke der Former und Giesser. Solche pflanzlichen Abdrücke wurden in den schlammigen Ablagerungen der Gewässer gebildet. Die z. B. im Herbst auf der Oberfläche eines Sees befindlichen abgeworfenen Blätter verbleiben zuerst schwimmend oben, saugen sich jedoch voll Wasser und sinken alsbald zu Boden. Sie werden hier mit den bereits am Boden befindlichen anderen Pflanzen-Bruchstücken von den durch einen Wasserzufluss herbeigeführten und abgesetzten schlammigen, erdigen Teilchen bedeckt, indem diese Schlammmassen sich allen Unebenheiten anschmiegend, ein getreues Abbild der Blätter liefern. Nach und nach erhärtet der Schlamm und wird zu festem Gestein, welches uns nun — wenn wir es zerschlagen — die schönsten Abdrücke und Modellierungen zeigt. Zur Entstehung dieser Dinge gehören aber, wie man sich denken kann, besondere, günstige Bedingungen, und da diese nur hier und da zusammentreffen, so ist ersichtlich, dass die Aufbewahrung der Organismen oder im letzten Falle der blossen Abdrücke ihrer Blätter oder sonstiger Teile in der beschriebenen Weise von Zufällen abhängig ist, und wir werden leicht begreifen, dass uns im Vergleich zum Vorhanden-Gewesenen nur ein ganz verschwindend kleiner Teil erhalten bleiben konnte.

Die geologischen Zeitepochen.

Wie man von vornherein sieht, ist es für die Geschichte der Entwickelung des organischen Lebens auf unserer Erde von grosser Wichtigkeit zu wissen, welche von den durch Ablagerungen des Meeres und der Gewässer überhaupt entstandenen Gesteinschichten der Erde, in denen die erwähnten Reste sich finden, die älteren und welche die jüngeren sind: kurz, das relative Alter derselben richtig zu beurteilen. Da nun die jüngeren Ablagerungen, wenigstens dort, wo keine vollständigen, nachträglichen Umwälzungen (Verwerfungen)

(Zu Seite 292)

Zeitalter	Formation	Abteilungen	Epoche der Pflanzen
4. Zeitalter: Die Neuzeit. (Kaenolitische Formationen.)	Aufgeschwemmtes Gebirge oder Quartärformation.	Alluvium Diluvium. (Eiszeit).	Epoche der zweikeimblättrigen Pflanzen (Dicotyledonen). — Epoche der bedecktsamigen Pflanzen. (Angiospermen.)
	Braunkohlengebirge oder Tertiärformation.	Eogen: Pliocön. Miocän. Neogen: Oligocän. Eocän.	
3. Zeitalter: Das Mittelalter. (Mesolithische Formationen.)	Quadersandsteingebirge oder Kreideformation.	Senon. Turon. Cenoman.	
		Gault. Neocom. Wealden.	
	Oolithengebirge oder Juraformation.	Weisser Jura (Malm). Brauner „ (Dogger).	
		Schwarzer Jura (Lias).	Epoche der nacktsamigen Pflanzen. (Gymnospermen.)
	Salzgebirge oder Triasformation.	Rhät. Keuper. Muschelkalk. Buntsandstein.	
2. Zeitalter: Das Altertum. (Palaeolithische Formationen.)	Perm- oder Dyasformation.	Zechstein. Rotliegendes.	
	Steinkohlengebirge oder Carbonische Form.	Produktive Steinkohlenformation. Untere Steinkohlenformation (Kulm, Kohlenkalk).	
	Oberes Grauwackengebirge oder Devonische Form.	Oberdevon. Mitteldevon. Unterdevon.	Epoche der verborgenehigen Pflanzen. (Kryptogamen.)
	UnteresGrauwackengebirge oder Silurische Form. Cambrium.	Obersilur. Untersilur.	
1. Zeitalter: Die Urzeit. (Archaeolithische Formationen.)	Urschiefergebirge oder Huronische Form.	Thonschieferformation. Glimmerschieferformation.	
	Urgneisgebirge oder Laurentische Form.	Gneisformation.	

stattgefunden haben, natürlich die älteren überlagern, also die oberen Schichten immer jünger sein müssen als die darunter befindlichen, so ist die Entscheidung hinsichtlich ihres Alters leicht zu treffen, und wir können somit — mit den ältesten Gesteinen beginnend, indem wir die pflanzlichen Reste und Abdrücke in denselben einer sorgfältigen Betrachtung unterziehen — die ehemalige Gestaltung der nunmehr verschwundenen und von anderen Arten verdrängten Pflanzendecke in ihrer Entwickelung von Anbeginn bis jetzt in unserer Phantasie wieder erstehen lassen.

Die Geologen teilen die verschiedenen Zeitepochen nach den während derselben in der angedeuteten Weise entstandenen Gesteinsablagerungen ein, und in der Übersicht auf Seite 291 nennen wir die aufeinanderfolgenden geologischen Zeiten resp. Schichten (Formationen) mit ihren wissenschaftlichen Namen in ihrem Verhältnis zum Pflanzenreich. Wir beginnen mit den jüngeren Formationen, um ein der Natur entsprechendes Bild zu geben, in welcher ja auch — abgesehen also von etwaigen nachträglichen Verwerfungen — die jüngeren Schichten die oberen, die älteren die unteren sind.

Die Pflanzenwelt von der Urzeit bis zur Braunkohlenzeit.

Wenn wir nun, mit den ältesten Gesteinen beginnend zu den jüngeren aufsteigend, dieselben noch so fleissig durchsuchen, so ist es doch unmöglich festzusetzen, wo denn nun das pflanzliche und organische Leben überhaupt beginnt. Die Morgenröte desselben ist für uns in tiefstes Dunkel gehüllt: wir wissen nicht, wann und wie es entstand. Vielleicht sind der Diamant, welcher krystallisierte Kohle ist, und der zu Bleistiften verwendete Graphit (Reissblei), aus Krystallschüppchen von Kohle bestehend, vielleicht sind diese beiden Mineralien, das letztere sogar sehr wahrscheinlich, Reste der ersten organischen Wesen. Beide finden sich schon in Gesteinen der Urzeit, die sonst noch keine Spuren eines Lebewesens aufweisen.

Erst in den Gesteinen aus späteren Zeiten finden sich spärliche, zufällig erhaltene und obendrein recht kümmerliche Spuren von einfach gebauten Wasserpflanzen, von Meeres-Tang, Algen, während Reste von Landpflanzen noch nicht gefunden worden sind.

Also die ersten Gewächse, die bei uns und überhaupt lebten, waren niedere Wasserpflanzen, während Landpflanzen erst vom Obersilur ab auftreten. Diese ersten und auch noch die in späteren Epochen erscheinenden Gewächse waren jedoch von denjenigen, welche jetzt bei uns leben, durchaus verschieden. Bevor wir es aber versuchen, uns ein allgemeines Bild der Landflora namentlich zur Steinkohlenzeit zu machen, wollen wir bei dem grossen Interesse, welches die Steinkohlen für uns besitzen, einiges über die Entstehung dieses wichtigen Gesteins vorausschicken.

„Versetzen wir uns im Geiste — sagt de Saporta — in diese entfernte Vergangenheit (nämlich in die Steinkohlenzeit), so sehen wir von beweglichem, wasserdurchtränktem Boden gebildete Uferniederungen, die kaum erhaben genug sind, um den Meereswellen den Zugang zu den inneren Lagunen zu verwehren, über welche sanfte, von dicken Nebeln häufig verschleierte Hügel hervorragen, die sich in weiter Ferne verlieren und einen ruhigen Wasserspiegel von unbestimmter Begrenzung mit einem dichten Grün umgürten. Das war die Wiege der Steinkohlen; tausende von klaren, durch unaufhörliche Regengüsse gespeiste Bäche flossen von allen benachbarten Gehängen und Thälern diesen Becken zu. Die Vegetation hatte damals auf weitem Umkreise alles überdeckt; wie ein undurchdringlicher Vorhang drang sie weit in das Innere des Landes vor und behauptete auch den überschwemmten Boden in der Nähe der Lagunen“. Von der Gewaltigkeit der damaligen häufigen wässerigen Niederschläge können wir uns kaum eine Vorstellung machen: die stärksten Wolkenbrüche in den Tropen erreichen dieselben nicht im Entferntesten.

Es ist daher erklärlich, dass unter solchen besonderen Bedingungen bei der grossen Fülle pflanzlichen Materials das Wasser Trümmer von Stämmen, Stengeln, Blättern, Früchten u. dergl. ohne weitgehende Vermischung mit Gesteinsteilchen des Erdbodens in bedeutenden Ansammlungen zusammenzuschwemmen vermochte, aus welchem dann also eine verhältnismässig reine Steinkohle hervorgehen konnte. Vieles deutet darauf hin, dass ein solcher Transport meist nicht weit vom Ursprungsorte der Pflanzen weg stattgefunden haben kann; ja am häufigsten treten die Steinkohlen in einer Weise zwischen dem übrigen Gestein auf, welche die Erklärung erfordert, dass die Steinkohle nur an der Stelle sich gebildet haben kann, wo auch das pflanzliche Material zu derselben gewachsen ist. Denn gewöhnlich erstrecken sich die Steinkohlenlager viele, in Amerika sogar hunderte von Quadratmeilen weit in verhältnismässig reiner Beschaffenheit, ihre Unterlagen enthalten meist Wurzeln in einem Material, welches man versteinerten Humus nennen möchte, während sich die oberen Teile der baumförmigen Pflanzen — wie z. B. Blätter — vorzugsweise in den das Lager bedeckenden Schichten zeigen, und endlich findet man aufrechtstehende Stämme.

Die Steinkohle tritt keineswegs an den Orten, wo sie sich findet, in nur einem Lager auf, sondern es wiederholen sich übereinander die Schichten (Flötze) in verschiedener Dicke (Mächtigkeit), indem Schichten von Sandstein und Schieferthon mit ihnen abwechseln. Diese eigentümliche Erscheinung deutet offenbar auf mehrmalige Hebungen und Senkungen der betreffenden Strecken zur Zeit der Bildung der Steinkohlenformation, welche eine ebenso oftmalige Wiederkehr gleicher Existenz-Bedingungen zur Folge gehabt hätten. Nach jeder Senkung bis unter das Niveau des Gewässers wäre dann die Vegetation von später erhärteten Schlamm- und Sandmassen bedeckt worden.

Betrachten wir nun mit geistigem Auge die Flora der in Rede stehenden Formation, so wird uns das Fehlen eines jeglichen Blumenschmuckes am meisten auffallen. Die Organe, welche inbezug auf ihre Lebensthätigkeit mit den Blüten vergleichbar sind, waren wegen ihrer Kleinheit sehr unscheinbar, um so mehr, als ihnen wahrscheinlich auch jede Farbenpracht fehlte. Die äusseren Gestalten dieser längst ausgestorbenen Gewächse erscheinen uns, verglichen mit denen, die wir zu sehen gewohnt sind, abenteuerlich und fremd; sie machen im ganzen einen düsteren Eindruck auf uns. Die vorherrschenden Arten, wie die Calamarien (z. B. die Gattung Calamites) und Lepidophyten (z. B. Lepidodendron, Sigillaria), hatten eine grosse Ähnlichkeit, erstere mit unseren Schachtelhalmen, letztere mit den Bärlappen, nur müssen wir uns — abgesehen von sonstigen Abweichungen — dieselben in Baumform vorstellen. Farnkräuter in vielen Arten waren häufig, und auch diese zeichneten sich durch besondere Grösse aus. Bei den genannten Gewächsen wird der Befruchtungsakt durch Vermittelung des Wassers vollzogen. Es finden sich während der Steinkohlenzeit zwar auch schon einige Windblütler aus der Abteilung der Gymnospermen, aber zahlreicher treten diese erst später, nämlich in der Dyas, hinzu. Die Hauptentwicklung der Gymnospermen reicht bis zur unteren Kreide. Dicotyledonen, und zwar unter diesen zunächst vorherrschend ebenfalls Windblütler und erst später Insektenblütler, finden sich erst vom Cenoman, also von der mittleren Kreidezeit, ab.

Wie uns die erhaltenen Überbleibsel und Abdrücke der Pflanzen lehren, herrschte von der Steinkohlen- bis zur mittleren Kreidezeit auf der ganzen Erdoberfläche von den Polen bis zum Äquator ein gleichmässiges und zwar tropisches Klima, wir finden daher während dieses gewaltig langen Zeitraumes auf dem ganzen Erdball eine Pflanzenwelt von dem Charakter derjenigen, wie sie heute nur noch unsere heissesten Erdstriche bevölkert. Allmählich begannen sich die Erdpole abzukühlen und die Pflanzen zogen sich nach Maassgabe der Wärmeabnahme nach und nach gegen den Äquator zurück. Aber noch zur Braunkohlenzeit, während welcher klimatische Verschiedenheiten anfingen sich bemerklicher zu machen, zeigte z. B. Deutschland doch immer noch fast halbtropisches Klima und die Gewächse besassen daher noch immer mehr oder minder ein entsprechendes tropisches Gepräge. Die Braunkohlen sind Reste jener Flora, und der Bernstein, welcher besonders im Samlande in Ostpreussen gewonnen wird, ist das damals von einer ausgestorbenen Fichtenart, der *Picea succinifera* Conwentz, reichlich ausgeschwitzte, erhärtete Harz. Während nun die Arten, welche früher lebten, die mit der Erde vorgegangenen Wandlungen nicht zu überdauern vermochten und wohl alle vom Erdboden verschwunden sind, sodass sie uns — wie wir gesehen haben — nur durch kümmerlich erhaltene Reste bekannt geworden sind, helfen vielleicht manche Arten der Braunkohlenzeit noch heute die Erde beleben. Wir rücken eben unserer Jetztzeit näher, und in ihrem äusseren Ansehen erscheinen uns auch die in dieser Epoche vorhandenen Arten nicht mehr so fremd, indem sie schon oft auffallend an jetzt lebende Gewächse erinnern.

Wir wollen im Folgenden eine gedrängte Übersicht des Systemes der fossilen Pflanzen, geben, mit besonderer Berücksichtigung der von den jetzt lebenden Pflanzen in ihrem Baue verschiedenen Hauptformen.

Thallophyta.

Thallophyten, namentlich Algen kommen vom Cambrium (Phycoden-Sandstein) an in allen Formationen vor.

Bryophyta.

Moosartige Gewächse sind sicher nur aus den kaenolitischen Formationen bekannt, wenn auch moosähnliche Reste schon aus der Steinkohlenformation beschrieben worden sind.

Pteridophyta.

Pteridophyten sind namentlich in der Steinkohlenformation ungemein häufig. Wir heben hervor:

Equisetinae und ihnen ähnliche Gewächse.

Equisetaceen sind in zum Teil hoch- und dickstämmigen Arten besonders in der Trias entwickelt. — Sie besitzen Scheiden aus vereinigt aufgewachsenen Blättern wie die noch jetzt lebenden Arten, denen die vorweltlichen Equiseten auch in anderen Beziehungen durchaus anzureihen sind.

Calamarien, Fig. 533, besonders in der ganzen Steinkohlenformation am reichlichsten in den obersten Schichten in sehr zahlreichen Resten vertreten, sind baumförmige Equisetinen, deren Stämme (Calamiten), wenn solche die anatomische Struktur erhalten zeigen (dann Calamodendron genannt) sekundäres Holz ohne Jahrringbildung aufweisen: sie besassen also ein nachträgliches Dickenwachstum. Die Blätter sind nicht zu Scheiden verwachsen, sondern frei und von linealer Form. Ährenförmige Sporangienstände von mannichfaltigstem Baue sind vielfach gefunden worden; in einigen Fällen konnten im unteren Teil des Sporangienstandes Macro-, im oberen Micro-Sporangien sicher nachgewiesen werden. Zu den Calamarien gehören 1. die Annularien, welche Zweige vorstellen, deren quirlig stehende längliche Blätter am Grunde kragenförmig verbunden sind, und 2. die Asterophylliten, deren ebenfalls quirlige, lang-lineale Blätter frei sind. Beide kommen gelegentlich als Laubzweige in Zusammenhang mit Calamiten vor.

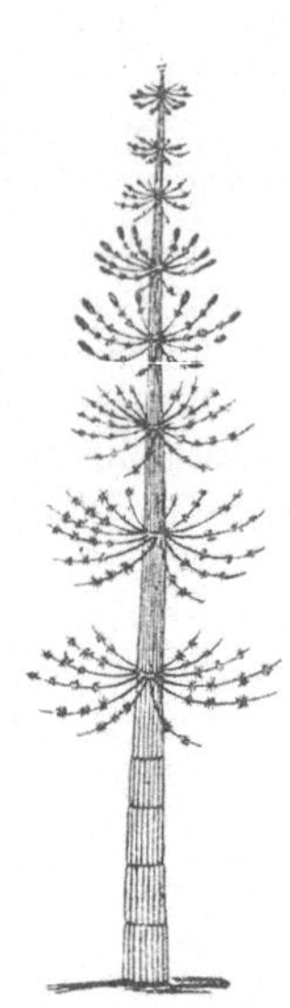

Fig. 533. Eine restaurierte Calamarie. An den Spitzen der oberen Zweigquirle sitzen Sporenstände.

Lycopodinen-ähnliche Gewächse.

Lepidodendreen, Fig. 534, sind vornehmlich wieder in der Steinkohlenformation, und zwar ganz besonders in den unteren und mittleren Schichten derselben sehr häufig; aber noch im Rotliegenden einerseits und Unterdevon andererseits wurden spärliche Reste gefunden. — Die Lepidodendreen sind gabelig sich verzweigende Bäume, deren Stamm-Oberfläche in auffallender Weise in Schrägzeilen gestellte „Polster“ zeigt, von denen jedes eine Blattnarbe trägt. Die Formen der Polster und Blattnarben, die uns meist allein als Abdrücke erhalten sind, geben die Merkmale für die „Arten“ ab. Die Blätter sind meist einfach und von länglich-lanzettlicher Gestalt. Nicht selten finden sich an den Enden jüngerer, noch beblätterter Zweige, oft grosse tannenzapfenartige Sporangienstände (Lepidostroben): einfache Achsen mit dicht gedrängt stehenden Blättern (Lepidophyllen) an derem Grunde je ein Sporangium sitzt. Man kennt Macro- und Microsporen. — Die Stämme besitzen ein centrales von einer mächtigen parenchymatischen Rinde umgebenes Leitbündel. Sie wachsen nachträglich in die Dicke und zwar sind es Zellteilungen eines dem Phellogen entsprechenden Gewebes der Rinde, welche die Dickenzunahme ganz oder vorzugsweise bedingen; jedoch wird in manchen Fällen auch ein aus einem Cambiumring hervorgegangener zuweilen beträchtlicher Secundärholzkörper ohne Jahresringe beobachtet.

Auch die *Sigillarien*, Fig. 535, haben ihre reichste Entwickelung in der Steinkohlenformation, sind jedoch in den untersten Schichten derselben noch sehr selten und in den mittleren am häufigsten. Auch im Rotliegenden finden sich Sigillarien; eine Art ist aus dem oberen Bundsandstein bekannt geworden. — Die Sigillarien sind einfach- — seltener gabelig- — stämmige Bäume mit charakteristischen Blattnarben auf der Stammoberfläche, die bei den typischen

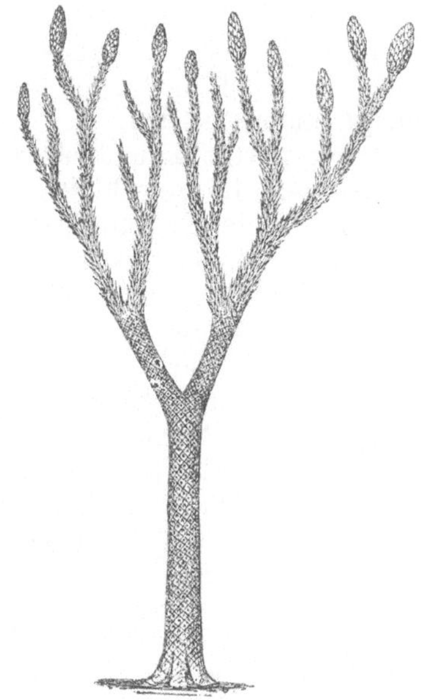

Fig. 534. Eine restaurierte Lepidodendree.

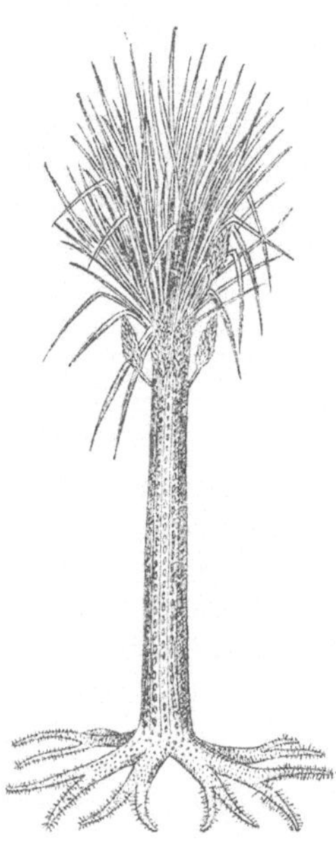

Fig. 535. Eine restaurierte Sigillarie mit Stigmaria-Wurzel.

Arten deutliche Längsreihen bilden; bei vielen sind auch Polster vorhanden. Die Oberflächenbeschaffenheit nähert sich bei manchen Arten ungemein derjenigen der Lepidodendren. Da auch hier meist nur Abdrücke der Stamm-Oberflächen vorliegen, so ist man auf die Verwertung der Unterschiede derselben für die — selbstredend hierdurch ganz künstliche — Systematik dieser Gewächse angewiesen. Die nur sehr selten noch dem Stamm anhaftend aber oft abgefallen sich findende Blätter sind lang-lineal. Ährenförmige Sporangienträger. die bisher allerdings noch nicht in Zusammenhang mit Sigillarien gefunden worden sind, hinterlassen an ihren Ansatzstellen auf den Stämmen besondere

Narben zwischen den Blattnarben. — Im Centrum des Stammes erblicken wir ein Markparenchym umgeben von Primärholz, dessen Protoxylem aussen liegt. Aus einem Cambiumring hervorgegangenes sekundäres Holz ohne Jahresringe und eine starke Rinde kommen hinzu.

Stigmarien, Fig. 535, sind die Wurzeln der Sigillarien aber wohl auch der Lepidodendren. Ihre Oberfläche ist in etwa gleichen Abständen mit kreisförmigen Narben besetzt, in denen ein stark markierter Mittelpunkt hervortritt; den Narben sitzen oftmals noch Anhänge von gestreckter Gestalt an, welche die Nahrung aus dem sumpfigen Boden aufgenommen haben. Die dichotom verzweigten Hauptkörper der Stigmarien besitzen ein starkes Mark und eine dicke Rinde und zwischen beiden einen aus einem Verdickungsring hervorgegangenen Holzcylinder. Die Stigmarien sind wiederholt in Verbindung namentlich mit Sigillaria-Stämmen gefunden worden.

Die *Sphenophyllen*, namentlich in der mittleren und oberen Steinkohlenformation häufig, werden ebenfalls gewöhnlich zu den Lycopodinen gestellt, obwohl sie viele Besonderheiten aufweisen. Sie stellen dünne Stengel dar, deren Knoten Quirle von 6, 12, 18 oder 24 Blättern tragen. Die Blätter sind mehr oder minder keilförmig, vorn stumpf, gezähnelt, gekerbt oder gabelig eingeschnitten und von sich wiederholt gabelnden Nerven durchzogen. — Ährenförmige Sporangienträger sind bekannt. — Im Centrum des dickrindigen Stengels verläuft ein auf dem Querschnitt dreieckiges Leitbündel mit drei Protoxylemsträngen, welches ähnlich wie die nachträglich in die Dicke wachsenden Wurzeln Sekundär-Holz erhält.

Filicinae.

Echte *Farne, Filices*, sind namentlich wieder aus der Steinkohlenformation in grosser Arten-Zahl bekannt; am allerhäufigsten finden sie sich in der oberen Abteilung wie die Calamarien. Auch im Devon bis zum Neogen kommen Reste vor. Die bisher gefundenen Blattstücke mit Sori haben sich in den überwiegenden Fällen als den Marattiaceen zugehörig erwiesen, jedoch genügen die Funde noch lange nicht, um die Systematik der vorweltlichen Farne danach zu gestalten. Da uns die meisten nur in sterilen Blattstücken erhalten sind, muss sich die Unterscheidung der Arten bis auf Weiteres auf die Form der Fiederchen und auf deren Nervatur stützen; eine „natürliche" Gruppierung ist eben zur Zeit unmöglich. Manche Arten bieten die eigentümliche Erscheinung, dass ihre Blätter ausser den Haupt-Fiederchen noch am Blattstiel resp. an der Hauptrippe oder am Grunde der Rippen zweiter Ordnung ihrer Gestaltung nach durchaus von den übrigen abweichende (z. B. unregelmässig zerschlitzte) Fiedern tragen, die man Aphlebien nennt.

Gymnospermae.

Cycadaceen sind in der mesolithischen Formationsreihe ganz besonders im Jura verbreitet, kommen aber auch in der palaeolithischen Periode, besonders im Perm und Carbon vor.

Cordaïten, Fig. 536, zeigen viele Beziehungen einerseits zu den Cycadaceen anderseits zu den Coniferen, spezieller zu den Taxeen; ihre Reste finden sich vom Devon bis zum Rotliegenden, in besonders grosser Menge in den oberen Schichten der Steinkohlenformation. — Die Cordaïten waren schlanke, unregelmässig verzweigte Bäume, die am Gipfel der Äste lang-bandförmige auch verkehrt-eiförmig bis länglich-elliptische und parallel-nervige Blätter trugen, die beim Abfallen längliche, querverlaufende Narben zurückliessen. Eigentümliches bietet die Anatomie der Blattleitbündel, deren Xylem aus zwei Teilen besteht, von denen der eine sich vom Protoxylem aus nach dem Bast zu „centrifugal", der andere vom Protoxylem aus nach der entgegengesetzten Richtung hin („centripetal") entwickelt; denselben Bau finden wir in den Blättern der Cycadeen. Die Anatomie der Stämme zeigt ein grosses, zuweilen verkieselt oder als Steinkern — mit querverlaufenden ringförmigen Furchen, welche queren, festeren Gewebe-Lamellen (Diaphragmen) entsprechen — vorkommendes und dann Artisia genanntes Mark, welches von einem in die Dicke wachsenden Holzcylinder ohne Jahrringbildung von Coniferen-Holz-Struktur (Araucarioxylon, ein Sammelname, der fossile Hölzer von Araucarieen-Holz-Struktur bezeichnet) umgeben wird. Die Rinde ist dick. Auch die getrennt-geschlechtigen Blüten weisen in ihrem Bau auf die Gymnospermen.

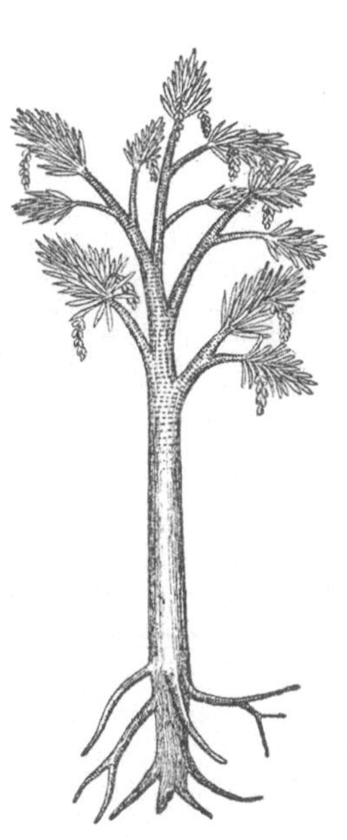

Fig. 536. Ein restaurierter Cordaït.

Coniferen kommen vom Culm ab in allen Formationen vor. Verkieselte Hölzer besonders von Araucarieen-Holz-Struktur (Araucarioxylon) finden sich nicht selten namentlich in der Steinkohlenformation und in der Dyas; wenngleich ein Teil derselben zu den Cordaïten gehört, so sind doch gewiss auch echte Coniferen-Hölzer dabei. Manche der letzteren besitzen ein grosses Mark, das man zuweilen als Steinkerne oder verkieselte Stücke, die man bei besonderer Oberflächenbeschaffenheit (langgezogene rhombische, durch Furchen getrennte Felder, deren untere Hälfte durch einen Schlitz zweigeteilt ist, Fig. 537), welche dem Verlauf der Primärbündel entspricht, als Tylodendron beschrieben hat. Bemerkenswert ist, dass die fossilen Coniferen-Hölzer der ältesten und älteren Formationen oftmals — wie schon mehrfach angedeutet die Sekundär-Holz-Körper der Pflanzen, die mit ihnen zusammenlebten, überhaupt — keine Jahrringbildung zeigen. Diese Thatsache weist auf ein tropisches Klima in jenen Zeiten hin.

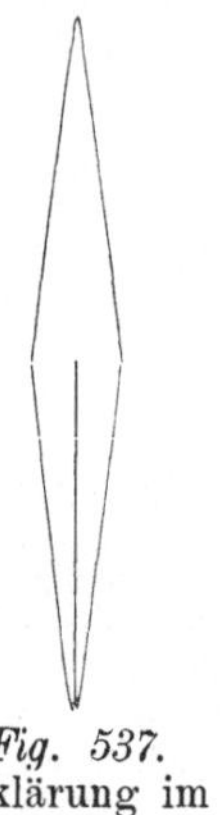

Fig. 537. Erklärung im Text.

Angiospermae

Monocotyledonen. Erst von der jüngeren Kreide ab treten Monocotyledonen-Reste auf; die aus älteren Formationen als zu dieser Klasse gehörig beschriebenen Reste sind ihrer systematischen Stellung nach zweifelhaft.

Dicotyledonen. Auch Dicotyledonen finden sich erst von der jüngeren Kreide ab, dem Cenoman; alle aus älteren Formationen angeführten Reste sind von zweifelhafter Verwandschaft.

Pflanzenkrankheiten.*)

Die Krankheiten, abnormen Zustände, der Pflanzen können verschiedene Ursachen haben. Diese liegen hauptsächlich 1. in mechanischen Beschädigungen: Verwundungen, 2. in Einflüssen des umgebenden Mediums z. B. der Luft, des Erdbodens (bei schädlicher Zusammensetzung), des Lichtes, der Temperatur und ferner 3. in Einflüssen der organischen Welt, seien es der Pflanzen oder der Tiere.

I. Verwundungen und ihre Folgen.

Verwundungen des Wurzelwerkes einer Pflanze — etwa durch Annagen seitens der Tiere oder Umsetzens (Umtopfens) seitens der Menschen — haben ein mehr oder minder starkes Welkwerden resp. Vertrocknen der oberirdischen Organe zur Folge, weil die Wasserzufuhr eine ungenügende oder ganz unterbrochene wird. Beim Umsetzen werden unvermeidlich die Wurzelhaare zerstört, die sich erst wieder neu bilden müssen, bevor die Pflanze ihren normalen Zustand erhält.

An den angefressenen oder sonst wie beschädigten Stellen der Wurzeln, Knollen (z. B. Kartoffelknollen) und überhaupt vieler parenchymatischer, fleischiger Pflanzenteile bildet sich durch gleichsinnige Teilungen der freigelegten Zellen ein neues schützendes Kork-Hautgewebe: W u n d k o r k.

Stauden können ihre oberirdischen Sprosse vollständig z. B. infolge des Abweidens oder Abmähens verlieren, ohne hierdurch getötet zu werden. Die zurückgebliebenen Teile bilden neue Knospen, welche die verlorenen Organe ersetzen. Auch manche einjährige Arten besitzen diese Fähigkeit.

Gehen durch Frost, „verbeissen“ durch das Wild, Insektenfrass oder auch künstliches Abschneiden (bei „Form-

*) Zu empfehlen: A. B. F r a n k. Die Krankheiten der Pflanzen. Breslau 1880.

sträuchern und -Bäumen“) Hauptknospen oder junge Zweige von Holzgewächsen zu Grunde, so entstehen unterhalb der Wunde aus „schlafenden Knospen“, die sonst in Ruhe verblieben wären, Ersatzsprosse, die bei wiederholten Angriffen auf die Pflanze so zahlreich entstehen können, dass schliesslich besenförmige Verzweigungen zu stande kommen.

Ein Verlust älterer Zweige kann statthaben durch Sturm, Schneebruch, Blitzschlag; auch hier wird oft Ersatz durch Austreiben neuer Sprosse unterhalb der geschädigten Stelle geschaffen, jedoch durch Adventiv-Knospen, welche endogen, aus beliebigen Stellen des Cambiumringes ihren Ursprung nehmen, indem die Zellen zunächst einen meristematischen Hügel erzeugen, aus welchem der durch die überdeckenden Gewebe dringende neue Spross hervorgeht.

Bei manchen Holzpflanzen werden an den Wundstellen, zur Verstopfung derselben, Stoffe ausgeschieden, welche namentlich die Hydroïden anfüllen. Namentlich bei den Nadelhölzern tritt im ganzen Holz der Wundstelle Harzbildung ein: es wird zu Kienholz. (Vergl. auch Seite 82). Das Holz jeder Pflanze überhaupt nimmt, wenn es verletzt wird, an der Wundstelle bald eine dunklere Färbung an, ähnlich wie bei der Umwandlung in Kernholz (vergl. Seite 74). Diese Wandlung beruht in einer Gummi-Bildung in den Hohlräumen der Holzzellen — besonders auffallend bei Kirschen und Pflaumen — zum Verschluss der entstandenen Öffnungen. — Ein weiteres Mittel dasselbe zu erreichen, besteht in der Verstopfung der geöffneten Hydroïden durch Ausstülpungen, Thyllen, der benachbarten Holzparenchymzellen, welche in die Hydroïden hineinwachsen.

Geht der Hauptstamm bis auf den Grund verloren, so tritt bei Nadelhölzern, die keine Adventivknospen zu bilden vermögen, der Tod ein, während bei den Laubhölzern meist viele kräftige, adventive Sprosse: Stockausschläge, Wurzelausschläge, gebildet werden.

Verletzungen der Rinde der Stämme und Zweige können hervorgerufen werden durch Anfressen („Schälen“ der Hirsche an Nadelbäumen), Annagen (seitens der Eichhörnchen und ähnlicher Tiere), Quetschungen bei starkem Hagelschlag, seitens des Menschen durch Einschneiden u. dergl. zur Gewinnung des Harzes (Terpentins) aus Nadelbäumen. Auch Insektenschäden sind zu erwähnen, namentlich der Borkenkäferfrass. Der Borkenkäfer bewohnt Gänge in den weichen Teilen der Rinde, die er und seine Larve hineinfrisst. Die Rinde stirbt und fällt zuletzt ab, und auch der ganze Baum kann schliesslich durch Austrocknen an „Wurmtrocknis“ zu Grunde gehen.

Die Heilung der ersterwähnten Verwundungen — falls diese nicht gar zu einschneidend waren und also den Tod im

Gefolge haben — findet durch „Überwallung“ statt, wenn die Wunde bis zum Cambium reicht, sodass letzteres an der Wundfläche vertrocknet oder bei der Verwundung mit verloren gegangen ist. Der aus dem Cambium am Rande der Wunde hervorgehende Überwallungswulst besteht aus Holz, Cambium und Rinde, welche durch allmähliches Entgegenwachsen von den gegenüberliegenden Stellen aus schliesslich die Blösse bedecken. Ein nachträgliches Zusammenwachsen des neu gebildeten Holzes mit dem alten findet an der beschädigt gewesenen Stelle nicht statt.

Übrigens verläuft der Heilungsprozess nicht immer so normal wie bisher geschildert; gelingt es der Pflanze nicht, die Wunde schnell genug vor den schädlichen direkten Einflüssen der Luft und des Wassers zu schützen, so tritt im Holz ein Zersetzungsprozess, die Fäule, ein, wodurch das Holz schliesslich bröcklich und pulverig zerfällt.

Was den Verlust aller Blätter z. B. durch Insektenfrass anbetrifft, so ist dieser bei Kräutern meist gleichbedeutend mit dem Verlust der blattragenden Sprosse. Es ist klar, dass je grösser der Blattverlust ist, um so geringer auch die Produktion von Kohlehydraten sein muss, somit die Ernährung, also der Ertrag an Früchten, Knollen u. s. w. beeinträchtigt wird.

Bei Holzgewächsen ist eine vollständige Entlaubung meist nicht tötlich; dieselben erzeugen aus den stehengebliebenen Achselknospen der Blätter im nächsten Jahre oder auch schon im Verlustjahre selbst neue Sprosse. Geschieht das letztere, so spricht man von einer proleptischen Entwickelung.

2. Einflüsse des Lichts, der Temperatur und des umgebenden Mediums.

a) Nicht nur für den Assimilationsprozess ist Licht unentbehrlich (Seite 87), sondern auch zum Ergrünen der Chlorophyllkörner; die Pflanzen vermögen sich daher bei unzureichendem Licht nicht zu ernähren: sie haben ein bleiches Ansehen, die Blätter bleiben auffallend klein und die Stengel nehmen eine ungewöhnliche Länge an. (Vergl. Seite 94). Es ist klar, dass die Pflanzen bei dauerndem Lichtmangel zu grunde gehen müssen.

b) Dass eine ausnahmsweise hohe Temperatur in Verbindung mit Trockenheit zum Verwelken bringt, ist selbstverständlich. Über Gefrieren und Erfrieren ist auf Seite 94 nachzulesen.

c) Über die Einwirkung des umgebenden Mediums ist nicht viel zu sagen, denn es ist selbstverständlich, dass die Luft (Seite 87 und 92) und der Erdboden (Seite 86) eine bestimmte chemische Zusammensetzung haben müssen, letzterer auch eine bestimmte physikalische Beschaffenheit, wenn die Pflanzen lebenskräftig bleiben sollen. Fehlen den Pflanzen z. B. Eisenbestandteile im Boden, so erscheinen sie bleich und sterben unter Gelb- oder Bleichsucht ab.

3. Durch Schmarotzer erzeugte Krankheiten.

a) Als Pflanzen-Parasiten sind z. B. zu nennen Viscum, Cuscuta-Arten, Orobanchen (Seite 87–89) und vor allen Dingen viele Pilze, namentlich aus den Reihen Ustilagineen Fig. 538, Aecidiomyceten und Ascomyceten; auch Myxomyceten und Peronosporaceen stellen ein Kontingent dieser Feinde. Näheres ergiebt sich aus dem Studium der bezüglichen Abteilungen Seite 137—147; dort sind die wichtigsten Krankheiten wie Rost, Brand u. s. w. ausführlicher berücksichtigt. Über die Schädlichkeit der parasitären Krankheiten ist weiter kein Wort zu verlieren.

Fig. 538. Ustilago carbo auf dem Blütenstand des Hafers.

b) Die schädlichen Eingriffe der Tiere durch Befriedigung ihres Hungers wurden bereits mehrfach hervorgehoben, hier erübrigt noch die Besprechung der auf den Pflanzen parasitisch-lebenden Tiere. Diese saugen oft die Pflanzenorgane aus und bringen sie zum Absterben; in den meisten Fällen jedoch werden die Pflanzen durch den von den Parasiten ausgeübten Reiz zu Neubildungen veranlasst, die den Tieren Schutz bieten, in denen sie wohnen: es sind das die Gallen der Pflanzen, Fig. 539.

Wenn wir die wichtigsten Parasiten in systematischer Reihenfolge durchgehen, so sind besonders folgende zu erwähnen:

1. Unter den Würmern ist das Weizenälchen zu nennen, welches zu vielen in den Weizenkörnern lebt; diese letzteren unterscheiden sich — wenn befallen — ihrer Form nach von gesunden Körnern deutlich und sind als Raden- oder Gichtkörner bekannt.

2. Unter den Milben leben die Milbenspinnen auf den Unterseiten der Blätter vieler Pflanzen, saugen dieselben aus und bringen sie zum Kränkeln. Die Gallmilben (Phytoptus), die sich auf den verschiedensten Pflanzenteilen aufhalten, erzeugen 1. die Filzkrankeit, als besonders reichliche Haarbildung auf der Epidermis vieler Blätter, 2. kleine kugelige bis kegelige Ausstülpungen zum Ablegen der Eier, die Beutelgallen, die von der Unterseite der Blätter aus einen Eingang haben, 3. Knospenanschwellungen verbunden

mit Vermehrung und Vergrösserung der Blätter, zwischen denen die Milben leben, 4. krause Beschaffenheit der Blätter und endlich 5. Pocken, welche einfache Anschwellungen in den Blattspreitenteilen vorstellen durch Bildung grösserer Intercellularen zum Wohnen der Tiere in neu gebildetem Blattparenchym.

3. Unter den Halbflüglern erwähnen wir die Schildläuse (Coccus, Seite 236) und die Blattläuse (Aphiden), unter denen am bemerkenswertesten die Reblaus (Phylloxera vastatrix). Die Weibchen dieses vielbesprochenen Tieres leben saugend an den Wurzeln des Weinstockes, wo sie Anschwellungen hervorbringen; die Wurzel stirbt schliesslich ab und mit ihr natürlich der ganze Weinstock.

4. Viele Fliegen, und zwar besonders Gallmücken legen ihre Eier auf oder durch Anbohren in Pflanzenteile, wodurch Gallen erzeugt werden, in denen die auskriechenden Larven leben. Sie erzeugen Einrollungen oder Faltungen von Blättern, Umbildungen von Sprossspitzen, allseitig geschlossene abgegliederte Gebilde auf den Blättern: Galläpfel, Stengelanschwellungen u. s. w.

5. Die Gallwespen (Cynipiden) legen ihre Eier ebenfalls in bestimmte Pflanzenteile, wodurch diese zur Gallapfelbildung veranlasst werden. Besonders bemerkenswert sind die auf den Blättern der Eichen erzeugten Galläpfel Fig. 539,

Fig. 539. Eichenblatt mit Galle, auf welcher die Gallwespe sitzt; links Querschnitt durch eine Galle, in der Mitte die Larve (Made) der Gallwespe zeigend.

von denen die gerbstoffreichsten als „Knoppern“ u. dergl. zum Gerben Verwendung finden. Erwähnenswert sind auch die von Rhodites rosae herrührenden Gallen, die Schlafäpfel oder Bedeguare, welche grosse wie mit Moos bewachsene vielkammerige Anschwellungen an den Zweigen der Rosen darstellen.

4. Missbildungen.

Die Ursache derjenigen Missbildungen, Monstrositäten, die keine Gallen sind, lässt sich meistens nicht ermitteln;

häufig haben ungewohnte Bodenverhältnisse einen merkbaren Einfluss auf die Entstehung derselben. Übrigens lässt sich in vielen Fällen eine Grenze, zwischen dem was Monstrosität und dem was Variation (vergl. Seite 112) ist, absolut nicht ziehen. Eine besondere Disciplin, die Pflanzenteratologie, beschäftigt sich ausschliesslich mit der Morphologie der Missbildungen. Als Beispiel erwähnen wir die gefüllten Blumen z. B. der Rosen, bei denen sich an Stelle der Geschlechtswerkzeuge Blumenblätter entwickeln. Man wird hier von einer Monstrosität reden können, weil sich eine Abweichung vom normalen Bau bemerkbar macht, indem wesentliche Organe durch andere untergeordneter Bedeutung — die überdies, wenn die ersteren fehlen, ganz bedeutungslos sind — ersetzt erscheinen. Man kann allerdings auch mit vollem Recht von einer Kulturvarietät oder -Rasse sprechen, die allerdings im Naturzustande keinen Bestand haben kann.

Geschichte der Botanik.

Wie sich die astronomische Wissenschaft aus den Bedürfnissen namentlich der See- aber auch der Landleute entwickelt hat, so verdankt auch die Botanik der Praxis ihren Ursprung. Schon der Name unserer Wissenschaft weist darauf hin, denn Botanik kommt von dem griechischen Wort botane, welches Futter- oder Weidekraut bedeutet. Viele Pflanzen dienten seit jeher als Nahrung, aber auch schon in den allerältesten Epochen der menschlichen Kultur als Heilmittel.

Eine wissenschaftliche Behandlung erfuhren die Pflanzen zuerst von Aristoteles (384—322 vor Chr.), dessen botanische Schriften leider verloren gegangen sind. Jedoch besitzen wir von seinem Schüler Theophrast, dem „Vater der Pflanzenkunde“, botanische Werke. Bedeutend ist die Heilmittellehre des Dioscorides (im ersten Jahrhundert n. Chr.), der gegen 600 Pflanzen-Arten aufführt, jedoch allerdings zum Teil nur sehr mangelhaft beschreibt. Plinius (23—79 n. Chr.) hat in seiner Naturgeschichte die damaligen Kenntnisse namentlich aus dem Gebiete der praktischen Pflanzenkunde zusammengetragen.

Wichtiger wird dann erst wieder eine Schrift des Arabers Avicenna (979—1037), welche über medicinische Botanik handelt und in der neue, meist orientalische Pflanzen beschrieben werden.

In Deutschland hat Albert von Bollstädt (Albertus Magnus 1193—1280) ein Buch über Pflanzen geschrieben. Im 16. Jahrhundert tauchen eine ganze Anzahl Bücher mit Holzschnitten auf; wir nennen unter den Verfassern nur Brunfels, Bock (Tragus), Fuchs, Bergzabern (Tabernämontanus), die Brüder Bauhin, alle in Deutschland, ferner in der Schweiz Gessner, in den Niederlanden Dodoëns, Lobel und l’Écluse (Clusius), in Frankreich Ruelle (Ruellius) und Delechamps, in England Turner. Sie beschäftigten sich mit den einheimischen Gewächsen und brachten, in der Meinung die aus den älteren griechischen Schriften bekannten Pflanzen in ihrer eigenen Heimat wiederfinden zu müssen, viele Verwirrung in die Bezeichnung der Arten.

Bauhin führt 6000 Arten auf und die Kenntnis neuer wuchs schnell. Es ward daher das Bedürfnis nach einem System immer fühlbarer; die Versuche solche zu schaffen fallen in das 16. und namentlich 17. Jahrhundert. Der erste, von dem wir ein System besitzen, ist der Italiener Cäsalpin (1519—1603). Erwähnenswert sind die Systeme der Engländer Morison und Ray, der Deutschen Amman, Hermann und Rivinus, des Holländers Boerhave, der Franzosen Magnol und namentlich J. P. de Tournefort (1656—1718), der den Gattungs-Begriff einführte.

Alles bisher Geschehene gehört der systematischen Botanik, also der Kenntnis der Arten an. Durch die Entdeckung des Mikroskopes im 17. Jahrhundert wurde nun aber auch durch den Engländer Grew die Anatomie begründet, die eine wesentliche Förderung durch den Italiener Malpighi und den Holländer Leeuwenhoek erfuhr. Die Kunde von den niederen Kryptogamen, die vom Mikroskop abhängig ist, beginnt ebenfalls und zwar durch den Italiener Micheli und den Deutschen Dillenius in dieser Zeit. Auch die Pflanzenphysiologie erhält einen Anstoss durch den Engländer Hales.

Als der Schwede Carl von Linné (1707 — 1778) auftrat, waren durch Reisende (Rheede, Kämpfer, Rumpf, Plumier u. a.) so viele neue Arten bekannt geworden und die Verwirrung in der Bezeichnung der Arten war eine so grosse, dass eine Reform durchaus nötig war. Linné gründete ein neues System (Seite 118—121), welches zwar rein künstlich, jedoch die bekannten Pflanzen leicht bestimmen lehrte und gestattete, neu zu entdeckende Pflanzen bequem einzuordnen; sehr wesentlich ist hierbei der Gebrauch einer zweckmässig und geregelten Bezeichnung (Nomenclatur) der Arten, die wir noch heute anwenden.

Zu Linné's Zeiten und nach ihm stand die Systematik durchaus im Vordergrunde, und es ist daher nur von Fortschritten in dieser Disciplin zu berichten. So haben die beiden Jussieu, nämlich Bernhard de Jussieu (1699—1777) und Antoine Laurent de Jussieu durch Gründung eines natürlichen Systems, welches die Grundlage der späteren natürlichen Systeme geworden ist, ganz Hervorragendes geleistet. Geschichtlich bemerkenswerte natürliche Systeme sind ferner diejenigen von A. P. de Candolle (1813), S. Endlicher (1836 — 1840), A. Brongniart (1843) und A. Braun (1864).

Schon gegen Ende des vorigen Jahrhunderts durch

Köhlreuter, Sprengel, Bonnet, Duhamel du Monceau, Priestley, Ingenhous und de Saussure hatten Physiologie und Anatomie eine Förderung erfahren; wesentliche Fortschritte machten diese Disciplinen mit dem Beginn des neunzehnten Jahrhunderts. Als bedeutenden Physiologen müssen wir hier Boussingault nennen und als Anatomen namentlich Bernhardi, Treviranus, Link und Moldenhawer jun., deren Arbeiten den Beginn einer neuen Periode anzeigen, die zu Anfang der vierziger Jahre durch die Untersuchungen Meyen's und Mohl's ihren Abschluss fand.

Auf die rein anatomische Periode folgte die entwickelungsgeschichtliche, die durch Schleiden, aber namentlich durch Nägeli erfolgreich begonnen wurde. Von manchen Forschern wurde — wie so oft das Neue — mit Zurückdrängung gleichberechtigter Disciplinen, der Wert der Entwickelungsgeschichte überschätzt.

Bedeutendere Systematiker der letzten Zeit sind Ascherson, Baillon, Bentham, Braun, De Candolle (Sohn), Eichler, Engler, Asa Gray, Grisebach (Pflanzengeograph) und die beiden Hooker (Vater und Sohn). Zur Zeit wird die sich gleichmässiger entwickelnde Systematik mit ihren Schwesterdisciplinen (z. B. Pflanzengeographie) durch die jüngeren Kräfte mehr vernachlässigt, welche sich meist der Anatomie und Physiologie widmen, die in den letzten Jahrzehnten ganz bedeutende Fortschritte gemacht haben, wodurch grosse Arbeitsgebiete eröffnet worden sind. Die letztgenannten Disciplinen sind von vielen Gelehrten u. vielen a. durch Hofmeister, Nägeli, Darwin, Sachs und De Bary mächtig gefördert worden und besonders durch Schwendener, der für die Erkenntnis der Lebens-Verrichtungen der anatomischen Apparate und für die physiologische Botanik gross artige Beiträge geliefert hat.

Register.

Auszug aus einigen Urteilen über die dritte Auflage von Potonié's „Illustrierte Flora“:

Blätter für höheres Schulwesen. 1887, No. 10: Wenn ein naturwissenschaftliches Werk, zumal von der Art des vorliegenden, deren es bereits eine übergrosse Zahl giebt, in drei Jahren ebensoviele neue Auflagen erlebt, so zeugt dies allein schon von Vorzügen, die es anderen seiner Art gegenüber besitzen muss. In der That zeichnet sich die vorliegende Flora durch mancherlei aus, was wir in den älteren Floren — wie der Garcke'schen, der Wünsche'schen, der Cürié'schen u. a. — vermissen. In erster Linie sind die wirklich brauchbaren, vielfach vorzüglichen Abbildungen zu nennen, deren das Buch fast auf jeder Seite mehrere bringt. Sie sind mit den eingestreuten, kleinen Bildchen der zuletzt genannten Flora gar nicht zu vergleichen; es sind sogen. Habitusbilder, die uns das Aussehen der ganzen Pflanze vor Augen führen und das Bestimmen, besonders der schwierigen Arten, wesentlich erleichtern . . .

Das **Central-Organ für die Interessen des Realschulwesens.** 1887, Heft XI.: Dieses Buch erlebt heute bereits seine dritte Auflage, nachdem es erst 1885 zum ersten Male erschienen ist. Aber es ist dies nicht wunderbar, wenn man die mancherlei Vorzüge in Betracht zieht, welche es gegenüber den älteren Floren desselben Gebietes aufweist. Als neu und eigenartig ist besonders der Umstand hervorzuheben, dass der Verfasser nicht bloss trockene Bestimmungstabellen bietet, sondern bei jeder Familie und jeder grösseren Pflanzenabteilung auf Bau und Leben der zugehörigen Gewächse eingeht. So ermöglicht es die Flora dem Pflanzensammler, nicht allein den Namen einer Pflanze aufzufinden, sondern sie regt ihn auch vielfach zum wirklichen Studium derselben an. Vor allem lenkt der Verfasser immer wieder die Aufmerksamkeit auf die interessanten und dabei zugleich so leicht und schön zu beobachtenden Beziehungen zwischen Blumen und Insekten . . .

Pharmazeutische Zeitung. 1887, No. 36: Wenn von einem Buche in zwei Jahren zwei Auflagen vergriffen sind, und noch vor Ablauf dieser Zeit der Autor sich genötigt sieht, eine neue zu veranstalten, so genügt dieser Umstand an und für sich schon, das Buch zu empfehlen; er zeigt, dass dasselbe, gerade so wie es ist, ein Bedürfnis war. Es möchte überflüssig erscheinen, solchen Fakten noch lobende Worte hinzuzufügen; dennoch möchte ich nicht unterlassen, an dieser Stelle nochmals auf die Eigenartigkeit und den Reichtum des Inhalts aufmerksam zu machen. Ich habe vor Jahresfrist bereits darauf hingewiesen, wie diese Flora, wie bisher keine andere, ein lebensvolles Bild der Entwicklung, der Erhaltung und Verbreitung der Pflanzen bietet, dass sie durch die Einlage eines Abschnittes über allgemeine Botanik den Studirenden in den Stand setzt, eine Pflanze nicht nur der Form und Farbe, sondern auch ihrem Leben nach in physiologischer und anatomischer Hinsicht und in ihrer Bedeutung für den Haushalt der Natur und für den Menschen kennen zu lernen . . . . . Der spezielle Teil ist durch reiche Beiträge botanischer Autoritäten ausserordentlich bereichert worden; Spezialstudien sind dem Verfasser reichlich zur Verfügung gestellt worden, so dass viele Familien in dieser Ausgabe in einer Weise bearbeitet worden sind und in einer Vollständigkeit dem Lernenden und Bestimmenden dargeboten werden, wie in keiner anderen Flora.

Das Buch vertritt also auch in dieser Hinsicht den neuesten Standpunkt unserer Kenntnisse und gestattet auch weniger Bemittelten das Studium von Arbeiten, die bisher nur in kostspieligen Monographien vorhanden waren. — Ein Verzeichnis der medizinisch-pharmazeutischen, bezügl. offizinellen, sowie der Giftpflanzen und ein vollständiges Register beschliesst dieses vorzügliche Buch, dem auch in Zukunft die Anerkennung sicher nicht fehlen wird, die es sich bis heute schon errungen hat.

Naturwissenschaftliche Rundschau. 1887, No. 33: Die Kritik hat dieses Werk bei seinem ersten Erscheinen im Jahre 1885 mit grossem Beifall aufgenommen, und es ist gewiss der beste Beweis für seine Brauchbarkeit, dass jetzt nach einem Zeitraum von zwei Jahren die dritte Auflage vorliegt . . . . .

Gaea 1887, Heft 9: Nur ein floristisches Werk, welches den höchsten Ansprüchen genügt, kann heute noch hoffen, Verbreitung zu finden. Die vorstehend genannte Flora hat nun in überraschend kurzer Zeit einen ausgezeichneten Kreis von Freunden erworben. Sie verdankt diesen ungewöhnlichen Beifall der Gediegenheit ihres Inhalts und der Vorzüglichkeit ihrer Illustrierung, daneben aber auch dem überaus billigen Preise . . . . . .

Apotheker-Zeitung. 1887, No. 48: Die illustrierte Flora von Potonié, welche unter Mitwirkung einer Reihe von sehr namhaften Botanikern herausgegeben ist, weicht von den übrigen Floren bedeutend ab. Zum ersten Male ist hier versucht worden, die Errungenschaften der modernen Botanik soviel wie möglich auszunutzen. Es ist das Buch daher besonders geeignet, als Grundlage für das botanische Studium, soweit die praktische Seite desselben in Betracht kommt, zu dienen. Der Gärtner, der Pharmazeut, der Gymnasiallehrer, der Mediziner findet mit Befriedigung eine Brücke, welche ihn vom Studium in der Hochschule zu der Uebung im Pflanzenbestimmen und zur Ausnutzung der erworbenen Kenntnisse für seinen Beruf hinüberführt. Dass das Buch bereits in dritter Auflage erschienen ist, spricht für seinen Wert . . . . .

Naturwissenschaftliche Wochenschrift. 1888, No. 21: Die meisten, auch guten Floren setzen eine gewisse Kenntniss des Pflanzenreiches und eine Uebung im Pflanzenbestimmen voraus.

Diejenige Flora wird dem Anfänger am meisten zu empfehlen sein, die ihn am leichtesten und sichersten zum Ziele führt. Diese Eigenschaft besitzt die genannte Flora in hohem Masse. Hervorzuheben ist zunächst, dass dem Texte als wichtiges Hilfsmittel zum Bestimmen 425 Abbildungen, teils Darstellungen der ganzen Pflanze, teils einzelner Teile derselben, beigegeben sind. Schon die Abbildungen allein werden in vielen Fällen mit voller Sicherheit die fraglichen Pflanzen erkennen lassen, auch zur Orientierung in den Familien und Gattungen wesentlich beitragen.

Das Werk zerfällt in vier Abschnitte: 1. Praktische Winke, 2. Allgemeiner Teil, 3. Spezieller Teil, 4. Anhang.

Der erste Abschnitt des Buches giebt praktische Winke zum Sam meln, Trocknen, Aufbewahren und Untersuchen der Pflanzen.

Der zweite Abschnitt behandelt in klarer, bestimmter Weise das Wichtigste aus dem Gebiete der Gestaltlehre (Morphologie), hat die Lebenserscheinungen (Physiologie) zum Gegenstande (Lebensdauer und Ernährung der Pflanzen, Bedeutung der Blüten und Blumen und Verbreitung der Samen), bespricht die Flora der Vorwelt, beschäftigt sich mit der Verbreitung der Pflanzen über das Gebiet der Pflanzengeographie und giebt endlich die Grundzüge der Systemkunde. — In bestimmter, verständlicher und geradezu fesselnder Weise behandelt Potonié diese Kapitel; er bricht mit dem Alten und stellt sich überall auf den Standpunkt der heutigen Forschung. — Die Pflanzen sind für uns kein Herbariummaterial, kein totes Heu: sie sind lebendig geworden, wir verstehen ihren Aufbau aus Zellen, wir kennen den Zweck der Gewebe, die in Gewebesysteme des Schutzes, der Ernährung und Fortpflanzung eingeteilt erscheinen; wir haben die wichtigsten Lehren der Physiologie in uns aufgenommen; die Bedeutung der Organe ist uns kein Geheimniss mehr. Mit den Gesetzen, nach welchen sich die Pflanzen über die Erde verbreiten, sind wir vertraut. — Wie vieles Interessante, wie vieles von unschätzbarem Werte haben wir aus dem ersten Teile der Flora gelernt!

Wir treten drittens an den speziellen Teil, an das Bestimmen der Pflanzen, heran, vorbereitet durch das im ersten Teil Gelernte. Das Aufsuchen der Namen, die Betrachtung der Pflanzen erscheint uns nicht mehr langweilig und trocken; wir beschreiben nicht starre und gleichgiltige Formen, sondern lebendige Geschöpfe, bedeutungsvolle Organe.

Das Bestimmen einer Pflanze nach der von Potonié befolgten Methode wird möglichst leicht gemacht; über die hierbei zu befolgende Methode erhalten wir auf Seite 59, am Eingange dieses Abschnittes, eine genügende Erläuterung.

Viertens endlich der Anhang enthält: Die medizinisch-pharmazeutischen und die Giftpflanzen des Gebietes. — Auch für dieses Kapitel wird jeder dem Verfasser dankbar sein.

Die im April 1885 zuerst erschienene Flora ist schon im Februar 1886 in zweiter und Anfang 1887 in dritter Auflage erschienen.

Ich wünsche dem guten Buche in allen Kreisen eine recht weite und allgemeine Verbreitung!

(H. Lindemuth, königl. Garteninspektor und Dozent
an der landwirtschaftl. Hochschule in Berlin.)